高等职业教育药学类与食品药品类专教材

药物制剂辅料与包装材料 第②版

（供药学类、药品与医疗器械类专业用）

主　编　关志宇

副主编　邱妍川　李　芳　袁万瑞　朱金燕

编　者　（以姓氏笔画为序）

付宝慧（江苏省徐州医药高等职业学校）　　朱金燕（安庆医药高等专科学校）

刘　婧（江西中医药大学）　　　　　　　　关志宇（江西中医药大学）

李　芳（江苏医药职业学院）　　　　　　　邱妍川（重庆医药高等专科学校）

张　琰（山西药科职业学院）　　　　　　　张文丽（中国药科大学）

施　秦（江苏医药职业学院）　　　　　　　袁万瑞（山东药品食品职业学院）

彭　林（南昌医学院）　　　　　　　　　　訾　鹏［海勃（上海）医药科技有限公司］

中国健康传媒集团

中国医药科技出版社

内 容 提 要

本书是"高等职业教育药学类与食品药品类专业第四轮教材"之一，根据《国务院关于加快发展现代职业教育的决定》以及《现代职业教育体系建设规划（2014—2020年）》基本要求和课程特点编写而成，内容上涵盖各类药用辅料与包装材料的选择原则、基本性质、质量标准与实际应用案例，并结合制药科学和材料科学的新发展，对新材料、新标准、新理念、新应用进行了补充。

本书注重与药物制剂技术、药剂学等相关课程知识的衔接与过渡，并突出材料学教材特征，具有知识迁移顺利、内容完整系统、标准衔接紧密、应用案例丰富的特点，培养学生的实践能力。

本教材可供药学类、药品与医疗器械类专业使用，也可作为工艺设计和生产技术人员的参考用书。

图书在版编目（CIP）数据

药物制剂辅料与包装材料/关志宇主编. —2版. —北京：中国医药科技出版社，2021.8

高等职业教育药学类与食品药品类专业第四轮教材

ISBN 978-7-5214-2585-7

Ⅰ.①药… Ⅱ.①关… Ⅲ.①药剂-辅助材料-高等职业教育-教材 ②药品-包装材料-高等职业教育-教材 Ⅳ.①TQ460

中国版本图书馆 CIP 数据核字（2021）第 142535 号

美术编辑 陈君杞

版式设计 友全图文

出版　**中国健康传媒集团** | 中国医药科技出版社

地址　北京市海淀区文慧园北路甲 22 号

邮编　100082

电话　发行：010-62227427　邮购：010-62236938

网址　www.cmstp.com

规格　889×1194mm $\frac{1}{16}$

印张　14.75

字数　408 千字

初版　2016 年 12 月第 1 版

版次　2021 年 8 月第 2 版

印次　2023 年 8 月第 2 次印刷

印刷　北京紫瑞利印刷有限公司

经销　全国各地新华书店

书号　ISBN 978-7-5214-2585-7

定价　45.00 元

获取新书信息、投稿、为图书纠错，请扫码联系我们。

出 版 说 明

"全国高职高专院校药学类与食品药品类专业'十三五'规划教材"于 2017 年初由中国医药科技出版社出版,是针对全国高等职业教育药学类、食品药品类专业教学需求和人才培养目标要求而编写的第三轮教材,自出版以来得到了广大教师和学生的好评。为了贯彻党的十九大精神,落实国务院《国家职业教育改革实施方案》,将"落实立德树人根本任务,发展素质教育"的战略部署要求贯穿教材编写全过程,中国医药科技出版社在院校调研的基础上,广泛征求各有关院校及专家的意见,于 2020 年 9 月正式启动第四轮教材的修订编写工作。

党的二十大报告指出,要办好人民满意的教育,全面贯彻党的教育方针,落实立德树人根本任务,培养德智体美劳全面发展的社会主义建设者和接班人。教材是教学的载体,高质量教材在传播知识和技能的同时,对于践行社会主义核心价值观,深化爱国主义、集体主义、社会主义教育,着力培养担当民族复兴大任的时代新人发挥巨大作用。在教育部、国家药品监督管理局的领导和指导下,在本套教材建设指导委员会专家的指导和顶层设计下,依据教育部《职业教育专业目录(2021 年)》要求,中国医药科技出版社组织全国高职高专院校及相关单位和企业具有丰富教学与实践经验的专家、教师进行了精心编撰。

本套教材共计 66 种,全部配套"医药大学堂"在线学习平台,主要供高职高专院校药学类、药品与医疗器械类、食品类及相关专业(即药学、中药学、中药制药、中药材生产与加工、制药设备应用技术、药品生产技术、化学制药、药品质量与安全、药品经营与管理、生物制药专业等)师生教学使用,也可供医药卫生行业从业人员继续教育和培训使用。

本套教材定位清晰,特点鲜明,主要体现在如下几个方面。

1. 落实立德树人,体现课程思政

教材内容将价值塑造、知识传授和能力培养三者融为一体,在教材专业内容中渗透我国药学事业人才必备的职业素养要求,潜移默化,让学生能够在学习知识同时养成优秀的职业素养。进一步优化"实例分析/岗位情景模拟"内容,同时保持"学习引导""知识链接""目标检测"或"思考题"模块的先进性,体现课程思政。

2. 坚持职教精神,明确教材定位

坚持现代职教改革方向,体现高职教育特点,根据《高等职业学校专业教学标准》要求,以岗位需求为目标,以就业为导向,以能力培养为核心,培养满足岗位需求、教学需求和社会需求的高素质技能型人才,做到科学规划、有序衔接、准确定位。

3. 体现行业发展,更新教材内容

紧密结合《中国药典》(2020 年版)和我国《药品管理法》(2019 年修订)、《疫苗管理法》(2019

年）、《药品生产监督管理办法》（2020年版）、《药品注册管理办法》（2020年版）以及现行相关法规与标准，根据行业发展要求调整结构、更新内容。构建教材内容紧密结合当前国家药品监督管理法规、标准要求，体现全国卫生类（药学）专业技术资格考试、国家执业药师职业资格考试的有关新精神、新动向和新要求，保证教育教学适应医药卫生事业发展要求。

4. 体现工学结合，强化技能培养

专业核心课程吸纳具有丰富经验的医疗机构、药品监管部门、药品生产企业、经营企业人员参与编写，保证教材内容能体现行业的新技术、新方法，体现岗位用人的素质要求，与岗位紧密衔接。

5. 建设立体教材，丰富教学资源

搭建与教材配套的"医药大学堂"（包括数字教材、教学课件、图片、视频、动画及习题库等），丰富多样化、立体化教学资源，并提升教学手段，促进师生互动，满足教学管理需要，为提高教育教学水平和质量提供支撑。

6. 体现教材创新，鼓励活页教材

新型活页式、工作手册式教材全流程体现产教融合、校企合作，实现理论知识与企业岗位标准、技能要求的高度融合，为培养技术技能型人才提供支撑。本套教材部分建设为活页式、工作手册式教材。

编写出版本套高质量教材，得到了全国药品职业教育教学指导委员会和全国卫生职业教育教学指导委员会有关专家以及全国各相关院校领导与编者的大力支持，在此一并表示衷心感谢。出版发行本套教材，希望得到广大师生的欢迎，对促进我国高等职业教育药学类与食品药品类相关专业教学改革和人才培养作出积极贡献。希望广大师生在教学中积极使用本套教材并提出宝贵意见，以便修订完善，共同打造精品教材。

数字化教材编委会

主　编　关志宇
副主编　邱妍川　李　芳　袁万瑞　朱金燕
编　者　(以姓氏笔画为序)
　　　　付宝慧 (江苏省徐州医药高等职业学校)
　　　　朱金燕 (安庆医药高等专科学校)
　　　　刘　婧 (江西中医药大学)
　　　　关志宇 (江西中医药大学)
　　　　李　芳 (江苏医药职业学院)
　　　　邱妍川 (重庆医药高等专科学校)
　　　　张　琰 (山西药科职业学院)
　　　　张文丽 (中国药科大学)
　　　　施　秦 (江苏医药职业学院)
　　　　袁万瑞 (山东药品食品职业学院)
　　　　彭　林 (南昌医学院)
　　　　訾　鹏 [海勃 (上海) 医药科技有限公司]

按照《国务院关于加快发展现代职业教育的决定》以及《现代职业教育体系建设规划（2014—2020 年）》精神，坚持"以就业为导向，以全面素质为基础，以能力为本位"的现代职业教育教学改革方向，在本教材编写过程中，着重介绍了各类辅料与包装材料的基本性质、质量标准与实际应用案例，并结合制药科学和材料科学的新发展，对新材料、新标准、新理念、新应用进行了补充，旨在使学生掌握制药相关材料科学的基本理论、知识和实践技能，熟悉有关法律法规，填补专业课程中相关内容的不足，满足岗位需求。

药物制剂辅料和包装材料是药品的重要组成部分，也是给药形式的基础，直接关系着药品的有效性和安全性。近年来，不论是药物制剂辅料还是包装材料的发展都十分迅速，这为药剂学，尤其是各类药物传递系统（DDS）的发展提供了强大助力，各类新制剂、新形式、新产品得以不断涌现。但目前介绍药物制剂辅料与包装材料的职业教育教材尚不丰富。我们组织全国 10 所院校的一线教师以及辅料生产企业高级技术人员在上一版教材的基础上共同编写了本教材。

全书内容共十一章，分为上、下两篇，上篇药物制剂辅料包括第一章至第八章，介绍了药用辅料的基本概念、基本理论、常用品种及其实践应用。下篇包装材料包括第九章至第十一章，介绍了药品包装的基本理论、法规、材料和与药物相容性实验研究方法，为合理选择药品包装形式与材料提供依据。相较于上一版教材，本教材在保证与药剂学等课程衔接的基础上，进一步减少了重复赘述的内容，同时增加了 30 个辅料品种，使本版教材更加实用。

本教材的特点是：

1. 教材内容注重与药剂学、药物制剂技术等课程的知识衔接与过渡，针对前述相关课程的教学特点与教材编写惯例，将本教材辅料部分章节划分为：液体制剂辅料、无菌制剂辅料、固体制剂辅料等，并于每章节论述具体辅料品种之前，对相关学科知识进行总结，做到与前后学习内容的无缝衔接。

2. 突出材料学课程教材特征，深入讲述材料特性与应用。对专业基础课中有关材料部分的内容，从各个材料品种的性质、应用、注意事项、案例方面进行系统介绍。

3. 根据企业生产的实际应用和我国药典的收载情况，挑选并详细介绍各种剂型中具有代表性的常用辅料。

4. 通过对大量具体材料实际应用案例的解析，培养学生的实践应用能力，以满足岗位对接的需求。

本教材可供药学类、药品与医疗器械类专业使用，也可作为工艺设计和生产技术人员的参考用书。

本教材的编写得到了各位编者所在单位的大力支持，在此一并表示由衷感谢！

由于编者水平所限，难免存在疏漏之处，恳请读者不吝赐教，提出宝贵意见。

编　者
2021 年 5 月

目录
CONTENTS

上篇
药物制剂辅料

第一章　药物制剂辅料概述

学习引导

药用辅料是药品的重要组成部分，近年来国内越来越多学者注意到药用辅料的重要性，发现某些药用辅料甚至可能是药品不良反应产生的主要原因，很多药用辅料的固有性质对诊疗及用药安全都能产生影响。那么具体哪些物质可以算在药用辅料的范畴？它们的重要作用主要表现在哪些方面呢？我国对药用辅料如何进行有效管理呢？

本章主要介绍药用辅料的概念、重要性、种类及管理法规等。

学习目标

1. **掌握**　药用辅料的定义及其在药物制剂中的重要作用。
2. **熟悉**　药用辅料的种类及管理法规。
3. **了解**　药用辅料的发展概况。

第一节　辅料的概念与重要作用 微课

PPT

一、辅料的概念

药物制剂由活性成分与药用辅料组成。药用辅料是指生产药品和调配处方时使用的赋形剂和附加剂，是除活性成分或前体以外，在安全性方面已进行合理的评估，一般包含在药物制剂中的物质。通常药用辅料本身没有治疗作用，但能使药物制剂具有某些必要的理化性质或生理特征，可能会显著影响药品的成型性、安全性和有效性，如混悬剂中的助悬剂，栓剂中的基质等。在大多数情况下，制剂的最终性质与制剂制备时选用的辅料、辅料与活性成分相互间的作用密切相关。因此不能单纯地将辅料看作一种惰性或无活性的成分，在选择应用辅料时，应该深入研究其对药物制剂安全性、稳定性、有效性的影响。

除了我们非常熟悉、已经广泛使用的药用辅料外，还有新药用辅料和特殊药用辅料。新药用辅料是指在中国境内首次作为药用辅料应用于生产和制剂的药用辅料。特殊药用辅料是指其来源于动物内脏、器官、皮毛和骨骼的药用辅料。

二、辅料在药物制剂中的重要作用

（一）药用辅料是药物制剂存在的物质基础

药物在使用前应制成适合于患者使用的最佳给药形式，否则难以发挥预期的治疗或预防效果。药物的制剂过程和最终形态需要依赖药用辅料来实现，药用辅料是使药物成型并发挥作用的前提和基础。对于一些单次给药剂量很小的药物（如阿托品、地高辛等）来说，每次用量只有零点几毫克至几十毫克，如果不使用稀释剂等药用辅料制成制剂，则无法实现给药剂量的准确性，就更谈不上临床上的安全与疗效。有些药物制备时，需要赋形剂帮助其成型。如栓剂，无论是阴道栓还是肛门栓，基质作为栓剂的赋形剂都是其必不可少的重要部分，没有基质，栓剂则不能制成各种形状，也更不可能使用与发挥疗效。还有些药物若不使用药用辅料制成适宜的剂型，则容易受到胃肠道环境的破坏，如从动物药材胰脏中提取的胰酶，若直接服用在胃部会被破坏，用肠溶包衣辅料将其制备成肠溶衣片，可避免胃部环境的影响，使其在肠道中发挥消化脂肪的作用。

运用药用辅料将药物制成具体剂型，有利于药物的携带、运输、储存。如提取中药材中的有效成分，制成颗粒剂、胶囊剂等，服用、携带等较使用原药材有更大的优势。药用辅料的应用，还可以掩盖或消除某些药物的不良味道。如黄连味苦，制成包衣片后，可掩盖其苦味。制备药物制剂离不开药用辅料，药用辅料是药物制剂存在的物质基础。

（二）辅料影响药物使用后的体内外过程

影响药物体内外过程的主要因素包括剂型因素和生理因素，药用辅料对药物的释放部位、吸收与分布过程的影响属于剂型因素范畴。

1. 辅料影响药物的吸收速率与吸收程度

（1）药用辅料影响药物的释放　同一药物制剂应用不同的药用辅料，或不同的药物制剂应用相同的药用辅料，可能对药物的释放速度有不同的影响。如乳糖曾被认为是基本无活性的比较理想的辅料，但在应用中发现它可以影响药物的释放，从而影响药物的吸收，主要表现为乳糖可加速睾酮埋植片的吸收，而对异烟肼片有延缓吸收的作用。另外，检测分别用5%的淀粉浆与10%的阿拉伯胶浆以湿法制粒的方法制备的片剂显示，10%的阿拉伯胶浆制备的片剂溶出较差，生物利用度相对较小。

辅料的性质对缓控释制剂体外释药特性具有影响。如用羟丙甲纤维素（HPMC）制备骨架片，可延缓片剂中有效成分的释放，但HPMC的黏度不同，释放也会存在差异。如分别用同一黏度不同类型和同一类型不同黏度的HPMC制备磷酸川芎嗪缓释片，结果发现随着HPMC黏度增大，药物释放速度逐渐降低。以乙基纤维素（EC）为主要材料制备控释型固体分散体，实验显示随着EC的黏度增加，固体分散体中药物释放速度降低，这主要是由于EC黏度越大，水越难渗透，药物释放越慢。

> **实例分析**
>
> **实例** 澳大利亚曾发生抗癫痫药苯妥英钠胶囊的中毒事件，其原因是生产厂家在没有进行实验的情况下，将原制剂处方中的辅料硫酸钙改为乳糖。
>
> **问题** 乳糖为何能引起苯妥英钠胶囊中毒？
>
>
>
> 答案解析

（2）药用辅料影响药物在吸收部位的滞留时间 选择适宜的辅料，可延长某些药物在胃肠道、眼内等部位滞留时间，有利于药物吸收。如滴眼剂通常可加入高分子辅料聚维酮、羟丙甲纤维素、羟乙基纤维素、羧甲纤维素钠等增加溶液黏度，从而延长在眼部停留的时间，增加药物吸收。选择一些密度相对较小的材料如脂肪醇类、酯类或蜡类，以及调节药物释放的材料如乳糖、甘露醇等制备胃内漂浮制剂，可延长药物在胃内的滞留时间，使其持续释药，有利于提高药物的生物利用度。如三七胃漂浮片采用羟丙甲纤维素、鲸蜡醇、轻质药用碳酸钙、乙基纤维素等辅料制备，实现药物在胃内的停留，可增加药物吸收。

（3）辅料可影响药物的吸收 一些辅料可抑制 P‑糖蛋白（P‑gp）等外排转运体的外排作用，有效地提高某些口服药物的吸收。一些无药理活性、低毒且具有较强 P‑gp 抑制作用的逆转剂辅料是国内外药剂学者关注的焦点。如非离子表面活性剂、聚乙二醇、倍他环糊精衍生物等，可在一定程度上抑制 P‑gp 的活性，进而影响药物在体内的吸收和疗效。PEG300 的聚氧乙烯基团通过改变 P‑gp 所在区域细胞膜极性头部的流动性，实现对 P‑gp 活性的抑制，且随着 PEG 浓度的增加，细胞膜流动性显著降低，对 P‑gp 的抑制作用逐渐增加。

知识链接

P‑糖蛋白（P‑gp）

P‑gp 是一个 ATP 依赖性药物外排泵。机体各组织器官中 P‑gp 外排泵的主要功能是外排各种外来异物，保护机体不受外来异物的侵扰。药物主要吸收部位小肠上皮细胞膜上的 P‑gp 可将吸收入血的药物重新泵回肠腔。这种药泵作用在一定程度上影响一些药物的肠道吸收，使其口服生物利用度降低。目前，逆转药物在肠道上皮细胞膜的主动外排作用是提高"低口服吸收药物"生物利用度的新策略。

2. 应用不同辅料制备的新型给药系统可实现体内靶向 药物吸收进入体内以后，其在体内各个组织器官中的分布与疗效和不良反应有着极为密切的关系。采用适宜辅料，将药物制成温度敏感、pH 敏感，或专属配体识别的靶向制剂，改变药物的体内分布，可大大提高药物的疗效，并降低其不良反应。如抗癌药物在杀死癌细胞的同时，往往可能对正常细胞也产生一定程度的危害，若将药物嵌入载体中，形成药物‑载体复合物，可有效控制药物在体内的分布，使其选择性地浓集于作用部位，更为精确地命中目标，避免了"地毯式轰炸"，产生靶向治疗作用。成为靶向给药载体的先决条件是必须具有特异性，能按其通过机体的途径来识别靶细胞，可应用的载体主要是脂质体、乳剂、蛋白质、可生物降解高分子物质、生物合成物等大分子物质。如以卵磷脂和胆固醇为主要材料，将抗癌药物阿霉素制成脂质体微球，给药后发现，提高了靶部位的血药浓度，降低了全身性不良反应，治疗效果显著。

3. 应用特殊辅料可增加药物进入靶细胞的能力 目前，载体技术在许多疾病的治疗中发挥着越来越重要的作用，一些包括药物在内的体外生物活性大分子，由于体内转运障碍，难以进入细胞内，不能发挥疗效。研究人员运用病毒载体、细胞穿膜肽、纳米金等新载体材料，运载药物等进入细胞内，较好地解决了这个问题。其中，病毒载体具备传送其携带的基因组进入其他细胞并进行感染的分子机制，包括反转录病毒、腺病毒、慢病毒、腺相关病毒及杆状病毒等；细胞穿膜肽（CPPs）是一种新型的药物递送工具，由不多于 30 个氨基酸残基组成的小分子多肽，能够携带比其相对分子质量大 100 倍的外源性大分子进入细胞；纳米金指金的微小粒子，其直径在 1 ~ 100nm 之间，具有高电子密度、介电特性和催化作用，能与多种生物大分子结合，且不影响其生物活性。如用新型还原敏感型可断裂 PEG 和细胞穿膜肽 TAT 共同修饰紫杉醇脂质体，实验显示有较强的体外促细胞凋亡作用。主要原因为，一方面新型还原敏感型可断裂 PEG 保留了脂质体的长循环功能，可控地使 PEG 脱离脂质体表面，克服了普通 PEG 妨碍脂质体入胞的缺陷；另一方面细胞穿膜肽 TAT 可介导脂质体进入细胞内，最终使制剂既具有良好的肿瘤靶向性，又具有可控、高效的入胞能力。

（三）辅料影响药物制剂的物理、化学和微生物学性质

药物制剂在生产、储存过程中，由于多种原因稳定性往往会受到影响，包括理化性质、生物学和微生物学性质受到影响。制剂受到影响后，有效成分物理性质可能发生变化，药物溶出释放可能受到影响；药物含量可能降低，并产生有关副产物，不良反应增强，影响药物制剂使用时的有效性与安全性。因此，正确选用辅料对于提高制剂的稳定性十分重要。

1. 药用辅料影响药物制剂有效期内的理化性质　辅料可影响制剂的物理性质，包括结晶长大、晶型变化、崩解时限或溶出速度增加或减少、潮解、挥发、颜色变深或消退等。溶液发生沉淀或混浊，乳剂分层、乳析，混悬液凝聚、结块、结晶长大和其中甾体药物晶型改变都可以导致吸收速度的改变，甚至失去治疗作用；软膏或乳膏中结晶的生长不但影响吸收，甚至可引起对皮肤的刺激，这些情况可以通过添加适宜的辅料加以改善。如混悬剂为非均相液体制剂，由于药物难溶，以微粒形式存在，容易发生沉降，可加入助悬剂减慢沉降速度，通过增加分散介质的黏度以降低微粒的沉降速度或增加微粒亲水性，提高药物制剂稳定性。

制剂中药物的化学降解途径有水解、氧化、异构化、脱羧、分子重排等，其中水解、氧化较为常见。有时可能会同时出现两种以上降解反应，例如盐酸普鲁卡因的水解反应与氧化反应可以同时进行，而 pH 环境对水解、氧化反应有较大影响，因此可通过向溶液中加入 pH 调节剂的方法加以改善。制剂中若药物由于发生化学反应而以一定速度发生降解反应，通常这些降解反应的速度取决于反应物的浓度、空气中氧、水分、光线和催化剂等条件，在很多情况下，辅料（溶剂、赋形剂、附加剂）可对药物降解反应速度产生一定的影响。如 PEG 能促进氢化可的松、阿司匹林的分解；润滑剂硬脂酸镁可促进阿司匹林的水解。另外，采用介电常数低的溶媒如甘油、乙醇、丙二醇等可降低水解速度，如用介电常数较低的丙二醇 60% 制成的苯巴妥钠注射液，稳定性提高，有效期可达 1 年。

2. 辅料改变药物制剂微生物学性质　药物制剂特别是液体制剂、半固体制剂，如糖浆剂、注射剂、滴眼剂、合剂、乳剂、混悬剂、软膏剂等容易被微生物污染。固体制剂如片剂、丸剂等，亦有微生物污染和繁殖的可能。制剂中含有营养性成分如糖类、蛋白质时，更易成为微生物滋长繁殖的温床；粉针、输液可因瓶塞松动或多次抽取药液，滴眼剂因反复启塞使用，而易致污染；乳剂、混悬剂因含营养成分而提供了易被污染的条件；眼用软膏剂常因生产上消毒除菌不严，易受微生物污染，为解决这些问题，可通过加入抑菌剂等药用辅料来控制微生物的生长。

（四）辅料影响药物的不良反应

药用辅料并非惰性物质，临床上相当一部分的不良反应是由辅料引起的，尽管发生的频率较低，却

可涉及人体心、血液、肺等多器官、系统，重者危及患者生命。一方面，一些药用辅料本身可直接引起不良反应。应在了解辅料本身不良反应的基础上，合理设计处方。如亚硫酸盐为注射剂中常用的抗氧剂，可引起严重的过敏反应，早在 1985 年，美国 FDA 就要求药品生产厂家在标签中注明其是否含有亚硫酸盐，在浓度超过百万分之十时，食品或饮料标签中应注明"含有亚硫酸盐"的说明。聚山梨酯 80 常作为注射液的增溶剂，但在临床应用及制剂研究中发现，其可引起各种不良反应，包括过敏反应、中性粒细胞减少及溶血等，有文献报道，其产生的急性过敏反应与改变药物活性成分的性质和导致病理生理反应有关。另一方面，应用辅料不当或辅料用量使用不当，可间接使药物制剂的不良反应增强。

　　总之，合理、科学地应用药用辅料，可以提高药物稳定性，改变药物的给药途径、作用方式、剂量范围，减少不良反应；可以实现药物定时、定位、定速的释放和发挥作用，获得更为理想的疗效；可以方便储运、携带与使用等。因此，药用辅料与药物制剂关系十分密切，在制剂制备过程中起重要作用，也成为药物新剂型与新技术研究的重要基础与关键。因此，正确选择药用辅料对制备药物制剂至关重要。

PPT

第二节　药用辅料的种类

一、按辅料的来源分类

药用辅料可分为天然物、半天然物和全合成物。

二、按给药途径分类

药用辅料包括经胃肠道给药剂型用辅料，即散剂、片剂、颗粒剂、混悬剂等常用的辅料，如淀粉、微晶纤维素、明胶等；非经胃肠道给药剂型用辅料，即注射剂、喷雾剂、气雾剂、粉雾剂、软膏剂、硬膏剂、贴剂、滴鼻剂、滴眼剂、含漱剂等常用的辅料，如二甲硅油、亚硫酸钠、乙二胺四乙酸二钠、硫柳汞、甘油、十二烷基硫酸钠等。

三、按制剂剂型分类

药用辅料可分为溶液剂、乳剂、混悬剂、注射剂、滴眼剂、散剂、颗粒剂、片剂、软膏剂、栓剂、丸剂等使用的辅料。按照剂型分类，与药剂学各章节对应，能较好地熟悉每种剂型主要的辅料种类、特点等。

四、按作用和用途分类

主要根据药用辅料在制剂处方中起的作用进行分类，各个辅料虽然理化性质不完全相同，甚至差别较大，但作用机制和基本用途相同。可分为溶剂、增溶剂、助溶剂、抑菌剂、助悬剂、乳化剂、渗透压调节剂、润湿剂、助流剂、包衣材料、囊衣材料、软膏基质、栓剂基质等近 50 种类型，体现了专一性与实用性。如抗氧化剂，虽然品种多、理化特性各异，但它们都有失去电子被氧化的还原性。

PPT

第三节　药用辅料的发展概况

一、我国药用辅料的发展历史

我国药用辅料应用历史悠久，早在商代就以水为溶剂，制备了世界上最早的药物制剂——汤剂。随着生产力，特别是医药科技的发展，越来越多的辅料应用于药物制剂中。东汉张仲景所著的《伤寒论》和《金匮要略》，记述了运用动物胶、蜂蜜、淀粉、汤、醋、植物油、动物油（如羊脂、豚脂）等药用辅料，制备的软膏剂、丸剂、栓剂等十多种制剂。

晋代葛洪所著的《肘后备急方》，唐代孙思邈所著的《备急千金要方》和《千金翼方》以及王焘所著的《外台秘要》，收载了水、酒、醋、动物油脂、淀粉、蜂蜜等丰富多样的辅料。在明代李时珍所著的《本草纲目》中，专列"修治"一项，收载了药物剂型近 40 种及相关的中药辅料数十种。清代张睿所著《修事指南》，专论炮制方法及其辅料，辅料有了进一步发展。

虽然我国开始应用药用辅料较早，并且历代都有不断发展和完善的相关记载，但自鸦片战争后，药用辅料的发展却非常缓慢。直至 1953 年，我国颁布了第一部《中国药典》，在注射剂、片剂、丸剂等剂型的制备中，明确说明所需使用的辅料，但我国药用辅料的整体水平与发达国家相比仍有 20 多年的差距。

20 世纪 80 年代初，我国口服固体辅料，包括淀粉、糖粉、糊精、乳糖、硬脂酸镁等开始得到广泛应用。但其本身规格不全，质量不稳定，品种较少，使制备的制剂外观、硬度、崩解度、溶出度、生物利用度等均欠佳。

20 世纪 80 年代后，在国家大力支持下，由全国科研单位、大专院校、生产企业合力试制药用辅料。过去我国尚不能生产的新剂型、新制剂得到批量生产，新辅料的开发与应用得到很大程度的提升，有力地推动了制剂生产质量的提高。

相比之前，虽然我国药用辅料上了一个新台阶，但这些辅料仅有少数由药厂生产或兼产，大部分辅料尚分散在化工、轻工、粮油、水产、食品等行业生产，缺乏严格"药用"概念，标准不一，仍有很大的提升空间。

（一）多数辅料生产企业沿用老辅料

有相当数量的厂家仍使用 20 世纪 50 ~ 60 年代的辅料，如软膏的凡士林，固体制剂的淀粉、糊精、滑石粉等，而对制剂的质量要求却在不断提高，这两者之间的差距造成制剂质量不能达到新标准的要求，使同一药物的同一剂型的疗效与国外产品有差异。国外已很少使用这些辅料，如固体制剂中的片剂大量使用甘露醇、微晶纤维素、羧甲淀粉钠、聚乙二醇、聚维酮等。

（二）药用辅料专业化生产尚未形成

2006 年 10 月，在中国首届药用辅料（国际）学术研讨会上，公布了对全国 11 个省市的 550 余家药品生产企业的调研结果。指出 550 多家药品生产企业所使用的 500 多个品种的辅料中，具有《药品生产许可证》的制药企业生产的辅料品种仅占 19%（包括自制自用，如注射用水），其余为化工厂（45%）、食品生产企业（22%）及其他企业（14%）所生产。充分说明，国内生产药用辅料的企业较多，多数是精细化工企业、粮食加工企业等非专业的企业，药用辅料并未形成专业化生产。

（三）辅料业需要专业机构协调管理

我国 2007 年修订的《药品注册管理办法》中规定，如变更已批准上市药品具有药用要求的辅料，由省、自治区、直辖市药品监督管理部门提出审核意见后，报送国家药品监督管理局审批。还明确要求，药物临床前研究在获得《药物非临床研究质量管理规范》认证的机构进行，说明了国家对药品安全性的重视。而药用辅料对制剂质量也存在一定的影响，有时辅料的改变可能影响制剂的安全性、毒性等，因此提供药理毒理研究资料甚至针对具体情况进行临床试验是有必要的。

2006 年 3 月，原国家食品药品监督管理局印发了《药用辅料生产质量管理规范》，即药用辅料行业的 GMP 认证规范，然而最终此规范并未强制执行。缺乏专业机构的监管是我国药用辅料生产及应用需要重视的问题。

（四）新型药用辅料应用、研究有待提高

目前，传统药物制剂已不能满足患者的需求，越来越多的新型制剂不断涌现，与之相匹配的是新型药用辅料的生产与应用。我国现有的制药企业绝大多数是中小型企业。部分厂家从成本、效益等诸多因素考虑，使用的仍是多年未变的传统辅料，缺乏必要的改造与创新。除了少数研究单位和大型制药企业的中心实验室对某些新药用辅料进行了很少的研究外，全国大多数制药企业对新药用辅料的应用研究还是空白。对于新药用辅料的理化性质、与各种药物和其他药用辅料的配伍、结合先进设备与工艺、多种辅料在某一方面应用的对比等尚未有深入系统的研究。

二、国外药用辅料的发展历史

（一）重视辅料的开发和应用

国外发达国家重视辅料的开发与应用，制药工业高速发展，新药层出不穷，在国际上具有很强的竞争力，辅料与制剂为其赢得了高额的利润。如美国 Alza 公司 1981 年亏损 660 万美元，1982 年由于推出了以聚醇和聚酯共聚物为控释材料的控释技术，开发出了新的控释制剂，提高了一大批药物制剂的质量，不但扭转了上年的亏损，还净赚 960 万美元，实际盈利 1620 万美元。

国外对药用辅料的开发主要集中在以下几方面：研究新辅料的理化性质及其如何适用于制剂的开发和生产；结合生产设备及制剂工艺，研究辅料与药物的配伍特性，得到最佳辅料配方；进行辅料间的配伍研究，结合各国生产实际，设计最佳复合辅料，如微晶纤维素与乳糖配合、微晶纤维素与羧甲纤维素钠配合等。

（二）辅料品种多、规格全、型号齐备

国外药用辅料品种齐全，除了传统辅料外，还包括微囊、毫微囊等成囊材料，微球、毫微球、脂质体载体材料，缓释、控释材料，包合物、薄膜包衣材料，前体药物载体材料，固体分散体载体材料等上千个品种；出现了聚乙二醇系列、聚羧乙烯系列、聚维酮系列、聚氧乙烯烷基醚系列、聚丙烯酸树脂系列、聚丙交酯系列等高分子聚合物；黄原胶、环糊精、爱生兰、普鲁兰等生物合成多糖类辅料；淀粉甘醇酸钠、预胶化淀粉、纤维素系列等半合成辅料；海藻酸、红藻胶、卡拉胶等植物提取辅料；甲壳素、甲壳糖等动物提取辅料等。同时，国外药用辅料型号多、规格全、型号齐备，可充分适应不同新剂型、新制剂的需要，有力地推动了制药工业的发展。

（三）具有对药用辅料应用安全性的管理

有时，药用辅料应用不合理可造成中毒等事件的发生。美国食品药品监督管理局（FDA）认为：辅料可能是毒性物质，对药物中拟用的新辅料进行风险 - 效益评估，并对这些化合物建立安全性等准入制度非常重要。如欧盟在关于制药起始材料的草案中，就要求制药企业所用的起始物质必须在《药品生产质量管理规范》（GMP）要求的条件下生产。2002 年 FDA 批准了《关于发展药用辅料的临床前研究指导草案》，对辅料研究与开发的规范化起到了具体的指导作用。该草案推荐研发公司对新型药用辅料进行风险评估，对特定给药途径的药用辅料，需限定辅料安全服用量、最大服用量等，并需对辅料进行最长达 3 个月的安全测试，同时还要进行急性毒性、长期毒性等实验，对局部用药和肺部给药的药用辅料还需进行致敏性实验等。

（四）具有严格的药用辅料质量标准

国外对药用辅料的生产管理及质量要求十分严格。如，2001 年由美洲、欧洲和日本的药用辅料工业协会组成的国际药用辅料委员会采用 ISO 9000 系列的形式制定了《药用辅料 GMP 指南》（2001 年版），其质量体系与美国 FDA 的药品 GMP、ICH 原料药 GMP 原则相同，是国际上药用辅料的通用 GMP 指南，体系完善、条款针对性好、适用性及可接受程度好。被《美国药典》26 版附录收载，作为药用辅料生产质量管理的标准，在美洲、欧洲和日本得到广泛的运用和执行。辉瑞公司胶囊部分布在美洲、欧洲、亚洲的 9 个明胶硬胶囊厂均以此作为 GMP 标准予以执行。众多跨国制药公司在对辉瑞公司胶囊部生产厂和其他辅料厂商进行审计时，也以此作为审计的依据。

（五）成立国际药用辅料协会

国际药用辅料协会英文缩写为 IPEC，是一个由辅料生产者和使用者组成的世界性组织，是唯一代表辅料工业生产和使用两端的商贸组织。目前 IPEC 有 200 多个成员单位，美国有 40 ~ 50 个，欧洲的数量大致与美国相同，日本有 100 个左右。IPEC 的任务是促进制订药用辅料的质量标准，并在制订过程中协助管理者、其他卫生部门及药典委员会工作，最终促进药用辅料标准在世界各国的统一协调和承认。协会成员遇到问题，可以找协会中的专业技术人员讨论，包括美国食品药品监督管理局、欧洲药品审评委员会、日本厚生劳动省的有关人员以及美、欧、日药典人员和高层领导等。辅料生产企业的行政管理人员可定期参加协会的课题研究，也可参与制定协会的指导原则。这为管理者提供了技术上的支持与实践经验，对其制定政策大有裨益。

三、现代药用辅料的发展与展望

虽然，我国目前在药用辅料方面与发达国家还有较大差距，但药用辅料的广泛应用和日益显露的商机，已引起越来越多的关注。国内药用辅料行业龙头"尔康制药""山河药用辅料""湖州展望"等均投入大量资本在新型药用辅料的研发中，推动了市场需求向高端药用辅料转变，在获得更大的市场份额的同时，也推动了行业整体技术水平的提高。随着药品市场的发展，今后很长一段时间将是国内药用辅料市场发展的黄金期，一些新型辅料将被研制出来并投入生产，质量也会不断提高，辅料生产企业的规模和实力也将不断壮大。

就国外药物制剂市场整体而言，制剂正逐步向"三效"（高效、速效、长效）"三小"（毒性小、不良反应小、剂量小）和"三化"（现代化、机械化、自动化）方向发展；发达国家药用辅料的发展趋势是生产专业化、品种系列化、应用科学化。由于国外药用辅料生产厂家受药政部门的监督检查，实施 GMP 管理，生产环境、生产设备优良，检测手段先进，测试仪器齐备，质量标准完善，产品质量高，且注重新辅料的研究，并将辅料研究紧密结合生产实际，为研制制剂新剂型、新品种服务，为提高产品质量服务，因此国外药物辅料生产在快速发展的同时，也将逐步带动我国药用辅料的开发、应用走向现代化、管理化；新剂型的不断开发，将促使未来现代辅料的开发重点集中在以下几方面。

（1）优良的缓释、控释材料。

（2）优良的肠溶、胃溶材料。

（3）高效崩解剂和具有良好流动性、可压性、黏合性的填充剂和黏合剂。

（4）具有良好流动性、润滑性的助流剂、润滑剂。

（5）无毒、高效的透皮促进剂。

（6）适合多种药物制剂需要的复合辅料。

PPT

第四节 药用辅料的管理法规

一、药用辅料的标准

国家药用辅料标准，是指国家为保证药用辅料质量所制定的质量指标、检验方法以及生产工艺等技术要求，包括《中华人民共和国药典》（简称《中国药典》）和其他药用辅料标准，其中《中国药典》处于核心地位，但《中国药典》收载辅料数量有限。近年来，国家对药用辅料非常重视，药用辅料标准的修订成为《中国药典》修订工作的重要组成部分，药用辅料的安全标准也大幅提高。《中国药典》（2015 年版）收载药用辅料 270 余种，并将药用辅料与制剂通则等分离出来，形成了《中国药典》第四部；《中国药典》（2020 年版）收载药用辅料 335 种，其中新增 65 种、修订 212 种，逐步形成了以保障制剂质量为目标的原料药、药用辅料和药用包材标准体系，为推动关联审评审批制度改革提供了技术支持。新版《中国药典》重点增加了制剂生产常用药用辅料标准的收载，完善了药用辅料自身安全性和功能性指标，逐步健全药用辅料国家标准体系，促进了药用辅料质量提升，进一步保证了制剂质量。

目前，我国正在使用的药用辅料近 600 种，《中国药典》（2020 年版）对此并未进行全覆盖，我国药用辅料标准系列化仍有进一步提升的空间，在高端药用辅料、注射剂药用辅料及生物制品用辅料等高风险品种药用辅料标准的制定上仍需进一步规范化管理。

二、药用辅料安全性评价简介

（一）辅料带来的安全性风险

在药物中使用辅料由来已久，伴随药品的产生而产生，历史使用经验表明，不是所有的辅料都是惰性物质，一些辅料具有潜在的毒性，一些已经用于已上市产品中的辅料也可能会对患者造成严重的毒性反应。

1. 辅料本身的安全性 一些辅料本身存在安全隐患。如丙二醇可产生高渗透压、乳酸性酸中毒、中枢神经系统抑制、溶血、局部静脉炎以及呼吸、心脏毒性反应；可以透皮吸收，亦可透过血 - 脑屏障。在细辛脑注射液、维生素 K_1 注射液、依托泊苷注射液、胺碘酮注射液等均含有聚山梨酯 80（吐温 80）。吐温还在中药注射剂中作为溶剂广泛使用，常用量为处方量的 0.5% 左右，但吐温 80 易致过敏，中药注射剂的许多过敏反应可能都与其有关。

2. 药用辅料纯度对药品安全性的影响　有些辅料杂质结构不明确，可能与药物有物理、化学和药理方面的相互作用。杂质间还会发生化学反应，产生不确定的新杂质，这些新的杂质进一步与药物或杂质再发生新的反应，增加产品的安全隐患。杂质本身在使用环境下会产生不确定的药理作用。如卵磷脂中的溶血磷脂、乳糖中的残存蛋白、吐温中的环氧乙烷和维生素 C 抗氧剂被氧化后的毒性杂质等；羟丙基倍他环糊精很可能在运输或储存中发生键断裂产生倍他环糊精，后者会使脂肪增溶进入血液产生析晶，从而导致肾坏死。

引起安全性问题的因素还包括辅料的生产工艺、不同厂家产品的外观、性状明显不同，同一厂家不同批次间的质量相对不稳定。因此药用辅料的质量控制是一项极其重要的工作。

3. 给药途径、用量与辅料安全性　给药途径及用量是辅料安全的重要条件。不同给药途径需考虑不同的安全性问题，注射剂辅料的选择及其用量确定需谨慎，针对不同注射途径需考虑具体情况。

📖 **知识链接**

杜绝"齐二药"事件的再次发生

2006 年 4 月，广州中山大学附属第三医院 65 名患者使用了齐齐哈尔第二制药有限公司生产的亮菌甲素注射液，部分患者陆续出现了肾衰竭等严重症状，其中 13 名患者最终死亡。经调查发现，齐齐哈尔第二制药有限公司用有毒的二甘醇取代注射用药用辅料丙二醇生产亮菌甲素注射液是引发药害事件的主因。深入调查发现，该公司的药品采购、保管、检验等有关人员均存在渎职和失职问题。

这一恶性事件足以让药品制造业警醒：应该严格控制药品采购、生产及质检的每一环节，所有从事医药工作的相关工作人员应引以为戒，严格守法，遵守职业道德，让老百姓用上安全有效的药品。

(二) 药用辅料安全性评价

药用辅料安全性评价主要是指以药用辅料为实验对象所做的药理毒理学试验的技术评价。对药品（特别是新药）来说，人用药品注册技术要求国际协调会（ICH）制定了《安全性评价的指导原则》，包括以下几个方面的内容。

(1) 致癌性　药物致癌性试验条件、致癌试验、剂量选择。

(2) 遗传毒性　遗传毒性试验、标准组合试验。

(3) 代谢动力学　毒物代谢动力学、药物代谢动力学。

(4) 毒性试验　啮齿类动物多剂量毒性试验、非啮齿类动物多剂量毒性试验。

(5) 生殖毒性　生殖毒性试验、对男性生殖力的毒性试验。

(6) γ - DNA 产品安全性　生物技术产品的安全性试验。

(7) 药理　安全药理研究。

安全性一般是指对健康不引起或者只引起"可被接受的"轻微影响的程度。安全性是药品存在的基础，当然也是确定药用辅料能否药用的基础。新药临床前安全性评价是新药评价的核心内容之一，也是临床医师安全使用新药的主要依据。新药临床前安全性评价主要涉及一般毒性评价和特殊毒性评价两大部分，如急性毒性试验、长期毒性试验（反复给药毒性试验）、特殊毒性试验、皮肤用药及腔道用药毒性试验、药物依赖性试验、抗生育药及细胞毒性抗肿瘤药的毒性评价；这是一个综合性的毒理学评价过程。新药临床前安全性评价的目的在于提供新药对人体健康危害程度的科学依据，预测上市新药对人体健康的有害程度，淘汰危害大的，权衡有危害的，通过危害小的，理想的是没有危害的新药，使新药成为人类同疾病做斗争的有力武器。当然，安全性评价不单是安全性毒理学评价，也包括临床前安全性药理学评价；不只是临床前安全性评价，也包括临床研究的安全性评价（ICH 文件临床部分）。在此，重要的是《药品非临床研究质量管理规范》（GLP）以及《药物临床试验质量管理规范》（GCP）的实施。

三、药用辅料的主要管理法规

随着国家对药用辅料重视度的日益提升，我国药用辅料监管的法规体系逐渐充实与完善。

1998 年至 2010 年，国家药品监督管理部门两次修订并发布了《药品生产质量管理规范》（简称《规范》），《规范》中要求辅料应按品种、规格、批号分别存放，并由经授权的人员按照规定的方法进行取样、检测。

1999 年 3 月 12 日会审议通过的《仿制药品审批办法》《进口药品管理办法》要求，制剂处方中药用辅料应说明来源并提供质量标准，并对特殊辅料在处方中所起的作用加以说明；当药品处方中辅料有变化时，须同时报送修改理由及其说明、修改所依据的实验研究资料以及生产国药品主管当局批准此项修改的证明文件。

2001 年 2 月 28 日发布的《中华人民共和国药品管理法》中指出，生产药品所需的辅料必须符合药用要求。

2002 年 10 月 15 日审议通过的《药品注册管理办法》（试行）中提出，为申请药品注册而进行的药物临床前研究包括剂型选择、处方筛选、制备工艺、检验方法、质量指标、稳定性，药理、毒理、动物药代动力学等项目。

2005 年 7 月，为加强药用辅料的质量管理，国家药品监督管理部门组织、草拟了《药用辅料注册管理办法》，并且在社会上公开征集意见；2006 年 3 月，出台了《药用辅料生产质量管理规范》；2010 年 9 月，草拟了《药用原辅材料备案管理规定》，要求对注射用辅料和新型辅料实行注册管理，同时实行备案管理；2012 年 8 月，印发了《加强药用辅料监督管理的有关规定》。期间，国家食品药品监督管理部门在 2007 年至 2008 年印发的《血液制品、疫苗生产整顿实施方案（2007 年）》《中药、天然药物注射剂基本技术要求》《化学药品注射剂基本技术要求（试行）》和《多组分生化药注射剂基本技术要求（试行）》对相应剂型辅料的供货、检验、使用提出了要求，指出注射剂所用辅料的种类及用量应尽可能少，尚未批准供注射途径使用的辅料，除特殊情况外，均应按新辅料与制剂一并申报。

2016 年 8 月，原国家食品药品监管总局发布了《关于药包材药用辅料与药品关联审评审批有关事项的公告》，11 月发布《关于发布药包材药用辅料申报资料要求（试行）的通告》，要求在药物临床试验申请阶段，境内外上市制剂中未使用过的药包材、药用辅料，应进行关联申报或由药品注册申请人按照要求一并提交全部研究资料；其他药包材、药用辅料，药品注册申请人应至少在药品注册申报资料中提供相关药包材、药用辅料的生产企业信息、产品基本信息、质量标准和检验报告书等相关资料；未在药物临床试验申请阶段进行关联申报或一并提交全部研究资料的，相关药包材、药用辅料生产企业均应在药品上市申请阶段进行关联申报或由药品注册申请人按照要求一并提交全部研究资料。不纳入关联审评审批的药用辅料包括矫味剂（甜味剂）：如蔗糖、单糖浆、甘露醇、山梨醇、糖精钠、阿司帕坦、三氯蔗糖、甜菊糖苷、葡萄糖、木糖醇、麦芽糖醇等（仅限于在制剂中作为矫味剂/甜味剂使用）；香精、香料：如橘子香精、香蕉香精、香兰素等；色素（着色剂）：如氧化铁、植物炭黑、胭脂虫红等；pH 调节剂（包括注射剂中使用的 pH 调节剂）：如苹果酸、富马酸、醋酸、醋酸钠、枸橼酸（钠、钾盐）、酒石酸、氢氧化钠、浓氨溶液、盐酸、硫酸、磷酸、乳酸、磷酸二氢钾、磷酸氢二钾、磷酸氢二钠、磷酸二氢钠等；仅作为辅料使用、制备工艺简单、理化性质稳定的无机盐类与口服制剂印字使用的无苯油墨等。

2020 年 1 月，国家市场监督管理总局发布的《药品生产监督管理办法》规定从事药品生产活动，应当对使用的原料药、辅料、直接接触药品的包装材料和容器等相关物料供应商或者生产企业进行审核，保证购进、使用符合法规要求；经批准或者通过关联审评审批的原料药、辅料、直接接触药品的包装材料和容器的生产企业，应当遵守国家药品监督管理局制定的质量管理规范以及关联审评审批有关要求，确保质量保证体系持续合规，接受药品上市许可持有人的质量审核，接受药品监督管理部门的监督检查或者延伸检查。

药用辅料的监管是一项长期的基础性任务，关系重大，任重道远。随着医药生产技术的发展，药用辅料的品种也越来越多，我国也逐步在药用辅料标准中增加辅料品种数量，不断丰富药用辅料种类，加强对药用辅料管理，提供药物制剂及辅料的质量。

目标检测

答案解析

一、填空题

1. 药用辅料是_____。

2. 新药用辅料是_____。

3. 特殊药用辅料是_____。

4. 药用辅料可按照_____、_____、_____、_____四种方式进行分类。

5. 国外药物制剂正逐步向_____、_____和_____方向发展。

二、单选题

1. 下列（　　）是按药用辅料的用途分类的。

    A. 乳剂　　　　　　　　B. 软膏剂　　　　　　　　C. 注射剂　　　　　　　　D. 增溶剂

2. 以下（　　）反映了药用辅料可影响药物的吸收速率与吸收程度。

    A. 用 5% 的淀粉浆与 10% 的阿拉伯胶浆以湿法制粒的方法制备片剂，检测显示 10% 的阿拉伯胶浆制备的片剂溶出较差

    B. 以卵磷脂和胆固醇为主要材料，将抗癌药物阿霉素制成脂质体微球，提高了靶部位的血药浓度

    C. 硫黄洗剂中加入助悬剂甘油减慢了沉降速率

    D. 妥布霉素滴眼液中加入苯扎溴铵延长药品储存时间

3. 以下（　　）记载了运用动物胶、蜂蜜、淀粉、汤、醋、植物油、动物油等，制备的软膏剂、丸剂、栓剂等十多种制剂。

    A.《伤寒论》和《金匮要略》　　　　　　B.《肘后备急方》

    C.《备急千金要方》和《千金翼方》　　　D.《外台秘要》

4. 新药临床前安全性评价不包含（　　）。

    A. 急性毒性试验　　　　　　　　　　　　B. 药物用量的确定

    C. 药物依赖性试验　　　　　　　　　　　D. 皮肤用药及腔道用药毒性试验

三、多选题

1. 按照药用辅料的用途分类，有（　　　）特点。

    A. 专一性   B. 实用性   C. 准确性   D. 可控性

2. 药用辅料按给药途径分类（　　　）。

    A. 经胃肠道给药剂型用辅料   B. 非经胃肠道给药剂型用辅料

    C. 包衣材料   D. 微囊材料

3. 药物制剂正逐步向"三效"发展，指的是（　　　）"三效"。

    A. 高效   B. 速效   C. 长效   D. 短效

4. 对药品（特别是新药）来说，人用药品注册技术要求国际协调会（ICH）制定了安全性评价的指导原则，包括（　　　）。

    A. 代谢动力学：毒物代谢动力学、药物代谢动力学

    B. 毒性试验：啮齿类动物多剂量毒性试验、非啮齿类动物多剂量毒性试验

    C. 生殖毒性：生殖毒性试验、对男性生殖力的毒性试验

    D. 遗传毒性：遗传毒性试验、标准组合试验

四、简答题

1. 药用辅料的重要性体现在哪些方面？

2. 药用辅料按照来源如何分类？

书网融合……

      知识回顾   微课   习题

第二章　表面活性剂

学习引导

　　随着科技的不断发展进步，现代制药工业生产领域发生着巨大的变革。表面活性剂是现代制药工业生产中的主要添加剂，广泛应用于现代制药领域当中。你知道表面活性剂有哪些作用吗？它们在各种剂型中有哪些应用？不同给药途径的剂型在选择表面活性剂时需要注意什么？

　　本章主要介绍具有乳化、润湿、增溶等特殊功能的表面活性剂。

学习目标

1. **掌握**　表面活性剂的定义与分类。
2. **熟悉**　表面活性剂基本理论；常用表面活性剂的性质和特点。
3. **了解**　表面活性剂在制药领域的应用。

第一节　表面活性剂概述 ◎微课1

PPT

一、表面活性剂的定义

　　表面活性剂（surfactant，surface active agent）是一种具有很强的表面活性，加入很少量即能显著降低液体表面张力的物质，具有去污、润湿、乳化、杀菌、增溶、消泡和起泡等作用。它一般由非极性烃链（又称亲油基）和一个以上的极性基团（又称亲水基）组成。烃链通常不少于8个碳原子，极性基团可以是亲水性很强的羧酸、磺酸、硫酸酯及它们的可溶性盐、磷酸基与磷酸酯基、氨基或胺及其盐酸盐，也可以是亲水性较强的巯基、羟基、酰胺基或亲水性较弱的羧酸酯基。如肥皂属脂肪酸类（R—COO⁻）表面活性剂，其结构中亲水基团是羧基，亲油基团是脂肪酸碳链。在同类表面活性剂中，烃链越长其降低表面张力的效率越高。

　　由于同时具有亲水性和亲油性，表面活性剂溶于水后会在水－空气界面定向排列，亲水基团朝向水而亲油基团朝向空气。浓度较低时，表面活性剂多数集中在表面形成单分子层，在表面层的浓度远高于溶液内的浓度，使溶液的表面张力降低到水的表面张力之下，溶液的表面性质发生改变，最外层呈现非极性烃链性质，有较低的表面张力，表现出较好的润湿性、乳化性和起泡性等。

二、表面活性剂的特性

(一) 形成胶束

表面活性剂溶于水形成正吸附达到饱和后，表面活性剂分子即转入溶液内部，因其两亲性致使表面活性剂分子亲油基团之间相互吸引、缔合形成胶束（micelles），即亲水基团朝外、亲油基团朝内、大小不超过胶体粒子范围（1~100nm）、在水中稳定分散的聚合体。表面活性剂分子缔合形成胶束的最低浓度称为临界胶束浓度（critical micelle concentration，CMC），单位体积内胶束数量几乎与表面活性剂的总浓度成正比。形成胶束的临界浓度通常在0.02%~0.5%左右，到达临界胶束浓度时，分散系统由真溶液变成胶体溶液，同时会发生表面张力降低，增溶作用、起泡性能和去污力增强，渗透压、导电度、密度和黏度突变，出现丁达尔（Tyndall）现象等理化性质的变化。

(二) 亲水亲油平衡值

亲水亲油平衡值（hydrophile - lipophile balance，HLB），可用来表示表面活性剂亲水或亲油能力的大小。1949年，Griffin首先提出这一概念，他将非离子表面活性剂的HLB值范围定为0~20，其中疏水性最大的、完全由饱和烷烃基组成的石蜡HLB值为0，亲水性最大的、完全由亲水性的氧乙烯基组成的聚氧乙烯HLB值为20，其他的则介于二者之间。现在一般把表面活性剂的HLB值限定在0~40。HLB值越高表明表面活性剂亲水性越大，HLB值越低则说明表面活性剂亲油性越大。表面活性剂的亲水与亲油能力应适当平衡，如亲水或亲油能力过大则易溶于水或油，造成正吸附量减少而难以降低表面张力。

1957年Davies提出了一种基于分子中化学基团来计算HLB值的方法，如公式（2-1）所示。如果将表面活性剂的HLB值当成是分子中各种结构的基团贡献的总和，那么就可以用数值来表示每个基团对HLB值的贡献，这些基团即被称为HLB基团数（group number）。

$$HLB = \Sigma(亲水基团HLB数) - \Sigma(亲油基团HLB数) + 7 \tag{2-1}$$

把各个HLB值基团数代入公式2-1，就可以求出表面活性剂的HLB值，其计算结果和一些实验测定法的结果有很好的一致性。表2-1为表面活性剂的一些常见基团和HLB基团数。如计算油酸钠的HLB值，查表得—COONa的基团数为19.1，烷基的基团数为0.475，则：HLB = 19.1 - 0.475 × 17 + 7 = 18.025

表2-1 表面活性剂的常见基团和HLB基团数

亲水基团	基团数	亲油基团	基团数
—(CH$_2$CH$_2$O)—	0.33	苯环	1.662
—OH（失水山梨醇环）	0.5	—CF$_2$—	0.870
—O—	1.3	—CF$_3$	0.870
—OH（自由）	1.9	=CH—	0.475
—COOH	2.1	—CH$_2$—	0.475
酯（自由）	2.4	—CH$_3$	0.475
酯（失水山梨醇环）	6.8	—CH$_2$—CH$_2$—CH$_2$—O—	0.15
—N=	9.4	—C$_3$H$_6$—O—	0.15
—COONa	19.1		
—COOK	21.1		
—SO$_3$Na	37.4		
—SO$_4$Na	38.7		

由于非离子表面活性剂 HLB 值具有加和性，因此，在实际工作中常根据公式（2-2）来计算两种或两种以上表面活性剂混合后的 HLB 值。

$$HLB_{AB} = \frac{HLB_A \times W_A + HLB_B \times W_B}{W_A + W_B} \tag{2-2}$$

式中 HLB_{AB} 为混合后的 HLB 值，W_A 和 W_B 分别表示表面活性剂 A 和 B 的量，HLB_A 和 HLB_B 分别表示表面活性剂 A 和 B 的 HLB 值。如用等量的吐温 80（HLB 值为 15）和司盘 80（HLB 值为 4.3）组成的混合表面活性剂 HLB 值为 9.65。用吐温 60（HLB 值为 14.9）和司盘 60（HLB 值为 4.7）制备 HLB 值为 10.82 的混合乳化剂 100g，则应取 60g 吐温 60 和 40g 司盘 60。

（三）增溶作用

增溶作用是当水溶液中的表面活性剂达到临界胶束浓度后，能显著增加一些水不溶性或微溶性物质溶解度的作用。如 1,2,4-三氯苯在 5g/L 十二烷基硫酸钠溶液与脂肪醇聚氧乙烯醚溶液中的溶解度分别比纯水中增加了 27 倍与 100 倍。起增溶作用的表面活性剂称为增溶剂，被增溶的物质称为增溶质。在临界胶束浓度以上时，胶束数量和增溶量都随增溶剂用量的增加而增加。当增溶剂的用量固定而增溶又达到平衡时，增溶质的饱和浓度称为最大增溶浓度（maximum additive concentration，MAC）。如 0.6875g Triton X-100 分别能增溶 6.69mg 和 0.715mg 的菲和芘，若继续加入增溶质，则溶液将析出沉淀或变浑浊。临界胶束浓度越低，缔合数就越多，最大增溶浓度也就越大。

温度主要影响表面活性剂的溶解度、胶束的形成以及增溶质的溶解。随着温度的升高，离子型表面活性剂的溶解度与增溶质在胶束中的溶解度均增大。当温度升高到一定值时，表面活性剂的溶解度会急剧升高，此温度点即称 Krafft 点，所对应的溶解度即为该离子表面活性剂的临界胶束浓度。Krafft 点是离子型表面活性剂的特征值，随着 Krafft 点的不断升高，其临界胶束浓度逐渐降低。而且，离子型表面活性剂只有在温度高于 Krafft 点时才能发挥更大的作用。

随着温度的升高，聚氧乙烯类非离子表面活性剂中聚氧乙烯链与水之间的氢键断裂，增溶能力减弱，当达到某一温度时，表面活性剂溶解度急剧下降导致析出，溶液出现混浊，此现象称为起昙或起浊，对应的温度为昙点（cloud point）或浊点，但当温度回降到昙点以下时，能重新形成氢键，溶液恢复澄明。一般情况下，当碳氢链长相同时，昙点随聚氧乙烯链的增长而升高；当聚氧乙烯链长相同时，昙点随碳氢链的增长而降低。昙点大部分在 70℃~100℃，但泊洛沙姆 188、泊洛沙姆 108 等在常压时观察不到昙点。

此外，增溶剂的性质、用量及 HLB 值、药物的性质、加入顺序、pH、有机物添加剂、电解质等亦会影响增溶作用。

三、表面活性剂的应用

如图 2-1 所示，HLB 值与表面活性剂的应用密切相关。

1. 起泡剂和消泡剂　泡沫为很薄的液膜包裹着气体，属气体分散在液体中的分散系统。起泡剂（foaming agent）是指可产生泡沫作用的表面活性剂，其一般具有较强的亲水性和较高的 HLB 值，能降低液体的表面张

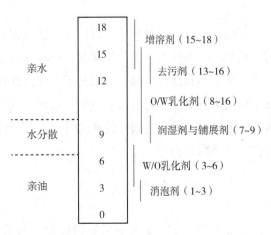

图 2-1　HLB 值与表面活性剂应用的关系

力使泡沫趋于稳定。泡沫的形成易使药物在用药部位分散均匀且不易流失。起泡剂一般用于皮肤、腔道黏膜给药的剂型中。消泡剂（antifoaming agent）是指用来破坏、消除泡沫的表面活性剂，通常具有较强的亲油性，HLB 值为 $1\sim3$，能争夺并吸附在泡沫液膜表面上取代原有的起泡剂，但因其本身不能形成稳定的液膜而致泡沫被破坏。

2. 去污剂 去污剂又称洗涤剂（detergent），是可以除去污垢的表面活性剂，HLB 值为 $13\sim16$，常用的有油酸钠及其他脂肪酸钠皂和钾皂、十二烷基硫酸钠、十二烷基苯磺酸钠等。去污过程一般包括润湿、增溶、乳化、分散、起泡等作用。

3. 消毒剂和杀菌剂 表面活性剂可与细菌生物膜蛋白质发生强烈作用而使之变性或被破坏。甲酚皂、苯扎溴铵、甲酚磺酸钠等大部分阳离子表面活性剂和小部分阴离子表面活性剂常用于伤口、皮肤、黏膜、器械、环境等消毒。

4. 增溶剂 增溶剂对极性或非极性的不解离药物一般有较好的增溶效果，而解离药物因其水溶性大往往不被增溶甚至溶解度降低，但当它与带相反电荷的表面活性剂按一定配比混合时，则可能产生增溶，形成可溶性复合物和不溶性复合物。多组分制剂中，主药的增溶量会因其他组分与表面活性剂的相互作用而提高或降低。抑菌剂、抗菌药物常因被增溶而致活性降低，此时需加大用量。

 知识链接 --

双子表面活性剂

通过化学键将两个或两个以上的同一或几乎同一的表面活性剂单体，在亲水头基或靠近亲水头基附近用连接基团将这两亲成分连接在一起，形成的一种表面活性剂称为双子表面活性剂（Gemini surfactants）。该类表面活性剂有阴离子型、阳离子型、两性离子型、非离子型及阴–非离子型、阳–非离子型等。

双子表面活性剂特殊的结构决定它比传统表面活性剂具有更优良的性能：①易吸附在气/液表面，有效地降低水的表面张力；②易聚集生成胶团，有更低的临界胶束浓度；③具有很低的 Krafft 点；④与普通表面活性剂间的复配能产生更大的协同效应；⑤具有良好的钙皂分散性能；⑥优良的润湿性能。

第二节　离子型表面活性剂 微课2

PPT

根据极性基团的解离性质可将表面活性剂分为离子型表面活性剂和非离子型表面活性剂，离子型表面活性剂又分为阴离子表面活性剂、阳离子表面活性剂和两性离子表面活性剂。阴离子表面活性剂起表面活性作用的是阴离子部分，阳离子表面活性剂起表面活性作用的是阳离子部分。两性离子表面活性剂分子结构中同时具有正电荷和负电荷基团，因介质 pH 的不同而呈现不同的表面活性剂性质。它在碱性水溶液中呈现阴离子表面活性剂的性质，起泡性好，去污力强；在酸性水溶液中呈现阳离子表面活性剂的性质，杀菌作用强。

一、阴离子型表面活性剂

1. 肥皂类 肥皂类系高级脂肪酸盐，通式为 $(RCOO^-)_nM^{n+}$，主要有月桂酸、硬脂酸、油酸等高级脂肪酸。因 M 不同，又分为碱金属皂、碱土金属皂、有机胺皂（如三乙醇胺皂）等。

2. **硫酸化物**　硫酸化物系硫酸化油和高级脂肪醇硫酸酯类，通式为 R·O·SO$_3^-$M$^+$，主要有十二烷基硫酸钠（SDS）、月桂醇硫酸钠（SLS）、硫酸化蓖麻油（土耳其红油）、十六烷基硫酸钠（鲸蜡醇硫酸钠）、十八烷基硫酸钠（硬脂醇硫酸钠）等。本类有较强的乳化能力，较耐酸和钙、镁盐，比肥皂类稳定，但可与某些高分子阳离子药物产生作用而致沉淀。因对黏膜有刺激性，故主要作为外用软膏的乳化剂，有时作为片剂等固体制剂的润湿剂或增溶剂。

3. **磺酸化物**　包括脂肪族磺酸化物、烷基芳基磺酸化物、烷基萘磺酸化物等，通式为 R·SO$_3^-$M$^+$，如二辛基琥珀酸磺酸钠（阿洛索-OT）、十二烷基苯磺酸钠、二己基琥珀酸磺酸钠等。本类渗透力强，易起泡和消泡，去污力好，为优良的洗涤剂，其在酸性水溶液中稳定，但水溶性及耐酸和钙、镁盐性比硫酸化物稍差。胆石酸盐亦属此类，如甘胆酸钠、牛磺胆酸钠等，常作为单脂肪酸甘油酯的增溶剂和胃肠道中脂肪的乳化剂使用。

硬脂酸钠

【来源与标准】　硬脂酸钠由熔融的硬脂酸与氢氧化钠水溶液在65℃、pH8.0~8.5的条件下反应2小时制得。

【性质】　本品为白色细微粉末或块状固体，有滑腻感，有脂肪味，在空气中有吸水性。微溶于冷水，溶于热水或醇溶液，水溶液因水解而呈碱性。

【应用】

1. **乳化剂**　本品具有优良的乳化性能，可用于外用软膏作 O/W 型乳化剂。

2. **洗涤剂**　本品具有较强的去污力，是肥皂的重要组成部分，常用作洗涤剂。

3. **其他应用**　本品可用作滴丸剂等的基质。

【注意事项】　本品易被酸、碱、钙、镁离子或其他电解质破坏，有刺激性，一般只供外用。

【案例解析】　芸香油滴丸

1. **制法**　依次向烧瓶中加入835g芸香油、100g硬脂酸钠与25g虫蜡，再加入40g水摇匀，将附有回流冷凝器的橡胶塞塞入烧瓶后，在振摇下于100℃加热使之全部熔化，冷却至77℃倒入贮液瓶中，65℃保温下以120丸/分的速度滴入1%硫酸溶液中，取出滴丸，吸除水迹后即得。

2. **解析**　本制剂为肠溶滴丸，其中芸香油为主药，硬脂酸钠与虫蜡为基质，1%硫酸溶液为冷凝液。硬脂酸钠与硫酸反应生成硬脂酸，在丸的表面形成一层硬脂酸与虫蜡组成的膜，该膜在胃中不溶解，而在肠的 pH 条件下能够溶解，从而使得药物在肠道内释放，克服了芸香油片的恶心、呕吐等不良反应。

十二烷基硫酸钠

【来源与标准】　十二烷基硫酸钠由十二醇与氯磺酸或三氧化硫发生磺化反应生成十二醇硫酸酯，再用氢氧化钠中和制得。本品为以十二烷基硫酸钠（C$_{12}$H$_{25}$NaO$_4$S）为主的烷基硫酸钠混合物。本品收载于《中国药典》（2020年版）四部。

【性质】　本品常温下为白色至浅黄色的结晶或粉末，有特征性微臭，易溶水，在乙醚中几乎不溶。

【应用】

1. **乳化剂**　本品具有良好的乳化性能，用作药物、化妆品、合成树脂的乳化剂。

2. **发泡剂**　本品具有优异的发泡力，广泛应用于牙膏、肥皂、沐浴乳、洗发精、洗衣粉中作发泡剂。

3. 其他应用　本品可用于 DNA 提取过程中，使蛋白质变性后与 DNA 分开。它还用于生化分析、电泳等。

【注意事项】本品可与某些高分子阳离子药物产生作用而致沉淀，对黏膜有刺激性。

【案例解析】O/W 型乳膏基质

1. 制法　将 15g 十二烷基硫酸钠、120g 丙二醇、羟苯甲酯与羟苯丙酯溶于 378g 蒸馏水并加热至 75℃；另取 220g 硬脂醇、17.0g 单硬脂酸甘油酯与 250g 白凡士林加热至 75℃使熔化，并在搅拌下加入水相，混匀冷却即得。

2. 解析　本基质水相有十二烷基硫酸钠、丙二醇与水，其中十二烷基硫酸钠为 O/W 型乳化剂，丙二醇为保湿剂；油相有硬脂醇、单硬脂酸甘油酯、白凡士林，单硬脂酸甘油酯为辅助乳化剂、增稠剂与稳定剂；羟苯甲酯与羟苯丙酯为防腐剂。

十二烷基苯磺酸钠

【来源与标准】十二烷基苯磺酸钠是由十二烷基苯与发烟硫酸或三氧化硫磺化，再用氢氧化钠中和制得。

【性质】本品为白色或淡黄色粉末，易溶于水，易吸潮而结块，不易氧化，起泡力强，去污力高，成本较低。

【应用】

1. 洗涤剂　本品是家用洗涤剂用量最大的合成表面活性剂，易与各种助剂复配，对颗粒污垢、蛋白污垢和油性污垢有显著的去污效果，对天然纤维上颗粒污垢的洗涤作用尤佳，去污力随洗涤温度的升高而增强，对蛋白污垢的作用高于非离子表面活性剂，且泡沫丰富。

2. 其他应用　本品可用于化妆品、食品、印染、农药等领域作乳化剂、抗静电剂等。

【注意事项】本品对水的硬度敏感，去污性能随水硬度的增大而降低，且脱脂力较强，手洗时对皮肤有一定的刺激性。

【案例解析】十二烷基苯磺酸钠软膏

1. 制法　将 8g 甘油、4g 十二烷基苯磺酸钠、0.5g 三乙醇胺溶于 62.5g 水中得到水相，加热至 85℃；另取 9g 硬脂酸、3g 单硬脂酸甘油酯、1g 鲸蜡醇、1g 十八醇、1g 液状石蜡、10g 羊毛脂混于同一容器中，并加热至 85℃熔化得油相，并在搅拌下加至水相中，冷却即得。

2. 解析　本制剂中十二烷基苯磺酸钠为主药，作杀螨剂，同时作乳化剂；甘油为保湿剂；三乙醇胺与硬脂酸反应生成有机胺皂作乳化剂；另一部分硬脂酸为油相，作增稠剂；单硬脂酸甘油酯为辅助乳化剂，并有增稠、稳定作用；鲸蜡醇、十八醇、液状石蜡、羊毛脂均为油相。

二、阳离子表面活性剂

阳离子表面活性剂又称阳性皂，系季铵化物，分子结构的主要部分是一个五价的氮原子，主要有苯扎氯铵（洁尔灭）、苯扎溴铵（新洁尔灭）、氯化苯甲烃铵等。本类表面活性剂水溶性好，有良好的表面活性作用，且在酸性和碱性溶液中均较稳定。因有很强的杀菌作用，故主要用于皮肤、黏膜、手术器械的消毒，某些品种还可作为抑菌剂用于眼用溶液。

苯扎溴铵

【来源与标准】苯扎溴铵是以十二醇为原料，经溴化反应，再与 N,N - 二甲基苯叔胺作用而制得。

本品为溴化二甲基苄基烃铵的混合物。按无水物计算，含烃铵盐（$C_{22}H_{40}BrN$）应为 95.0% ~ 105.0%。本品收载于《中国药典》（2020 年版）四部。

【性质】本品在常温下为黄色胶状体，低温时可能逐渐形成蜡状固体；水溶液呈碱性反应，振摇时产生多量泡沫。在水或乙醇中易溶，在丙酮中微溶，在乙醚中不溶。0.1% 以下浓度对皮肤无刺激性。

【应用】

1. 杀菌剂　本品为阳离子表面活性剂类广谱杀菌剂，能改变细菌细胞膜通透性，使菌体胞质物质外渗，阻碍其代谢而起杀灭作用。对革兰阳性细菌作用较强，但对铜绿假单胞菌、抗酸杆菌和细菌芽孢无效。

2. 灭藻剂　本品用于灭藻有高效、毒性小、不受水硬度影响、使用方便、成本低等优点，是迄今工业循环水处理常用的非氧化性灭藻剂。

3. 其他应用　本品还可用于防腐、乳化、去垢、增溶等方面。

【注意事项】本品与肥皂和其他阳离子表面活性剂、枸橼酸盐、碘化物、硝酸盐、高锰酸盐、水杨酸盐、银盐、酒石酸盐以及生物碱有配伍禁忌。与铝、荧光素钠、过氧化氢、白陶土、含水羊脂和有些磺胺药也有配伍禁忌。能与蛋白质迅速结合，遇有血、棉花、纤维素和有机物存在，作用显著降低。不适用于膀胱镜、眼科器械、橡胶及铝制品的消毒。

【案例解析】消旋山莨菪碱滴眼液

1. 制法　将 0.1g 苯扎溴铵溶解，得到苯扎溴铵溶液；向配液罐中加入温度为 70~80℃ 的注射用水 700ml，冷却至 40~50℃，然后在持续搅拌状态下，先加入 0.1mol/L 盐酸溶液 15.7ml，然后加入消旋山莨菪碱 0.5g，搅拌至消旋山莨菪碱完全溶解后，再依次加入 0.01g 磷酸氢二钠、7.24g 磷酸二氢钠和 6.0g 氯化钠，并继续搅拌 13 分钟以上，再依次加入苯扎溴铵溶液，搅拌 4 分钟以上，冷却至 40~50℃，最后补加温度为 70~80℃ 的注射用水至总体积 1000ml，继续搅拌 20 分钟，得到药液。

2. 解析　消旋山莨菪碱为主药，氯化钠为等渗调节剂，盐酸为 pH 调节剂，磷酸氢二钠与磷酸二氢钠为 pH 调节剂和等渗调节剂，苯扎溴铵为抑菌剂，注射用水为溶剂。

知识链接

防疫小知识——消毒剂的正确使用

我国是全球疫情防控最好的国家，消毒剂是我们的有力武器。但是，不同种类的消毒剂应该如何正确使用呢？

1. 季铵盐类消毒剂　适用于环境、物体表面、织物与手部消毒。

2. 含氯消毒剂　适用于物体表面、织物、果蔬、饮食器具的消毒。具有漂白作用，对金属物品有腐蚀作用，不可与洁厕灵同时使用。

3. 醇类消毒剂　适用于手和皮肤或较小物体表面的消毒。此类消毒剂易燃，不可用于空气及脂溶性物体表面消毒。

4. 酚类消毒剂　适用于物体表面及织物消毒。此类消毒剂使用时，要做好个人防护。

度米芬

【来源与标准】度米芬是由溴代十二烷与苯氧乙基二甲胺在丙酮中反应制得。本品为溴化 N,N-二甲基-N-(2-苯氧乙基)-1-十二烷铵一水合物。按干燥品计算，含 $C_{22}H_{40}BrNO$ 不得少于 98.0%。

【性质】本品为白色至微黄色片状结晶，无臭或微带特臭，振摇水溶液，则发生泡沫。在乙醇中极易溶解，在水中易溶，在丙酮中略溶，在乙醚中几乎不溶。

【应用】

杀菌剂　本品为广谱杀菌剂，抗菌谱及抗菌活性与苯扎溴铵相似。适用于口腔、咽喉感染的辅助治疗和皮肤、器械消毒等。

【注意事项】本品的杀菌作用在碱性中增强，在肥皂、合成洗涤剂、酸性有机物质、脓血存在的情况下则效力下降，禁与肥皂、碘酊或其他阴离子性消毒剂同用，器械消毒时加 0.5% 亚硝酸钠。

【案例解析】美白防蛀牙膏

1. 制法　称取 45g 二氧化硅、15g 甘油、1.5g 羧甲纤维素钠、5g 月桂酰基氨酸钠与纯化水混合，以 500～800r/min 搅拌均匀，研磨颗粒粒径至小于 0.05mm；取糖精钠 0.5g、甘油 10g、度米芬 0.1g 溶于水，加入上述颗粒中继续搅拌，研磨至粒径为 0.025mm，并在 0.06～0.1MPa 真空度下脱气，得膏体。

2. 解析　本制剂中二氧化硅为摩擦剂，甘油为润湿剂，羧甲纤维素钠为黏合剂，月桂酰基氨酸钠为发泡剂，纯化水为稀释剂，糖精钠为矫味剂，度米芬为抑菌剂。

三、两性离子表面活性剂

两性离子表面活性剂是指同时具有阴、阳两种离子性质的表面活性剂，在酸性条件下它呈现阳离子表面活性剂的性质，在碱性条件下则表现出阴离子表面活性剂的性质。目前生产的两性离子表面活性剂的阴离子部分主要是羧酸盐，因阳离子部分的不同可对其进行分类，阳离子为胺盐、季铵盐等。

1. 阳离子为胺盐的两性离子表面活性剂　阳离子为胺盐的两性离子表面活性剂被称为氨基酸型表面活性剂，其水溶液为碱性。若在搅拌下，慢慢加入盐酸，至微酸性时则生成沉淀，继续加入盐酸至强酸性时，沉淀又溶解。因此，为了充分发挥其表面活性剂的作用，必须在偏离等电点 pH 的水溶液中使用。如十二烷基双（氨乙基）- 甘氨酸盐酸盐即为氨基酸型两性离子表面活性剂，杀菌作用强，1% 水溶液的喷雾消毒能力强于同浓度的苯扎溴铵、洗必泰和 70% 的乙醇，但毒性低于阳离子表面活性剂。

2. 阳离子为季铵盐的两性离子表面活性剂　阳离子为季铵盐的两性离子表面活性剂被称为甜菜碱型表面活性剂，其在酸性、中性或碱性的水溶液中都能溶解，在等电点时也无沉淀。而且，其渗透力、去污力及抗静电等性能也较好。因此常用作乳化剂、柔软剂。

3. 卵磷脂　卵磷脂为天然的两性离子表面活性剂，外观呈透明或半透明黄色或黄褐色油脂状，不溶于水，溶于三氯甲烷、乙醚、石油醚等有机溶剂，是注射用乳剂和脂质微粒制备中的主要辅料。按其来源不同可分为蛋黄卵磷脂和大豆卵磷脂两类。

蛋黄卵磷脂

【来源与标准】蛋黄卵磷脂系以鸡蛋黄或蛋黄粉为原料，经适当溶剂提取精制而得的磷脂混合物。按无水物计算，含氮（N）应为 1.75%～1.95%，含磷（P）应为 3.5%～4.1%，磷脂酰胆碱不得少于 68%，磷脂酰乙醇胺不得过 20%，磷脂酰胆碱和磷脂酰乙醇胺总量不得少于 80%。本品收载于《中国药典》（2020 年版）四部。

【性质】本品为乳白色或淡黄色粉末状或蜡状固体，具有轻微的特臭，触碰时有轻微滑腻感。它在乙醇、乙醚、三氯甲烷或石油醚（沸程 40~60℃）中溶解，在丙酮和水中几乎不溶。

【应用】

1. 乳化剂　本品为天然的表面活性剂，具有乳化、分解油脂的功能，可增进血液循环，改善血清脂质，清除过氧化物，降低血液中胆固醇及中性脂肪的含量，减少脂肪在血管内壁的滞留时间，促进粥样硬化的消散，防止由胆固醇引起的血管内膜损伤。

2. 脂质体膜材　磷脂酰胆碱是形成细胞膜的主要成分，蛋黄卵磷脂是构成脂质体的主要化学成分，可供静脉注射。

3. 其他应用　本品具有多种生理功能，如抑制血清甘油三酯与总胆固醇、改善记忆、提高耐缺氧能力等。另外，因其含有一定量的花生四烯酸而具有更多的功能。因此，蛋黄卵磷脂还被用于食品领域。

【注意事项】本品对热非常敏感，在酸性、碱性和酯酶作用下易水解，对蛋白质、蛋黄过敏者禁用。

【案例解析】紫杉醇脂质体

1. 制法　分别称取 660mg 蛋黄卵磷脂、77mg 二硬脂酰磷酸甘油与 25mg 紫杉醇并完全溶解于 5ml 三氯甲烷–甲醇（3∶1）混合溶液后，置于磨口梨形烧瓶中，于 50℃ 水浴、100r/min 条件下，减压蒸去有机溶剂，使磷脂成半透明或白色蜂巢状膜，用磷酸盐缓冲液 20ml 充分水化薄膜，15000Psi（约103MPa）高压均质循环 2~3 次，分别过 200、100nm 的聚碳酸酯膜各 2 次，即得。

2. 解析　本制剂中紫杉醇为主药；蛋黄卵磷脂、二硬脂酰磷酸甘油与胆固醇为脂质体膜材；三氯甲烷–甲醇混合溶液为溶剂。

大豆磷脂

【来源与标准】大豆磷脂系从大豆中提取精制而得的磷脂混合物。按无水物计算，含氮（N）应为1.5%~2.0%，磷（P）不得少于 2.7%，磷脂酰胆碱不得少于 45.0%，磷脂酰乙醇胺不得过 30.0%，磷脂酰胆碱和磷脂酰乙醇胺总量不得少于 70%。本品收载于《中国药典》（2020 年版）四部。

【性质】本品为黄色至棕色的半固体、块状体，在乙醚或乙醇中易溶，在丙酮中不溶。

【应用】

1. 乳化剂　本品为天然表面活性剂，具有较强的乳化作用，大豆磷脂（供注射用）可作为静脉注射乳剂的乳化剂。

2. 其他应用　本品可以抑制肠内胆固醇的吸收，故能降低血液胆固醇和抗脂肪肝的作用。此外，它具有较强的润湿、分散作用，还在促进体内肌肉生长、神经系统发育和体内抗氧化损伤等方面发挥很重要的作用。

【注意事项】患有高脂血症者、动脉硬化者和肥胖者不适宜使用大豆磷脂。

【案例解析】静脉脂肪乳注射液

1. 制法　取适量注射用水，在氮气流下加精制大豆卵磷脂 15g 并搅拌分散。将注射用甘油 25g 用注射用水溶解，过 0.22μm 微孔滤膜后加入前述液体。再加入精制大豆油 150g，在氮气流下搅拌均匀制成初乳。经高压乳匀机进行两次乳化，在搅拌下加水至 1000ml，调 pH 即得。

2. 解析　本制剂中精制大豆油为油相；精制大豆磷脂为乳化剂；注射用甘油为等渗调节剂；注射用水为水相。

第三节　非离子型表面活性剂 ℮ 微课3

非离子型表面活性剂溶于水时不发生解离，稳定性高，不易受强电解质存在的影响，也不易受酸、碱的影响，与其他类型表面活性剂能混合使用，相容性好，在各种溶剂中均有良好的溶解性，在固体表面上不发生强烈吸附。其分子中的亲油基团与离子型表面活性剂的亲油基团大致相同，其亲水基团主要是由具有一定数量的含氧基团（如羟基和聚氧乙烯链）构成。

非离子型表面活性剂大多呈浆状或液态，在水中的溶解度随温度升高而降低，具有良好的洗涤、分散、乳化、起泡、润湿、增溶、抗静电、匀染、防腐蚀、杀菌和保护胶体等多种性能。近年来，非离子型表面活性剂发展极为迅速，广泛地用于纺织、造纸、食品、塑料、皮革、毛皮、玻璃、石油、化纤、医药、农药、涂料、染料、化肥、胶片、照相、金属加工、环保、化妆品、消防和农业等各方面。

一、脂肪酸甘油酯

脂肪酸甘油酯由甘油与饱和或不饱和的脂肪酸经酯化反应而制得，有甘油单脂肪酸酯、甘油二脂肪酸酯、甘油三脂肪酸酯。它易溶于三氯甲烷、乙醚或苯等有机溶剂，溶于石油醚，几乎不溶于水或乙醇；呈微酸性，在中性的水中几乎不发生水解，而在少量的酸或碱存在时会发生水解。甘油单脂肪酸酯、甘油二脂肪酸酯为稠度不同的黄色黏性液体、乳白色塑性体或乳白色硬质固体，无味或几乎无味，不溶于水，与热水混合振动后可乳化，具有良好的乳化性能和消泡能力。常用的甘油单脂肪酸酯、甘油二脂肪酸酯有：甘油单硬脂肪酸酯、甘油二硬脂酸酯，甘油单油酸酯、甘油二油酸酯，甘油单棕榈酸酯、甘油二棕榈酸酯，甘油单肉豆蔻酸酯、甘油二肉豆蔻酸酯，甘油单月桂酸酯、甘油二月桂酸酯。它们与皮肤的相容性极好，且无毒性，在食品和医药化妆品工业中用作乳化剂和黏度调节剂。为了充分发挥其乳化性能，它们常常与少量亲水性强的表面活性剂复配使用。

单硬脂酸甘油酯

【来源与标准】　本品由硬脂酸与过量甘油通过酯化反应制得，或由氢化植物油与甘油在催化剂的作用下，经过醇解制得。

【性质】　本品为白色或类白色的蜡状颗粒或薄片，有特臭和特殊气味，在60℃乙醇中极易溶，在水中几乎不溶。

【应用】

1. 乳化剂　本品可用于食品、化妆品及医药膏剂中作乳化剂，使膏体细腻，滑润。

2. 其他应用　本品可用于纺织品与塑料加工中作润滑剂；还可用作消泡剂、分散剂、增稠剂、湿润剂等。

【注意事项】　本品需置于密闭容器并贮藏于阴凉、干燥、避光处。如果贮藏在温暖的条件下，单硬脂酸甘油酯会由于含有痕量水与酯皂化而引起酸值增加，故需加入有效的抗氧剂，如2,6-二叔丁基-4-甲基苯酚（BHT）和没食子酸丙酯。

【案例解析】　W/O型乳膏基质

1. 制法　称取油相：12.5g 硬脂酸、17.0g 单硬脂酸甘油酯、5.0g 蜂蜡、75.0g 地蜡、410.0ml 液状石蜡、67.0g 白凡士林、10.0g 双硬脂酸铝，加热至85℃熔化；另取1.0g 氢氧化钙、1.0g 羟苯乙酯溶于

40ml 蒸馏水，加热至 85℃，并在搅拌下倒入油相，冷却至室温即得。

2. 解析 本制剂中硬脂酸、单硬脂酸甘油酯、蜂蜡、地蜡、液状石蜡、白凡士林均为油相。一部分硬脂酸与氢氧化钙形成钙皂，作 W/O 型乳化剂；双硬脂酸铝作 W/O 型乳化剂；单硬脂酸甘油酯作辅助乳化剂、增稠剂与稳定剂；羟苯乙酯为防腐剂。

二、多元醇型非离子表面活性剂

多元醇型非离子表面活性剂是指由脂肪酸与含有多个羟基的多元醇（如乙二醇、甘油季戊四醇、失水山梨醇、蔗糖与带有—NH_2 或—NH 基的氨基醇以及带有—CHO 基的糖类）进行酯化而生成的酯类。这类表面活性剂具有良好的乳化性能和对皮肤的滋润性能，故常用于医药、化妆品领域。

失水山梨醇脂肪酸酯亦称山梨糖醇酐脂肪酸酯，商品名 Span（司盘），不溶于水，溶于有机溶剂，主要用作乳化剂、消泡剂。此类表面活性剂有：月桂山梨坦（Span 20）、棕榈山梨坦（Span 40）、硬脂山梨坦（Span 60）、油酸山梨坦（Span 80）、三油酸山梨坦（Span 85）等。

若在疏水性的、不溶于水的司盘类多元醇非离子型表面活性剂分子上加成环氧乙烷，则可以得到聚氧乙烯失水山梨醇脂肪酸酯，商品名为吐温（Tween）。相比于司盘，吐温类表面活性剂的亲水性增强，且加成的环氧乙烷分子数越多，其亲水性越大，并能溶于水。此类表面活性剂有：聚山梨酯 20（吐温 20）、聚山梨酯 40（吐温 40）、聚山梨酯 60（吐温 60）、聚山梨酯 80（吐温 80）等。

蔗糖分子中有多个自由羟基，具有良好的水溶性，能与高级脂肪酸发生酯化反应。蔗糖酯是蔗糖脂肪酸酯的简称，主要组分为单酯。蔗糖单酯易溶于水，二酯和三酯难溶于水，而易溶于油类及非极性溶剂，若副产物二酯、三酯的含量增多，会使其溶解性下降。蔗糖脂肪酸酯上的疏水碳链越长，其非极性也越强，会降低蔗糖单脂肪酸酯的熔点。蔗糖脂肪酸酯的表面活性不及阴离子表面活性剂，起泡性也较低，但对油和水均起乳化作用，其亲油亲水平衡值（HLB 值）在 3～16 之间，单酯 HLB 值为 10～16，二酯 HLB 值为 7～10，三酯 HLB 值为 3～7。它生物可降解，对人体无害，易为人体吸收，不刺激皮肤，被广泛应用于食品、化妆品、医药等工业生产中作乳化剂、分散剂、洗涤剂。

油酸山梨坦

【来源与标准】 油酸山梨坦为山梨坦与油酸形成酯的混合物，系山梨醇脱水，在碱性催化剂下，与油酸酯化而制得；或由山梨醇与油酸在 180～280℃下直接酯化而制得。本品收载于《中国药典》（2020年版）四部。

【性质】 本品为淡黄色至黄色油状液体，有轻微异臭，在水或丙二醇中不溶。

【应用】

1. 乳化剂 本品具有良好的乳化、稳定性能，对人体无害，在食品、医药、农药、涂料、塑料和化妆品等工业生产中用作乳化剂与增稠剂。

2. 其他应用 本品还可作消泡剂等。

【注意事项】 油酸山梨坦很少单独使用，常与其他水溶性表面活性剂，尤其是聚氧乙烯失水山梨醇脂肪酸酯复配最为有效。

【案例解析】 大蒜油气雾剂

1. 制法 将大蒜油 10g、油酸山梨坦 35g 等油相与 30g 聚山梨酯 80、20g 十二烷基硫酸钠、50ml 甘油与纯化水 400ml 等水相混合制成乳剂，分装成 175 瓶，每瓶压入 5.5g 二氟二氯甲烷，密封即得。

2. 解析 本制剂中大蒜油为主药，油酸山梨坦、聚山梨酯 80、十二烷基硫酸钠为乳化剂，甘油为保湿剂，二氟二氯甲烷为抛射剂。

聚山梨酯 80

【来源与标准】 聚山梨酯 80 系油酸山梨坦和环氧乙烷聚合而成的聚氧乙烯 20 油酸山梨坦，其中油酸含量不得少于 58.0%，肉豆蔻酸、棕榈酸、棕榈油酸、硬脂酸、亚油酸与亚麻酸分别不得大于 5.0%、16.0%、8.0%、6.0%、18.0% 与 4.0%。本品收载于《中国药典》（2020 年版）四部。

【性质】 本品为淡黄色至橙黄色的黏稠液体，微有特臭，味微苦略涩，有温热感，在水、乙醇、甲醇或乙酸乙酯中易溶，在矿物油中极微溶解。

【应用】

1. **增溶剂** 本品的 HLB 值为 15.0，CMC 为 1.4×10^{-2} g/L，能够形成胶束并发挥增溶作用。

2. **乳化剂** 本品具有优良的乳化性能，可用作 O/W 型乳化剂。

【注意事项】 聚山梨酯 80 与碱、重金属盐、酚类、单宁类化合物有配伍禁忌，可降低酚性抑菌剂的活性，可与一些药物如氯化十六烷基吡啶、甲紫、丁卡因等结合而影响它们的释放性能。碱及盐类能降低聚山梨酯 80 的浊点，苯甲醇亦能显著降低其浊点。贮藏时间过长会产生过氧化物。本品同苯酚、鞣酸、焦油类物质会发生变色或者沉淀反应。本品有不良的臭味，在口服制剂中用量过大则产生味感不适。

【案例解析】左炔诺孕酮片

1. **制法** 左炔诺孕酮和淀粉、蔗糖、羧甲淀粉钠混合打粉后，加入羟丙纤维素溶液与聚山梨酯 80 用湿法制粒的方法制粒，用热气流将颗粒烘干。再将羧甲淀粉钠与硬脂酸镁加入干颗粒中，混合均匀后压片。

2. **解析** 左炔诺孕酮在水中不溶，严重影响其口服的生物利用度。本制剂中左炔诺孕酮为主药，淀粉、蔗糖为填充剂，羟丙纤维素为黏合剂，聚山梨酯 80 为增溶剂，羧甲淀粉钠为崩解剂，硬脂酸镁为润滑剂。

聚山梨酯 80（Ⅱ）

【来源与标准】 聚山梨酯 80（Ⅱ）系植物来源油酸山梨坦和环氧乙烷聚合而成的聚氧乙烯 20 油酸山梨坦，其中油酸含量不得低于 98.0%，其中肉豆蔻酸、棕榈酸、棕榈油酸、硬脂酸、亚油酸、亚麻酸含量均不得过 0.5%。本品收载于《中国药典》（2020 年版）四部。

【性质】 本品为无色至微黄色黏稠液体，在水、乙醇、甲醇或乙酸乙酯中易溶，在矿物油中极微溶解。

【应用】

1. **乳化剂** 本品可用于静脉注射乳剂中作乳化剂。

2. **其他应用** 本品可用作增溶剂、蛋白稳定剂等。

【注意事项】 本品应置于密封避光容器中，于阴凉干燥通风处贮存，并应避免与铁或聚乙烯类化合物长期接触，以免引起内在质量变化。此外，聚山梨酯还能和鞣质发生作用产生沉淀而影响中药注射剂的品质。

【案例解析】多西他赛注射液

1. **制法** 将多西他赛 20g 与酒石酸 1.25g 溶于适量的无水乙醇中，加入已于 121℃ 湿热灭菌 15 分钟的聚山梨酯80（Ⅱ）500ml，混合均匀后加无水乙醇至1000ml，混合均匀。再加入0.1%活性炭，搅拌30分钟，分级过滤至溶液澄明度合格，最后用0.22μm的过滤器除菌过滤，得中间体溶液；中间体检测合格后，每瓶灌装1.2ml，压塞，轧盖，灯检，全检。

2. 解析　多西他赛是由欧洲浆果紫杉的针叶中提取的化合物半合成的紫杉醇衍生物，其药理作用比紫杉醇强，细胞内浓度比紫杉醇高3倍。它难溶于水，脂溶性也不大，严重影响了其临床应用。本制剂中多西他赛为主药，聚山梨酯80（Ⅱ）为增溶剂，无水乙醇为溶剂，酒石酸为pH调节剂。

三、聚氧乙烯型非离子表面活性剂

聚氧乙烯型非离子表面活性剂是环氧乙烷与含有活泼氢的化合物进行加成反应的产物，又称聚乙二醇型非离子表面活性剂，常见品种有烷基酚聚氧乙烯醚、高碳脂肪醇聚氧乙烯醚、脂肪酸聚氧乙烯酯、脂肪酸甲酯乙氧基化物、聚丙二醇的环氧乙烷加成物等。

辛基酚聚氧乙烯醚 - 10

【来源与标准】乳化剂OP是烷基酚与环氧乙烷的缩合物。辛基酚聚氧乙烯醚 - 10，又称辛基苯酚聚氧乙烯醚 - 10（Triton X - 100），是在碱催化剂存在下，由辛基酚与环氧乙烷进行加成反应制得。

【性质】本品为无色至淡黄色透明黏稠液体，1%水溶液浊点63~67℃。本品易溶于水、乙醇和丙酮，可溶于苯、甲苯、二甲苯等，不溶于石油醚，耐酸、碱、氧化剂和还原剂。

【应用】

1. 乳化剂　本品具有良好的乳化能力，可作为O/W型乳化剂。

2. 润湿剂　在显微镜和组织学实验中，Triton X - 100常用作润湿剂。

3. 其他应用　本品能溶解脂质，以增加抗体对细胞膜的通透性。免疫细胞化学中Triton X - 100常用浓度为1%和0.3%，其中1%的Triton X - 100常用于漂洗组织标本，0.3%的Triton X - 100则常用于稀释血清，0.1%的Triton X - 100常用于LAMP（环介导等温扩增），配制BSA等。在生命科学领域，它常被用于水中帮助分解蛋白酶；在基因工程中还被用于配制限制性内切酶的缓冲液。

【注意事项】本品有刺激性，使用时需注意防护。对环境有一定的污染，应避免释放到环境中。

【案例解析】乳膏基质

1. 制法　硬脂酸114g、蓖麻油100g及液状石蜡114g加热熔化为油相。甘油160ml及纯化水500ml加热至90℃，加入三乙醇胺8ml、乳化剂OP 3ml及羟苯乙酯1g溶解为水相。将水相缓缓加入油相，边加边搅拌，至冷凝，得乳剂型基质。

2. 解析　处方中蓖麻油、液状石蜡及一部分硬脂酸为油相，甘油为保湿剂，纯化水为水相，乳化剂OP以及另一部分硬脂酸与三乙醇胺反应生成的有机铵皂为O/W型乳化剂。

脂肪醇聚氧乙烯醚

【来源与标准】脂肪醇聚氧乙烯醚，又名平平加，是天然脂肪醇与环氧乙烷的加成物。

【性质】本品为乳白色或米黄色软膏，分子量较高时，呈固体状，易溶于水、乙醇、乙二醇等，有浊点，1%水溶液pH为中性。能耐酸、耐碱、耐硬水、耐热、耐重金属盐。

【应用】

1. 乳化剂　平平加O - 3易溶于油类和有机溶剂，可作W/O型乳化剂。平平加O - 15与O - 20的HLB值分别为14与16，可作O/W型乳化剂。

2. 其他应用 本品具有良好的湿润、分散、洗净等性能，可用作印染工业匀染剂、缓染剂、玻璃纤维工业乳化剂、纺织工业润湿剂等。

【注意事项】本品应密封存放于室内阴凉、通风、干燥处。未使用完前，每次使用后容器应严格密封。

【案例解析】地塞米松乳膏

1. 制法 称取硬脂酸120g、白凡士林50g、液状石蜡150g于同一容器内，加热至80℃熔融备用；取十二烷基硫酸钠1g、平平加O 20g、丙二醇100g及纯化水560ml于另一容器内为水相，加热至沸，搅拌使温度降为80℃备用；取地塞米松0.25g溶于适量二甲亚砜。将油相缓缓倒入水相，不断按顺时针搅拌，使冷却至40℃时加入地塞米松溶液及氮酮，快速搅拌均匀，凝固即得。

2. 解析 本制剂中地塞米松为主药，硬脂酸、白凡士林、液状石蜡为油相，十二烷基硫酸钠、平平加O为O/W型乳化剂，丙二醇为保湿剂，纯化水为水相，氮酮为渗透促进剂。

硬脂酸聚烃氧(40)酯

【来源与标准】本品为聚乙二醇单硬脂酸酯，分子式为$C_{17}H_{35}COO(CH_2CH_2O)_nH$，$n$约为40。本品收载于《中国药典》（2020年版）四部。

【性质】本品为白色蜡状固体，无臭，在水、乙醇中溶解，在乙醚、乙二醇中不溶。

【应用】

1. 基质 本品常用作栓剂基质，如灭滴灵、黄体酮、洗必泰、消炎痛等。也常用作软膏剂、滴丸剂等的基质。

2. 其他应用 本品也可作乳化剂、增溶剂等。软膏制备中以S-40取代平平加、十二烷基苯磺酸钠、吐温80、硬脂酸三乙醇胺等乳化剂可使制得的膏体外观细腻、洁白。

【注意事项】本品应贮存在通风阴凉的场所，温度低于40℃，防止暴晒、高温及潮湿，严禁明火。

【案例解析】吡罗昔康栓

1. 制法 称取500g硬脂酸聚烃氧（40）酯与10g吡罗昔康，加热熔融后，注入模具，共制1000枚。

2. 解析 本制剂中吡罗昔康为主药，硬脂酸聚烃氧（40）酯为栓剂基质。

聚氧乙烯(35)蓖麻油

【来源与标准】本品为聚氧乙烯甘油三蓖麻酸酯，其中还含少量聚乙二醇蓖麻酸酯、游离乙二醇。本品为1mol甘油蓖麻酸酯与35mol环氧乙烷反应得到。本品收载于《中国药典》（2020年版）四部。

【性质】本品为白色、类白色或淡黄色糊状物或黏稠液体，微有特殊气味，在乙醇中极易溶解。

【应用】

1. 增溶剂 本品的临界胶束浓度极低，仅为0.090mg/ml，对疏水性药物的增溶能力极强，如在1ml的25% Cremophor EL水溶液中几乎能够溶解10mg维生素A棕榈酸酯，10mg维生素D，120mg维生素E醋酸酯以及120mg维生素K_1。

2. 乳化剂 Cremophor EL具有低毒性和高乳化性，是微乳制备中优选的乳化剂。

【注意事项】静脉注射本品会出现过敏反应、中毒性肾损害、神经毒性、心脏血管毒性等，为避免严重的过敏反应，在给药前常预先注射皮质醇类、苯海拉明和H_2受体拮抗剂。

实例分析

　　实例　紫杉醇为新型抗微管药物，通过促进微管蛋白聚合抑制解聚、保持微管蛋白稳定而抑制细胞有丝分裂并发挥抗肿瘤作用。但是，紫杉醇难溶于水，口服生物利用度低，如何制成可用于临床的注射液呢？

　　问题　临床上静脉注射时能选择的辅料有哪些？如何提高难溶性药物的溶解度？

答案解析

【案例解析】 紫杉醇注射液

　　1. 制法　取 6g 紫杉醇溶于 497ml 的乙醇，加入 527g 聚氧乙烯(35)蓖麻油混匀，分装成 200 支。

　　2. 解析　本制剂用于非小细胞肺癌、乳腺癌等的治疗，紫杉醇为抗肿瘤药物，聚氧乙烯(35)蓖麻油为增溶剂，乙醇为溶剂。

即学即练 2-1

答案解析

下列制剂处方中 " * " 符号的辅料具有（　　）作用？

环孢素	100mg	丙二醇	100mg
无水乙醇	100mg	精制植物油	320mg

聚氧乙烯 - 40 - 氢化蓖麻油 *　　380mg

A. 增溶剂　　　　B. 防腐剂　　　　C. 乳化剂　　　　D. 稳定剂

四、聚氧乙烯 – 聚氧丙烯共聚物型非离子表面活性剂

　　泊洛沙姆（Poloxamer）为聚氧乙烯聚氧丙烯醚嵌段共聚物，商品名为普流尼克（Pluronic），其通式为 HO（C_2H_4O）$_a$（C_3H_6O）$_b$（C_2H_4O）$_a$H，其中 a 为 2～130，b 为 15～67，聚氧乙烯含量为 81.8%±1.9%。泊洛沙姆易溶于水或乙醇，溶于无水乙醇、乙酸乙酯、三氯甲烷，在乙醚或石油醚中几乎不溶，对酸碱水溶液和金属离子稳定，且具有一定的起泡性。2.5% 泊洛沙姆水溶液的 pH 在 5.0～7.5 之间，注射用的泊洛沙姆 pH 在 6.0～7.0，其水溶液在空气中较稳定，遇光会使 pH 下降。在制剂中，它常被用作乳化剂、稳定剂、增溶剂和固体分散剂，还可以作水凝胶的基质。

泊洛沙姆 188

　　【来源与标准】 本品为 α - 氢 - ω - 羟基聚（氧乙烯）$_a$ - 聚（氧丙烯）$_b$ - 聚（氧乙烯）$_a$ 嵌段共聚物。由环氧丙烷和丙二醇反应，形成聚氧丙烯二醇，然后加入环氧乙烷形成嵌段共聚物。在共聚物中氧乙烯单元（a）为 75～85，氧丙烯单元（b）为 25～30，氧乙烯（EO）含量 79.9%～83.7%，平均分子量为 7680～9510。本品收载于《中国药典》（2020 年版）四部。

　　【性质】 本品为白色或类白色蜡状固体，微有异臭，在水或乙醇中易溶，在无水乙醇或乙酸乙酯中溶解，在乙醚或石油醚中几乎不溶。

　　【应用】

　　1. 乳化剂　本品是目前用于静脉乳剂极的少数合成乳化剂之一，用量一般为处方量的 0.1%～5%，制得的乳剂粒径小，吸收率高，物理性质稳定，能够耐受热压灭菌和低温冰冻。

　　2. 其他应用　本品还可作固体分散体的分散剂和润湿剂、混悬剂的稳定剂、片剂的润滑剂以及滴

丸剂的基质等。

【注意事项】《中国药典》标准中的泊洛沙姆 188 尚不能用于静脉注射，需要进一步精制。如加抗氧剂，应标明抗氧剂名称与用量。

【案例解析】 蜂胶滴丸

1. 制法 称取泊洛沙姆 188 70g、蜂胶提取物 20g、葡萄籽油 10g，在 60 ~ 95℃ 水浴中熔融，并搅拌均匀；预热滴丸设备，滴头温度 50 ~ 70℃，冷凝柱内冷凝液二甲硅油的温度梯度 40 ~ 25℃→5 ~ 0℃；待滴丸设备预热结束，将已经熔融的物料加入滴罐中，通过滴头，以 30 ~ 60 滴/分的速度滴入冷凝液中；由滴丸机的出口将成型的滴丸取出，脱去表面的冷凝液，干燥即得。

2. 解析 本制剂具有抗氧化、清除自由基、抗癌、抗菌、抗病毒、降血脂、降血糖、免疫调节等作用，其中蜂胶提取物与葡萄籽油为主药，泊洛沙姆 188 为基质，二甲硅油为冷凝液。

目标检测

答案解析

一、填空题

1. 根据极性基团的解离性质可将表面活性剂分为_____。

2. 表面活性剂溶于水形成正吸附达到饱和后，溶液表面不能再吸附，表面活性剂分子即转入溶液内部，因其具备的两亲性，致使表面活性剂分子亲油基团之间相互吸引、缔合形成_____。

3. 增溶是当水溶液中的表面活性剂达到_____后，能显著增加一些水不溶性或微溶性物质溶解度的作用。

4. HLB 值越高表明表面活性剂_____越大，HLB 值越低则说明表面活性剂_____越大。

5. 起增溶作用的表面活性剂称_____，被增溶的物质称_____。

6. _____类非离子表面活性剂有起昙现象，但有时在常压下_____昙点，且会因_____的影响而致昙点降低。

7. 阳离子型表面活性剂常作_____；表面活性剂溶解度急剧下降出现混浊时的温度称_____。

8. 可用于静脉注射剂的表面活性剂有_____、_____、_____。

二、单选题

1. 以下不是阴离子表面活性剂的是（   ）。

A. 硬脂酸钠　　　　B. 蔗糖硬脂酸酯　　　　C. 十二烷基硫酸钠　　　　D. 硬脂酸三乙醇胺

2. 以下不是阳离子表面活性剂的是（   ）。

A. 洁尔灭　　　　B. 新洁尔灭　　　　C. 来苏尔　　　　D. 度米芬

3. 下列关于两性离子表面活性剂叙述错误的是（   ）。

A. 当 pH 低于等电点时，多呈阳离子表面活性剂的性质

B. 毒性与刺激性非常大

C. 具有极好的耐硬水性和高浓度电解质

D. 几乎可以同其他所有类型的表面活性剂进行复配

4. 下列属于两性离子型表面活性剂的是（   ）。

A. 肥皂类　　　　B. 脂肪酸甘油酯　　　　C. 季铵盐类　　　　D. 卵磷脂

5. 在含有聚氧乙烯基的非离子表面活性剂中，溶血作用最强的是（　　）。

    A. 吐温 20　　　　　B. 聚氧乙烯烷基醚　　　C. 吐温 80（Ⅱ）　　　D. 聚氧乙烯烷芳基醚

6. 具有起昙现象的表面活性剂为（　　）。

    A. 季铵盐类　　　　　B. 氯化物　　　　　　　C. 磺酸化物　　　　　D. 吐温类

7. 关于吐温 80 叙述错误的是（　　）。

    A. 是非离子型表面活性剂　　　　　　　　B. 可作 O/W 型乳剂的乳化剂

    C. 在碱性溶液中易发生水解　　　　　　　D. 溶血性较强

8. 关于表面活性剂分子结构的叙述正确的为（　　）。

    A. 具有网状结构　　　　　　　　　　　　B. 具有线性大分子结构

    C. 具有亲水基团与疏水基团　　　　　　　D. 仅有亲水基团而无疏水基团

9. 表面活性剂的特点为（　　）。

    A. 表面活性剂的亲水性越强，HLB 值越大　　B. 表面活性剂能降低溶液的表面张力

    C. 表面活性剂作乳化剂时其浓度应大于 CMC　D. 非离子型表面活性剂毒性大于离子型表面活性剂

10. 属于非离子型表面活性剂的是（　　）。

    A. 十二烷基硫酸钠　B. 新洁尔灭　　　　　C. 司盘 80　　　　　　D. 卵磷脂

11. 下列乳化剂中可供制备内服 O/W 型乳剂之用的是（　　）。

    A. 钠皂　　　　　　B. 钙皂　　　　　　　C. 有机胺皂　　　　　D. 阿拉伯胶

12. 主要用于外用软膏的乳化（　　）。

    A. 月桂醇硫酸钠　　B. 磺酸盐　　　　　　C. 溴苄烷铵　　　　　D. 卵磷脂

三、多选题

1. 以下关于影响增溶效果的叙述正确的有（　　）。

    A. 增溶剂与药物形成复合物有利于增溶

    B. 增溶剂的用量越多，增溶效果越明显

    C. 增溶剂的增溶量与增溶剂加入顺序有关

    D. 药物分子量越大增溶量越少

    E. 作为增溶剂的表面活性剂浓度达到 CMC 时，才具有增溶作用

2. 下列属于离子型表面活性剂的有（　　）。

    A. 硬脂酸钠　　B. 吐温 80　　　C. 洁尔灭　　　　D. 泊洛沙姆　　　E. 十二烷基硫酸钠

3. HLB 值在 8～16 可用作（　　）。

    A. O/W 乳化剂　B. W/O 乳化剂　C. 润湿剂　　　　D. 去污剂　　　　E. 消泡剂

4. 下列可用作 W/O 乳化剂的有（　　）。

    A. 司盘 60　　B. 卖泽 45　　　C. 单硬脂酸甘油酯　D. 司盘 20　　　　E. 油酸三乙醇胺

5. 表面活性剂特性的术语有（　　）。

    A. 浊点　　　　B. HLB　　　　C. RH　　　　　D. K　　　　　　E. CMC

6. 关于表面活性剂的说法，正确的有（　　）。

    A. 表面活性剂分子结构中同时含有亲水基团和亲油基团

    B. 表面活性剂均具有各自不同的昙点

    C. 表面活性剂的 HLB 值越大，其亲水性越强

D. 表面活性剂在溶液中开始形成胶束的浓度称为临界胶束浓度

E. 表面活性剂的昙点可因盐类或碱性物质的加入而降低

7. 以下不属于表面活性剂特点的为（　　　）。

A. 表面活性剂的亲水性越强，HLB 值越大

B. 表面活性剂能显著降低溶液的表面张力

C. 表面活性剂作乳化剂时其浓度应大于 CMC

D. 非离子型表面活性剂毒性大于离子型表面活性剂

E. 非离子型表面活性剂具有昙点

8. 以下可以作 O/W 乳化剂的表面活性剂有（　　　）。

A. 硬脂酸钙　　　B. 吐温 80　　　　C. 阿拉伯胶　　　　D. SDS　　　　E. 司盘 60

四、处方分析题（请指出各成分在处方中的作用）

1. 鱼肝油乳

【处方】鱼肝油　　　368ml（　　）　　　吐温 80　　　12.5g（　　）

西黄蓍胶　　　9g（　　）　　　甘油　　　19g（　　）

苯甲酸　　　1.5g（　　）　　　糖精　　　0.3g（　　）

杏仁油香精　2.8g（　　）　　　香蕉油香精　0.9g（　　）

纯化水　　　适量（　　）　　　共制　　　1000ml

2. 溶菌酶脂质体

【处方】溶菌酶　　　8mg（　　）　　　卵磷脂　　　0.6g（　　）

胆固醇　　　0.3g（　　）　　　三氯甲烷　　4.51ml（　　）

乙醚　　　7.49ml（　　）　　　磷酸盐缓冲液　30ml（　　）

书网融合……

知识回顾　　　　　微课1　　　　　微课2　　　　　微课3　　　　　习题

第三章　　**液体制剂辅料**

学习引导

液体制剂是药物制剂中一种应用较广泛的制剂类型，在制备过程中，为了保证液体制剂的质量与稳定性需要加入一定量的药用辅料，药用辅料选择和应用适当与否，往往是决定剂型构成优劣的关键。液体制剂辅料有哪些？如何正确选用与使用？

本章主要介绍液体制剂中溶剂类辅料、抑菌剂、增溶剂与助溶剂、乳化剂、助悬剂、矫味剂、着色剂等药用辅料的相关知识。

学习目标

1. **掌握**　液体制剂常用溶剂、常用辅料的种类及选用。
2. **熟悉**　液体制剂常用溶剂的性质，常用辅料的特点。
3. **了解**　乳化剂的作用机制和抑菌剂的作用机制。

第一节　溶剂类辅料 📱微课

PPT

一、概述

液体制剂的溶剂又称分散媒，对药物起到溶解和分散作用。液体制剂的溶剂对药物具有较好的溶解性或分散性；化学性质稳定，不与主药或附加剂发生化学反应；不影响主药的作用和含量测定；毒性小，无不适气味，无刺激性；成本低廉。同时，选择溶剂还要符合临床使用要求。但完全符合这些条件的溶剂很少，溶剂的选择应根据药物性质、临床给药途径以及用药目的来选择。

1. 根据药物性质选择　根据"相似者相溶"的原则，即根据溶质极性的强弱来选用相应极性的溶剂。此外，对于某些易水解或在水中不稳定的药物，可以选择介电常数低的非水溶剂，如乙醇、丙二醇、甘油等，可延缓药物的水解。

2. 根据临床给药途径选择　口服液体制剂的溶剂要求无毒，外用液体制剂的溶剂要求无刺激性和无过敏性。

3. 混合溶剂的选择　一些难溶性药物，其溶解度往往达不到临床治疗所需浓度，常用两种或多种混合溶剂增加其溶解度。如氯霉素在水中的溶解度仅为 0.25%，采用含 20% 水、25% 乙醇和 55% 甘油的混合溶剂，则可制成 12.5% 氯霉素溶液。

二、常用溶剂的种类

药物的溶解或分散状态与溶剂的极性有密切关系。溶剂可分为极性溶剂、半极性溶剂和非极性溶剂。

（一）极性溶剂

极性溶剂一般包括水、酒、甘油、二甲基亚砜、甲酰胺、三氟乙酸等，其极性强，介电常数大，通常用于溶解极性药物。

水

【来源与标准】 水在药物生产过程和药物制剂的制备时用量大、使用广。因其使用的范围不同而分为饮用水、纯化水、注射用水和灭菌注射用水。

【性质】 本品为无色、澄明、无臭的液体。25℃时相对密度为 0.997，熔点 0℃，沸点 100℃，25℃时其折光率为 1.3325。能与多数极性溶剂及电解质混溶或溶解，不能被多数非极性溶剂溶解。水本身无药理作用；能与乙醇、甘油、丙二醇等溶剂任意比例混合，调整极性的大小。

在所有溶剂中，水的极性最大。水能溶解具有极性的药物，如中药中的生物碱盐、有机酸盐、苷、糖、糊精、树胶、黏液质、鞣质、蛋白质、亲水性色素等。冷水不能溶解弱极性、非极性成分，如中药中的挥发油、树脂、亲脂性色素等。在水中，药物易发生水解、易产生霉变。

【应用】

1. 溶剂 水是最常用的溶剂，一般应根据各生产工序或使用目的与要求选用适宜的制药用水作为液体制剂的溶剂用水，如配制普通制剂，多用纯化水；若配制无菌液体制剂，应选择注射用水；若作为注射用无菌粉末临用前的溶剂，应选择灭菌注射用水。

2. 其他应用 纯化水可作为配制普通药物制剂用的溶剂或试验用水；可作为中药注射剂、滴眼剂等灭菌制剂所用饮片的提取溶剂；口服、外用制剂配制用溶剂或稀释剂；非灭菌制剂用器具的精洗用水；也用作非灭菌制剂所用饮片的提取溶剂。纯化水不得用于注射剂的配制与稀释。

【注意事项】 天然水不得直接用作溶剂用水。纯化水用作溶剂、稀释剂或精洗用水时，一般临用前制备，贮存不宜超过 24 小时。以水为溶剂的液体制剂容易受到微生物的污染，应注意防腐。

【案例解析】 小儿百部止咳糖浆

1. 制法 蜜百部 100g、苦杏仁 50g、桔梗 50g、桑白皮 50g、麦冬 25g、知母 25g、黄芩 100g、陈皮 100g、甘草 25g、制天南星 25g、枳壳（炒）50g，取以上 11 味药材，加水煎煮两次，第一次 3 小时，第二次 2 小时，合并煎液，滤过，滤液静置 6 小时以上，取上清液，浓缩至适量。另取蔗糖 650g 加水煮沸制成糖浆，与上述浓缩液混匀，煮沸，放冷，加入苯甲酸钠 2.5g 与香精适量，加水至 1000ml，搅匀，静置，滤过，即得。

2. 解析 本品在该处方中既是溶剂，又是浸提溶媒。

知识链接

不同类型制药用水的用途及标准

类　别	用　途	标准
饮用水	1. 制备纯化水的水源 2. 非无菌药品的设备、器具和包装材料的初洗 3. 中药材、中药饮片清洗、浸润和提取	应符合卫生部《生活饮用水标准》GB 5749 – 2006
纯化水	1. 制备注射用水的水源 2. 非无菌药品的配料、洗瓶 3. 非无菌原料药的精制 4. 注射剂、无菌冲洗剂瓶子的初洗	应符合《中国药典》（2020 年版）标准
注射用水	1. 注射剂、无菌冲洗剂配料 2. 注射剂、无菌冲洗剂最后洗瓶水 3. 无菌原料药精制、直接接触无菌原料药包装材料的最后洗涤	应符合《中国药典》（2020 年版）标准
灭菌注射用水	1. 注射用灭菌粉末的溶剂 2. 注射液的稀释剂	应符合《中国药典》（2020 年版）标准

即学即练 3 – 1

制药用水，因其使用的范围不同而分为（　　　）。

答案解析　A. 饮用水　　B. 纯化水　　C. 注射用水　　D. 灭菌注射用水　　E. 乙醇水

酒

【来源与标准】 酒是以粮食为原料经发酵酿造而成的。酒的化学成分是乙醇，一般含有微量的杂醇和酯类物质，食用白酒的浓度在 60 度（即 60%）以下，白酒经分馏提纯至 75% 以上为医用酒精，提纯到 99.5% 以上为无水乙醇。

【性质】 酒是一种良好的浸提溶剂，药材中的多种药用成分皆易溶于酒中。中医认为，酒性甘辛大热，能通血脉、御寒气、行药势、行血活络，因此酒剂通常用于风寒湿痹，具有祛风活血、止痛散瘀的功能。

液体制剂的溶剂用酒一般选用黄酒和白酒。黄酒直接由粮食（米）和曲酿制而成，其含醇量为 12% ~15%（V/V），含乙醇、糖类、酸类及矿物质等成分，相对密度为 0.98，为淡黄色澄明液体，有特异的醇香气，制剂中多用黄酒制备滋补性药酒和作矫味剂；白酒含醇量在 50% ~70%（V/V），主要含乙醇、酯、醛、酚类等成分，相对密度 0.82 ~0.92，为无色液体，有特异醇香味，并有较强的刺激性。

白酒的浓度即乙醇 – 水分散介质的比例与用量应以处方中药材的种类、数量以及所含成分而定。白酒的浓度一般以体积分数来表示，通常用"度"字代替，1 度相当于体积分数 1%，50 度白酒即含体积分数 50% 的乙醇。

【应用】

1. 溶剂　酒本身具有行血通络，易于吸收、发散和助长药效的特性，制剂生产中多用白酒制备祛风活血、止痛散瘀的药酒。

2. 浸提溶媒 酒可作为提取溶媒应用于中药有效成分的提取，如浸渍法、渗漉法等。

【注意事项】酒剂因含醇量高，可久储不变质，但儿童、孕妇、心脏病及高血压患者不宜服用。

【案例解析】三两半药酒

1. 制法 取当归 100g、炙黄芪 100g、牛膝 100g、防风 50g，粉碎成粗粉，用白酒 2400ml 与黄酒 8000ml 的混合液作溶剂，浸渍 48 小时后，缓缓渗漉，在漉液中加入蔗糖 840g 搅拌溶解后，静置，滤过即得。

2. 解析 本品在该处方中既是溶剂，又是浸提溶媒。

甘油

【来源与标准】甘油即丙三醇，主要是在肥皂、脂肪酸的生产中作为副产品由油、脂肪制得。用天然产物，如在大量亚硫酸钠存在下，将甜菜根糖蜜发酵获得的甘油为天然甘油。由丙烯氯化和皂化为原料制得的甘油称合成甘油。本品收载于《中国药典》（2020 年版）四部。

【性质】本品为无色、无臭、澄明的糖浆状液体，味甜，随后有温热的感觉；有引湿性；水溶液显中性反应，相对密度在 25℃时不小于 1.257。甘油与水或乙醇能任意混溶，在丙酮中微溶，在三氯甲烷、苯、乙醚、矿物油或乙醚中均不溶，过热会分解并放出有毒的丙烯醛。本品与水、乙醇和丙二醇的混合物化学性质稳定。

本品在体内可水解、氧化成营养物质，即使以稀溶液方式服入 100g 也无害，极大剂量口服会引起头痛、口渴、恶心等全身反应。大剂量注射会出现惊厥、麻痹和溶血。

【应用】

1. 溶剂 甘油为常用溶剂，在外用液体制剂中应用较多，如甘油剂、搽剂等。甘油对一些药物如碘、酚、硼酸、鞣酸等有较好的溶解能力，对刺激性药物有一定的缓和作用，制成的甘油剂也较稳定。

2. 保湿剂 甘油在外用制剂中可作保湿剂；甘油具有黏稠性、防腐性和稀释性，对皮肤黏膜有柔润和保护作用，附着于皮肤黏膜能使药物滞留患处而起延效作用，具有一定的防腐作用。常用于口腔、鼻腔、耳腔与咽喉患处。

3. 增塑剂 甘油可作薄膜包衣增塑剂，浓度视情况而定。

4. 其他应用 甘油可作液体药物制剂的防腐剂，浓度 30% 以上；作注射剂或肠胃道用药的溶剂，浓度≤50%；在高浓度乙醇制剂中作甜味剂，浓度≤20%。

【注意事项】无水甘油具有强烈吸湿性，刺激性较大。液体制剂中含 10% 的甘油对皮肤和黏膜无刺激性；含甘油 30% 以上时有防腐作用。本品应置于密封容器内，贮存于阴凉、干燥处。避免与强氧化剂接触，避免过度暴露于空气中。

本品与强氧化剂如三氧化铬、氯酸钾、高锰酸钾等研磨可能会发生爆炸。在稀溶液中反应缓慢，生成氧化物。在阳光下遇氧化锌和硝酸铋变成黑色。污染铁的甘油与苯酚、水杨酸盐、鞣酸等混合会引起颜色变深。甘油与硼酸生成一种复合物——甘油硼酸，是一种比硼酸更强的酸。

【案例解析】水杨酸洗剂

1. 制法 取水杨酸 3g，溶于 30ml 乙醇中，加 0.15% 氢氧化钙溶液 15ml，搅拌均匀。加甘油 20g 搅拌至溶液澄清，加香精适量即得。

2. 解析 本品在该处方中作溶剂。

二甲基亚砜

【来源与标准】 二甲基亚砜（DMSO）是一种含硫有机化合物，一般采用二甲硫醚氧化法制得，由于所用的氧化剂和氧化方式不同，因而有不同的生产工艺。本品收载于《中国药典》（2020年版）四部。

【性质】 二甲基亚砜为无色液体；无臭或几乎无臭；有引湿性，在20℃时相对湿度为60%，可吸收相当于本身质量70%的水分。在18.5℃时易结晶，在沸点温度长时间回流易分解，碱能抑制此种分解。在室温下本品遇氯能发生猛烈反应。水、乙醇或乙醚能任意混溶，也能溶解石蜡等碳氢化合物，故俗称"万能溶媒"。在烷烃中不溶。凝点为17.0~18.3℃，折光率为1.478~1.480，相对密度为1.095~1.105。

【应用】

1. 溶剂 本品既能溶解水溶性药物，又能溶解脂溶性药物，故有"万能溶媒"之称，在外用液体制剂中应用较多。

2. 其他应用 本品作透皮促进剂能增加氢化可的松、睾酮、胰岛素、肝素、维生素类、水杨酸等许多药物的透皮吸收。一般认为5%以下浓度无透皮作用，5%以上浓度时，其促进作用随浓度的增加而增强。本品常用浓度为30%~50%。由于安全性问题，本品目前主要用于外用制剂，是一个较好的透皮促进剂。

【注意事项】 DMSO对皮肤有轻度刺激性，能引起烧灼或不适感，孕妇禁用。

【案例解析】 复方地塞米松搽剂

1. 制法 将醋酸地塞米松溶于二甲基亚砜中，盐酸普鲁卡因溶于适量水中，过滤澄明后将两液合并，再加入甘油并从滤器上加入水至全量，搅匀即得。

2. 解析 本品在该处方中既作溶剂，又作透皮促进剂。

（二）半极性溶剂

半极性溶剂一般包括乙醇、丙二醇、丙酮、三乙胺等，通常用于溶解弱极性药物。

乙醇

【来源与标准】 乙醇俗称酒精，一般用淀粉发酵法或乙烯直接水化法制得。本品收载于《中国药典》（2020年版）四部。

【性质】 本品为无色澄明易流动的液体。微具特臭，味灼烈；易挥发，易燃烧；加热至约78℃即沸腾；乙醇/水共沸液的最低沸点为78.15℃，相对密度不大于0.8129。本品与水、甘油、丙酮、三氯甲烷、乙醚能完全混溶。与水混合时，由于水合作用而产生热效应，使体积缩小，所以用水稀释乙醇时，应凉至室温（20℃）后再调整至规定浓度。

【应用】

1. 溶剂 本品是液体制剂的常用溶剂，用于合剂、酊剂及注射剂中。乙醇的极性比水小，能溶解中药中的中等极性、弱极性、非极性成分，如生物碱及其盐类、苷类、挥发油、树脂、鞣质、有机酸和亲脂性色素等；但是不溶解中药中的强极性成分，如无机盐、糖类、糊精、亲水性色素等。

2. 其他应用 本品可作浸提溶媒，用于多种提取方法中，如浸渍法、渗漉法、回流法等；在药物制剂生产中乙醇还可作防腐剂和消毒杀菌剂；使用时应根据需要选择合适的浓度。

【注意事项】 20%的乙醇即有防腐作用；乙醇有一定的生理作用；大于50%乙醇制剂，外用时可能刺激皮肤。乙醇易挥发、易燃烧。使用乙醇的操作时，应注意防火防爆，成品应密闭储存。本品为中枢神经制剂，可引起呕吐、恶心、潮红、精神兴奋或抑制、嗜睡、知觉丧失，以致昏迷和死亡。

在酸性溶液中，本品与氧化剂可能起剧烈反应；与碱混合，可使色泽变深。能使有机盐或阿拉伯胶、蛋白质等从水溶液或分散液中沉淀。

【案例解析】橙皮酊

1. 制法 取橙皮（最粗粉）10g，置广口瓶中，加60%乙醇约110ml，密盖，常温暗处浸渍，时时振摇、3~5日后倾取上层清液，用纱布滤过、压榨残渣，压出液与滤液合并，静置24小时，滤过，加60%乙醇至100ml，即得。

2. 解析 本品在该处方中既作溶剂，又作浸渍法提取的溶媒。本品含乙醇量应为50%~58%。制备酊剂可采用浸渍法、渗漉法、溶解法和稀释法，制得的酊剂应置遮光容器内密封，置阴凉处贮存。

丙二醇

【来源与标准】丙二醇可由环氧丙烷水解法制得，丙烯同氯水反应生成氯乙醇，水解产生1,2-环氧丙烷，1,2-环氧丙烷进一步水解生成丙二醇。本品收载于《中国药典》（2020年版）四部。

【性质】本品为澄明、无色、黏稠，几乎无臭、具吸湿性的液体，有似甘油样甜、微辛的味觉，几乎无毒。相对密度为1.035~1.037。折光率为1.431~1.433。冰点-59℃，沸程185~189℃。具有可燃性，自燃点415℃。与水、乙醇或三氯甲烷能任意混溶，与乙醚的溶解比为1:6。与轻矿物油、不挥发性油不相混溶，可溶解某些芳香油。常温下稳定，高温条件下易生成丙醛、乳酸、丙酮、乙酸。

丙二醇兼有甘油的优点，刺激性与毒性均小；能溶解很多有机药物；能与水、乙醇、甘油等任意比例混合；一定比例的丙二醇和水的混合溶剂能延缓许多药物的水解，增加药物的稳定性。药用必须是1,2-丙二醇，价格高于甘油。丙二醇的水溶液对药物在皮肤和黏膜上有一定的促渗作用。本品具有还原性，不可与氧化剂配伍。

【应用】

1. 溶剂 本品可作为多种液体制剂的溶剂，作口服液溶剂浓度为10%~15%，注射液溶剂浓度为10%~60%，外用制剂浓度为5%~8%，气雾剂溶液使用浓度为10%~30%。丙二醇是一个优于甘油的常用溶剂，还广泛用作萃取剂、防腐剂。

2. 保湿剂 本品可作外用软膏的保湿剂，性质与甘油相近，作保湿剂使用浓度在15%以下。

3. 防腐剂 本品还可用做防腐剂，其防腐能力与乙醇相似，抗真菌能力低于乙醇，与甘油相似。

【注意事项】本品外用于黏膜组织、皮下或肌肉注射可产生局部刺激症状，也有因丙二醇浓度过高产生过敏的报道。本品宜密闭、通风、干燥、避光贮存。应与氧化剂、火种隔离。本品暴露于热或有火焰的情况时，属中度易燃易爆品，运输中应注意此特性。

【案例解析】氯霉素注射液

1. 制法 取氯霉素100g，加入已加热至80℃左右的丙二醇750g中，边加边搅拌，待全部溶解后，加入事先用少量注射用水溶解的亚硫酸氢钠1.0g。搅拌，再加注射用水至1000ml，搅拌均匀。调pH至6.0~7.5，过滤，灌封。用100℃流通蒸汽灭菌30分钟，即得。

2. 解析 本品在该处方中用作溶剂，与注射用水组成复合溶剂，亚硫酸氢钠为抗氧剂。

(三) 非极性溶剂

非极性溶剂一般包括脂肪油（大豆油、玉米油、花生油、橄榄油）、轻质液状石蜡、乙酸乙酯、苯、甲苯、庚烷、己烷等，通常用于溶解油、酯类等非极性药物。

大豆油

【来源与标准】　大豆油是由豆科植物大豆 *Glycine max*（L.）Merr：的种子提炼制成的脂肪油。本品收载于《中国药典》（2020 年版）四部。

【性质】　本品为淡黄色的澄清液体；无臭或几乎无臭。本品可与乙醚或三氯甲烷混溶，在乙醇中极微溶解，在水中几乎不溶。相对密度应为 0.916 ~ 0.922，折光率应为 1.472 ~ 1.476。酸值应不大于 0.2，皂化值应为 188 ~ 200，过氧化值应不大于 10.0，碘值应为 126 ~ 140。

【应用】

1. 溶剂　大豆油多用于外用制剂的溶剂，如洗剂、搽剂等，也可以用作肌内注射剂的溶剂，协助药物发挥长效作用。大豆油能溶解中药中的游离生物碱、挥发油等弱极性、非极性成分；大豆油易酸败，也易受碱性药物影响而发生皂化反应。

2. 油相　本品可作为油相，用于制备乳剂或乳膏剂。

3. 其他应用　本品以静脉乳剂注射液给药可供给营养和热能，用于制备营养输液；在药物制剂生产中还可用作基质，主要用于制造软膏。

【注意事项】　本品与氧化剂、碱类、无机酸等发生氧化、分解等反应。置于密闭、避光容器中，贮存于阴凉、干燥处。室温不超过 40℃。

【案例解析】　静脉注射用脂肪乳剂

1. 制法　称取精制大豆磷脂 15g，置高速组织捣碎机内，加甘油 25g 与注射用水 400ml，在氮气流下搅拌成均匀的磷脂分散液，倾入二步乳匀机的贮液瓶内，加精制大豆油，在氮气流下高压乳化至油粒直径达到 1μm 以下时，经乳匀机出口输至盛器内，在液面有氮气流下，用 4 号垂熔玻璃漏斗减压滤过，分装于输液瓶中，充氮轧盖，先经水浴预热至 90℃ 左右，再热压灭菌 121℃ 15 分钟，浸入热水中，缓慢冲入冷水逐渐冷却，在 4 ~ 10℃ 下贮存，即得。

2. 解析　所用大豆油必须精制，提高纯度，减少不良反应，并应有质量控制标准，例如碘值、酸值、皂化值、过氧化值、黏度、折光率等。静脉用脂肪乳常用的乳化剂有蛋黄磷脂、大豆磷脂、泊洛沙姆 F-68 等数种。国内多选用大豆磷脂，是由大豆油中分离出的全豆磷脂经提取精制而得，主要成分为卵磷脂，比其他磷脂稳定而且毒性小，但易被氧化。

本品在该处方中作油相，又是营养物质，用以补充能量。精制大豆磷脂为乳化剂，注射用甘油为等渗调节剂，注射用水为水相。

轻质液状石蜡

【来源与标准】　轻质液状石蜡由石油蒸馏制得，是石油的精炼液态饱和脂肪烃和环烃的混合物。本品收载于《中国药典》（2020 年版）四部。

【性质】　本品为无色透明的油状液体；无臭，无味；在日光下不显荧光。本品可与三氯甲烷或乙醚任意混溶，除蓖麻油外，与多数脂肪油均能任意混合，在乙醇中微溶，在水中不溶。相对密度为 0.828 ~ 0.860，黏度在 40℃ 时（毛细管内径为 1.0mm ± 0.05mm）不得小于 12mm^2/s。

【应用】

1. 溶剂　液状石蜡化学性质稳定，能与非极性溶剂混合，能溶解生物碱、挥发油及一些非极性药物等。在肠道中不分解也不吸收，有润肠通便作用，可作口服制剂和搽剂的分散媒。

2. 油相　本品还可用作软膏油脂性基质或乳膏剂中的油相，用于制备油膏剂、乳膏剂等。

3. 其他应用　本品还具有调节软膏基质稠度的作用，用量酌情而定。

【注意事项】本品无毒，对皮肤和黏膜无刺激性，一般公认为是安全的，婴幼儿不宜口服或鼻内使用本品或含本品的制剂，否则有导致肺炎的危险。本品可被氧化，应避光密闭贮存于阴凉干燥处，远离火源。

【案例解析】护手霜软膏

1. 制法　先将白凡士林、液状石蜡、单硬脂酸甘油酯、硬脂酸、羟苯乙酯置水浴上加热熔化，控制温度至70～80℃，使其熔化为油相；另取甘油、十二烷基硫酸钠、三乙醇胺、纯化水混匀，于水浴上加热至70～80℃为水相。将油相缓缓加入水相中，随加随同方向迅速搅拌，待软膏剂冷凝，即得。

2. 解析　本品在该处方中用作油相基质。制备时，油相和水相的温度必须接近，若两相温度相差太大，会影响产品质量。

乙酸乙酯

【来源与标准】乙酸乙酯又称醋酸乙酯，在浓硫酸存在下，乙醇和乙酸的混合物缓慢蒸馏制得乙酸乙酯，也可在乙醇铝催化剂存在条件下由乙烯制得。本品收载于《中国药典》（2020年版）四部。

【性质】本品为无色澄清液体，具挥发性，易燃，有水果香味，有麻醉性，具灼烧感。熔点 -83.4℃，沸点77.15℃，闪点25℃，相对密度为0.898～0.902，折光率为1.370～1.373。本品1份可溶于10份水中，可与乙醇、乙醚、三氯甲烷、不挥发油和挥发油混溶。易发生水解和皂化作用（碱性液中），在空气中易被氧化，需加入抗氧剂。

【应用】

1. 溶剂　本品可溶解甾体药物、挥发油及其他油溶性药物，如可的松、糖皮质激素等。常作外用液体制剂的分散媒。

2. 其他应用　本品还是成膜材料的良好溶媒，用于膜剂、涂膜剂、薄膜衣片的制备。

【注意事项】本品宜密闭避光贮存于阴凉、通风处，室温不得超过30℃。本品在贮运中要远离火种，不能与自燃物、易燃物、氧化剂共贮运。

【案例解析】烧伤涂膜气雾剂

1. 制法　羟丙甲纤维素6%，羟苯乙酯0.05%，乙酸乙酯42.85%，四氟乙烷50%，常法制成气雾剂即可。

2. 解析　本品在该处方中作溶剂，用于溶解药物和成膜材料，羟苯乙酯为抑菌剂，四氟乙烷为抛射剂，与乙酸乙酯组成复合溶剂。

第二节　抑菌剂 微课2

PPT

一、概述

液体制剂易被微生物污染，特别是为微生物生长繁殖提供了营养条件的以水为溶剂，含有糖类、蛋白质等物质的液体制剂，更容易被微生物污染。微生物的生长繁殖会使液体制剂产生复杂的物理和化学变化；会产生有害的细菌毒素；使液体制剂发生霉变，最后导致液体制剂变质。因此在制备和贮藏液体制剂时要注意防止微生物污染，并且添加抑菌剂进行防腐。

抑菌剂是指制剂中抑制微生物生长繁殖的附加剂。一般把用于各类液体制剂和半固体制剂的称为防腐剂，把用于注射剂和滴眼剂的称为抑菌剂。在《中国药典》中统一称为抑菌剂。

抑菌剂的抑菌机制大致可包括：①抑菌剂可使病原微生物蛋白变性、沉淀或凝固，如乙醇、苯甲醇等。②抑菌剂影响或阻断病原微生物的新陈代谢过程，如苯甲酸、苯甲酸羟苯酯类。③抑菌剂降低表面张力，增加菌体细胞膜的通透性，使病原微生物细胞破裂、溶解，如苯扎溴铵、苯扎氯铵等阳离子表面活性剂。

抑菌剂应符合如下各项要求：①在抑菌浓度范围内对人体无毒、无刺激性，用于内服时无恶臭和异味。本身性质稳定，长期贮存不分解失效，不影响药物理化性质和疗效的发挥，对质量检查无干扰。②在水中有较大的溶解度，能达到所需的有效浓度。③不影响制剂中药物的理化性质、药理作用；反之，制剂中药物不影响其抑菌性能。④对广泛的微生物（细菌、真菌）有抑制作用。⑤抑菌剂的理化性质及抗微生物作用稳定，不应受热和制剂 pH 的变化而改变，在长期贮藏过程中不分解失效，不挥发，不形成沉淀，不与橡胶塞或其他内包装材料起作用。在选择抑菌剂时，必须在具体品种的基础上进行，以科学的实验数据作指导，以法定的要求为目标。实际应用中常将两种或两种以上的抑菌剂联合使用，才能达到期望的抗微生物作用。

选用抑菌剂时要注意：①尽量采用最低有效浓度（微生物限度合格）；②抑菌剂本身化学结构决定了其与主药有可能的反应，部分容器的吸附作用（容器表面的高浓度对容器和防腐效果的影响）；③液体制剂特别是水为溶剂的制剂；含有糖类、蛋白质等影响物质的液体制剂；抗菌药或抗生素药物的液体制剂；④一般滴眼剂虽要求无致病菌，但可酌情加入抑菌剂；眼内注射剂及眼外伤的滴眼剂要求无菌，并且不得添加抑菌剂；多剂量滴眼剂必须加入抑菌剂；外科手术使用的滴眼剂及眼内注射用溶液要求无菌操作，单剂量包装，不加抑菌剂，用过一次就应废弃；⑤多剂量包装加抑菌剂，但对于注射量超过 5ml 的注射剂添加抑菌剂必须特别慎重，供静脉或椎管注射用的注射剂均不得添加抑菌剂；⑥硫柳汞等有机汞类抑菌剂本身的毒性较大，《中国药典》（2015 年版）就已经取消收载，应尽量避免使用；非胃肠道给药时，由于苯甲醇的降解和代谢产物是苯甲醛，它对中枢神经系统存在着毒性，欧盟规定禁止用于两岁以下儿童。

二、常用抑菌剂的种类

（一）羟苯酯类

羟苯酯类也称尼泊金类，系一类优良的抑菌剂，包括甲、乙、丙、丁四种酯，无毒、无味、无臭，化学性质稳定，在 pH 3~8 范围内能耐 100℃ 2 小时灭菌。在酸性、中性溶液中均有效，但在酸性溶液中抑菌作用较强，其中对大肠埃希菌作用最强。在弱碱性溶液中由于酚羟基解离，致使其抑菌作用减弱。抑菌作用随烷基碳数的增加而增强，而溶解度则随碳数的增加而下降，所以丁酯的抑菌活性最强，而溶解度最低。本类抑菌剂混合使用有协同作用。通常是乙酯和丙酯（1:1）或乙酯和丁酯（4:1）合用，浓度均为 0.01%~0.25%。

（二）有机酸及其盐类

1. 苯甲酸与苯甲酸钠　苯甲酸在水中溶解度为 0.29%，乙醇中为 43%（20℃），多配成 20% 醇溶液备用。用量一般为处方量的 0.03%~0.1%。苯甲酸未解离的分子抑菌作用强，故在酸性溶液中抑菌效果较好，pH 为 4 时最佳，溶液 pH 增高时解离度增大，抑菌效果降低。苯甲酸防霉作用较尼泊金类弱，而防发酵能力则较尼泊金类强。苯甲酸 0.25% 和尼泊金 0.05% ~0.1% 联合应用对防止发霉和发酵较为理想，尤其适用于中药液体制剂。苯甲酸钠易溶于水（1：2），微溶于乙醇（1：80），在酸性溶液中苯甲酸钠的抑菌作用与苯甲酸相当。

2. 山梨酸及其盐　山梨酸及其盐为白色至黄白色结晶性粉末，无味，有微弱特臭。在水中溶解度为 0.125%（30℃），无水乙醇或甲醇中为 12.9%，甘油中为 0.13%。对细菌最低抑菌浓度为 0.2% ~ 0.4%（pH < 6），对真菌最低抑菌浓度为 0.8% ~1.2%。山梨酸的抑菌作用是未解离的分子，在 pH 为 4 的水溶液中抑菌效果较好。山梨酸与其他抗菌剂合用产生协同作用。山梨酸钾与山梨酸钙作用与山梨酸相同，但需用于酸性溶液。

（三）季铵化合物类

季铵化合物类系阳离子型表面活性剂，如苯扎溴铵，又称新洁尔灭，为淡黄色澄明的黏稠液体，味极苦，有特臭，无刺激性，溶于水和乙醇，水溶液呈碱性。本品在酸性、碱性溶液中稳定，耐热压。对金属、橡胶、塑料无腐蚀作用。使用浓度为 0.02% ~0.2%。苯扎氯铵对细菌、真菌、阴道滴虫等均有效，被用作小剂量注射剂的抑菌剂，常用浓度为 0.01%，也被用于眼用制剂中作为抑菌剂，常用浓度为 0.01%。此外，还有氯化苯甲烃铵、度米芬等。

（四）醋酸氯己定

醋酸氯己定又称醋酸洗必泰，为广谱杀菌剂，微溶于水，溶于乙醇，用量为处方量的 0.02% ~0.05%。

（五）其他抑菌剂

1. 醇类　苯甲醇、三氯叔丁醇、苯乙醇、苯氧乙醇等。

2. 酚类　苯酚、甲酚、氯甲酚、麝香草酚等。苯酚常用作酸性药液的抑菌剂，使用浓度为 0.1% ~ 0.5%。甲酚抑菌作用强于苯酚，常用作酸性药液的抑菌剂，使用浓度为 0.25% ~0.3%。

3. 醛类　甲醛、戊二醛、桂皮醛等。

4. 挥发油　桉叶油、桂皮油、薄荷油、紫苏油等。

5. 复合碘类　PVP-Ⅰ、洗必泰碘类。

羟苯甲酯

【来源与标准】羟苯甲酯又称对羟基苯甲酸甲酯、尼泊金甲酯、4-羟基苯甲酸甲酯，由甲醇和对羟基苯甲酸酯化而成。本品收载于《中国药典》（2020 年版）四部。

【性质】本品为白色或类白色结晶或结晶性粉末，几乎无臭，稍有烧灼味。熔点 125 ~128℃，沸程 270 ~280℃。在甲醇、乙醇或乙醚中易溶，在热水中溶解，在水中微溶。

【应用】

本品在药物制剂中用作抑菌剂，对酵母菌及大多数真菌的抑制作用较强，对细菌的作用较弱，本品可以单独使用，也可以和其他尼泊金酯类复配。本品 0.18% 与 0.02% 对羟基苯甲酸丙酯合用可作多种注射剂的抑菌剂。加 2% ~5% 丙二醇可增加本品的抑菌作用。

【注意事项】本品与非离子表面活性剂、吐温、铁盐、弱碱、强酸、挥发油和一些糖类等有配伍禁忌。

【案例分析】氯霉素滴眼液

1. 制法　取尼泊金甲酯 0.023g，尼泊金丙酯 0.011g，加沸蒸馏水溶解，于 60℃ 时溶入氯霉素 0.25g 和氯化钠 0.9g，过滤，加蒸馏水至 100ml，灌装，100℃、30 分钟灭菌，即得。

2. 解析 本品在该处方中为抑菌剂。氯霉素为主药，尼泊金丙酯为抑菌剂，氯化钠为渗透压调节剂。在该处方中本品与尼泊金丙酯联用，达到更好的抑菌效果。

 知识链接

对羟基苯甲酸酯类的溶解度与抑菌浓度

酯类	溶解度（%，g/ml，25℃）					水溶液中	
	水	乙醇	甘油	丙二醇	脂肪油	酚系数	抑菌浓度（%）
甲酯	0.25	52	1.3	22	2.5	3	0.05 ~ 0.25
乙酯	0.16	70	—	25		8	0.05 ~ 0.15
丙酯	0.04	95	0.35	26	2.6	17	0.02 ~ 0.075
丁酯	0.02	210	—	110		22	0.01

羟苯乙酯

【来源与标准】 羟苯乙酯又称为尼泊金乙酯，由对羟基苯甲酸和乙醇制得。酯化完成后在水中结晶，再经过滤、酸洗得成品。本品收载于《中国药典》（2020 年版）四部。

【性质】 本品为白色、晶状、几乎无臭的粉末，味微苦、稍麻。几乎不溶于冷水（25℃时质量浓度为 0.17%，80℃时质量浓度为 0.86%），易溶于乙醇、乙醚、丙酮或丙二醇，在三氯甲烷中略溶，在甘油中微溶。pH 3 ~ 6 的水溶液在室温稳定，能在 120℃灭菌 20 分钟不分解，pH > 8 时水溶液易水解。本品具有抗微生物特性。熔程 114 ~ 118℃。

【应用】 本品对真菌的抑菌效能较强，但对细菌的抑制作用较弱，在制剂中用作抑菌剂，广泛用于液体制剂、半固体制剂。

【注意事项】 吐温类表面活性剂能增加对羟基苯甲酸酯类的溶解度，但不能相应地增加其抑菌力，因为两者会发生络合作用，从而使溶液中抑菌剂的实际浓度大为降低。在强酸、强碱介质中易水解，遇铁会变色，同时易被塑料材料吸附。

【案例解析】 维生素 E 乳

1. 制法 取维生素 E 50.0ml 和阿拉伯胶粉 12.5g 于干燥乳钵中，研匀后，一次加入蒸馏水 25ml，迅速向同一方向研磨，直至形成稠厚的初乳，再加糖精钠 0.01g、挥发杏仁油 0.1ml、西黄蓍胶浆与适量蒸馏水使成 100ml，搅匀即得。

2. 解析 本品在该处方中作抑菌剂，浓度为 0.15%，阿拉伯胶和西黄蓍胶为乳化剂，糖精钠为甜味剂，挥发杏仁油为芳香剂。

苯甲酸钠

【来源与标准】 苯甲酸钠又称为安息香酸钠，是将苯甲酸用碳酸钠或碳酸氢钠处理制得。最初苯甲酸是由安息香胶干馏或碱水水解制得，也可由马尿酸水解制得。工业上苯甲酸是在钴、锰等催化剂存在下用空气氧化甲苯制得；或由邻苯二甲酸酐水解脱羧制得。本品收载于《中国药典》（2020 年版）四部。

【性质】 本品为白色颗粒或结晶性粉末，无臭或略带安息香气味，有甜、涩、咸味，在空气中稳定，极易溶于水，略溶于乙醇、甘油，在水中的溶解度为 1 : 1.8，在乙醇中为 1 : 1.75（25℃），在酸性溶液中抑菌作用与苯甲酸相当。常用量为处方量的 0.1% ~ 0.2%，当溶液 pH 大于 5 时苯甲酸及其钠盐的抑菌活性明显下降。

【应用】

1. 抑菌剂　分子态的苯甲酸具有较强的抑菌作用，所以在酸性溶液中抑菌效果好，最适 pH 为 4，随溶液 pH 增大，解离度增加，抑菌效果降低。苯甲酸抑菌作用比尼泊金弱，而防止发酵作用较尼泊金强。二者联合使用对防止发酵与霉变最为理想，这一点对液体制剂特别适用。苯甲酸钠的抑菌机制与苯甲酸相同，苯甲酸钠 1.18g 的抑菌效能相当于苯甲 1.0g 的效力。

2. 其他应用　本品可与药物形成复合物（复盐）从而增加药物溶解度，常作为咖啡因、可可碱和茶碱等药物的助溶剂。如苯甲酸钠与咖啡因形成苯甲酸钠咖啡因，溶解度由 1∶5 变为 1∶1.2。

【注意事项】本品显微碱性，不宜与强酸性药物配伍。也不宜与铁、钙等金属离子和银、铅等重金属配伍。置于密闭容器中，贮存于阴凉干燥处。在运输途中和操作中避免过量吸入。

【案例解析】阴道消炎气雾剂

1. 制法　取土霉素 3 份，泼尼松间位磺基苯甲酸钠 1 份，丙二醇 50 份，蒸馏水 25 份，十二烷基硫酸钠 21 份，四氟乙烷 11 份，按气雾剂生产常规配制成气雾剂。

2. 解析　本品在该处方中作抑菌剂，丙二醇为潜溶剂，并有保湿作用，十二烷基硫酸钠为乳化剂，四氟乙烷为抛射剂。

山梨酸

【来源与标准】天然的山梨酸可以从山白蜡树的浆果中以内酯（类山梨酸）的形式被提取出来，山梨酸的合成可以由巴豆醛和乙烯酮在三氟化硼的存在下缩合制得（乙烯酮法），也可以由巴豆醛和丙二酸在吡啶溶液中缩合制得，还可以由 1,1,3,5 - 四烷氧己烷制得。其中，乙烯酮法是国际上工业化生产较普遍采用的方法。本品收载于《中国药典》（2020 年版）四部。

【性质】本品为白色至黄白色结晶性粉末，无味，具有微弱特殊气味。熔点 133℃，溶解度：水中为 0.125%（30℃），丙二醇中 5.5%（20℃），无水乙醇或甲醇中 12.9%；甘油中 0.13%。对细菌最低抑菌浓度为 0.02% ~0.04%（pH <6.0），对酵母、真菌最低抑菌浓度为 0.8% ~1.2%。

【应用】

抑菌剂　本品的抑菌作用是未解离的分子，在 pH 4 水溶液中效果较好，适宜在酸性溶液中使用。由于本品稳定性较差，常与其他抑菌剂或乙二醇类联合使用，相互能产生协同作用。山梨酸钾、山梨酸钙作用与山梨酸相同，水中溶解度更大。山梨酸对吐温稳定，特别适用于含有吐温的液体制剂。

【注意事项】山梨酸在空气中久置易被氧化，遇光氧化加速，在水中尤不稳定，可用没食子酸、苯酚等使其稳定。塑料容器等对其产生吸附作用使抑菌活性降低。

【案例解析】元胡止痛软胶囊

1. 制法　称取醋延胡索 1333g，白芷 667g 粉碎成粗粉，用 80% 乙醇浸泡 12 小时，加热回流提取二次，每次 2 小时，滤过，合并滤液，滤液回收乙醇并减压浓缩至相对密度为 1.30 ~1.32（80℃）的稠膏，与适量含 2% 蜂蜡的大豆油及聚山梨酯 -80、山梨酸适量，混匀，过筛，压制成软胶囊 1000 粒，即得。

2. 解析　本品在该处方中作抑菌剂。醋延胡索与白芷为药物；聚山梨酯 -80 为亲水性的表面活性剂，作润湿剂，山梨酸作抑菌剂。

苯甲醇

【来源与标准】苯甲醇又称为苄醇，是由氯化苄和碳酸钾或碳酸钠经蒸馏制备而成，或由苯甲醛经坎尼扎罗反应制得。本品收载于《中国药典》（2020年版）四部。

【性质】本品为无色液体，具有微弱香气及灼味，具有引湿性，耐高温。在水中溶解，与乙醇、三氯甲烷能任意混合。在空气中缓慢氧化生成苯甲醛和苯甲酸相对密度为1.043～1.050。自燃点为436.5℃，熔点为－15.4℃，沸点为205.4℃，折光率为1.538～1.541。

【应用】

1. 抑菌剂　苯甲醇主要用作抑菌剂，可杀死铜绿假单胞菌、变形杆菌和金黄色葡萄球菌，pH 5以下活性最强，在pH 8以上几乎没有活性，常用的浓度为1%～4%。

2. 局部镇痛剂　本品用作局部镇痛剂的用量一般为处方量的0.5%～2.0%。

3. 其他　本品作为食用香料时，主要用于配制浆果、果仁等型香精。还可用于配制香皂、日用化妆香精。

【注意事项】

（1）本品可燃，有毒，具刺激性。与氧化剂、强酸、甲基纤维素有配伍禁忌。

（2）非离子型表面活性剂会降低本品的抗菌活性，但降低程度低于羟苯酯类或季铵盐类化物。

（3）本品能被橡胶、聚乙烯等吸附。

（4）添加苯甲醇的制剂易导致儿童臀肌挛缩症，禁用于儿童肌内注射。

（5）本品含量高的注射液在静注时易引发溶血。一般来说，应控制制剂处方中苯甲醇的量，以减少不良反应的发生，用于静脉注射等产品原则上不应添加苯甲醇。

（6）本品宜避光、密闭储存。

【案例解析】维生素B$_2$注射液

1. 制法　将维生素B$_2$先用少量注射用水调匀待用，再将烟酰胺、氨基甲酸乙酯溶于适量注射用水中，加入活性炭0.1g，搅拌均匀后放置15分钟，粗滤脱碳，加注射用水至约900ml，水浴上加热至80～90℃，慢慢加入已用注射用水调好的维生素B$_2$，保温20～30分钟，完全溶解后冷却至室温。加入苯甲醇，用0.1N的盐酸调节pH至5.5～6.0，调整体积至1000ml，然后在10℃以下放置8小时，过滤至澄明、灌封，100℃流通蒸气灭菌15分钟即可。

2. 解析　本品在该处方中为抑菌剂。维生素B$_2$为主药，烟酰胺为助溶剂，氨基甲酸乙酯为局麻剂，注射用水为溶剂。

苯氧乙醇

【来源与标准】苯氧乙醇是由苯酚在醋酸钠或过氧化钠存在下，与环氧乙烷进行加成反应，反应产物再经减压蒸馏而制得。本品收载于《中国药典》（2020年版）四部。

【性质】本品为无色微黏稠的液体，有烧灼味和芳香味。与丙酮、乙醇或甘油能任意混溶，在水中微溶。相对密度为1.105～1.110。折光率为1.537～1.539。

【应用】本品是相对比较安全的抑菌剂之一。常用于滴眼剂的抑菌剂，浓度为0.3%～0.6%。对铜绿假单胞菌有特殊的抑菌力，对其他革兰阴性菌和变形杆菌作用次之，对革兰阳性菌作用极微。本品也是一种重要的外科药物，常被用于皮肤的创伤、烧伤、烫伤等表面感染。混合感染时，可与磺胺、青霉素等药物同时使用；2%油膏纱布可用于大面积创面。

【注意事项】本品未稀释前对眼睛刺激性很大，稀释至2.2%则不具刺激性。能够抑制中央神经系统，有可能导致呕吐和腹泻。1次用量不宜超过5g，以免引起代谢性酸中毒。禁内服。

【案例解析】苯氧乙醇甘油滴耳剂

1. 制法 苯氧乙醇 2ml，甘油加至 100ml，混匀，即得。

2. 解析 本品在该处方中为主药和抑菌剂。甘油为溶剂。

三氯叔丁醇

【来源与标准】 三氯叔丁醇是在粉状氢氧化钾催化下，将三氯甲烷与丙酮缩合而制得。本品收载于《中国药典》（2020 年版）四部。

【性质】 本品为无色或白色晶体，易挥发，易升华，有陈腐、樟脑特臭。易溶于三氯甲烷、乙醚、甲醇及挥发油中、难溶于水。散装料应于 8～15℃下置于密闭的容器保存。

【应用】

1. 抑菌剂 三氯叔丁醇最初用于眼用制剂或注射给药的剂型中，用作抑菌剂的浓度为 0.5%（W/V）。现在常用于肾上腺素溶液、垂体后叶提取液和用于治疗缩瞳的眼用制剂中作抑菌剂。有局部止痛作用和抑菌活性，在高温和碱性溶液中易分解从而降低抑菌效果。在酸性溶液中较稳定，故一般在偏酸性的注射剂和滴眼剂中作抑菌剂使用，它特别适用于非水性制剂中作杀菌剂，也用于化妆品中作防腐剂。

 知识链接

三氯叔丁醇的挥发性

三氯叔丁醇因易挥发而失重，热压灭菌时有大量失重；pH 5 时大约损失 30%。多孔性容器会导致其从溶液中损失，聚乙烯容器导致其快速损失。在聚乙烯容器中，三氯叔丁醇热压灭菌的损失可通过将该容器置于三氯叔丁醇溶液中预先热压灭菌而减少，这些容器应立即使用。注射剂的瓶塞也会造成三氯叔丁醇大量损失。

2. 增塑剂 三氯叔丁醇用于纤维素醚和酯中作增塑剂，在治疗中用作温和的镇静剂和局部止痛剂。

【注意事项】 由于其吸附作用问题，三氯叔丁醇与塑料小瓶、橡胶塞、皂土、三硅酸镁、聚乙烯和用于软接触眼镜的聚羟乙基甲基丙烯酸酯有配伍禁忌。羧甲纤维素和聚山梨酯 80 也可由于吸附或形成复合物而降低其抑菌活性，但其程度稍小些。

三氯叔丁醇可能对皮肤、眼睛和黏膜有刺激性。建议使用护目镜和手套，在通风不好的地方要戴防尘口罩。遇热或火焰，有火险。

【案例解析】 长效肾上腺素滴眼液

1. 制法 盐酸肾上腺素 1∶500，海藻酸丙二醇脂 1.5%，氯化钠 0.89%，酚 0.4%，亚硫酸氢钠 0.1%，三氯叔丁醇 0.1%，蒸馏水加至 100%。

2. 解析 本品在该处方中为抑菌剂。盐酸肾上腺素为主药，海藻酸丙二醇脂为稳定剂，氯化钠为等渗调节剂，酚为抑菌剂，亚硫酸氢钠为抗氧剂，蒸馏水为溶剂。

麝香草酚

【来源与标准】 天然麝香草酚主要存在于百里香油（约含 50% 左右）、牛至油、丁香罗勒油等植物精油中。通常由百里香油分离得到。工业上可由间甲酚与异丙基氯反应制得。本品收载于《中国药典》（2020 年版）四部。

【性质】 本品为无色结晶或白色结晶性粉末。在乙醇、三氯甲烷中极易溶解，在冰醋酸中易溶，在液状石蜡、碱性溶液中溶解，在水中微溶。熔点为 48～52℃。本品毒性较酚小，浓度适宜时，对皮肤、黏膜无刺激性，一般认为是安全的。置于密闭、避光容器中，贮于阴凉干燥处。

【应用】

抑菌剂　麝香草酚主要用于止咳糖、漱口水、胶姆糖用香精中。可按生产需要适量用于配制食品香精中。

【注意事项】 本品与薄荷脑、樟脑、水合氯醛、酚、水杨酸苯酯、咖啡因、安基匹林、安替比林、氨基甲酸乙酯、乌洛托品、奎宁类以及树脂类产生共溶作用而变软或液化。操作时需穿戴适当的防护服、手套和护目镜或面具。

【案例解析】 复方麝香草酚撒粉

1. 制法　取水杨酸 5g、氧化锌 5g、淀粉 50g、滑石粉 10g 研细，混合均匀后，过筛，喷入麝香草酚 1.6g、薄荷脑 1.6g、薄荷油 1.6ml 混合液，混合均匀，过筛，即得。

2. 解析　本品在该处方中既为主药，又是抑菌剂。氧化锌与淀粉为稀释剂，滑石粉为助流剂，薄荷脑为主药，薄荷油为润湿剂。

第三节　增溶剂与助溶剂

PPT

一、概述

增溶剂与助溶剂在液体制剂中可用来增加难溶性药物的溶解度，但作用原理有所不同。

（一）增溶剂

能增加药物溶解度的表面活性剂称为增溶剂。表面活性剂的增溶作用是因为表面活性剂在溶剂中形成胶团后，胶团能将药物分子"携带"在胶团结构中，通过胶团在溶剂中的良好溶解性能"携带"药物分子分散在溶剂中。

亲水性小的药物在水中的溶解度达不到治疗所需浓度，需使用增溶剂增加药物溶解度，增溶剂的用量一般为药物的 5~10 倍。添加增溶剂后，还可防止某些药物的氧化和水解，因为某些不稳定的药物被"携带"在胶团之中，与氧隔绝，从而使药物的不饱和位置受到保护。

常用增溶剂的选用原则一般分为以下几方面：

1. 用量的选择　增溶体系是由水、增溶剂、增溶质组成的三元体系。增溶剂的用量可以通过三元相图来确定，一般可通过实验制作三元相图来选择适宜的配比。

2. 根据增溶剂与药物的性质选择　增溶剂的种类和同系物增溶剂的相对分子量均对增溶效果有影响，一般非离子型增溶剂的增溶能力比离子型强，且其 HLB 值愈大，对极性强的药物增溶效果好，对极性低的药物则相反。

3. 根据增溶剂的毒性和溶血性选择　因增溶剂毒性、刺激性和溶血性不同，不同的给药途径应选择不同的增溶剂。一般认为表面活性剂毒性大小顺序为：阳离子型 > 阴离子型 > 非离子型。阳离子、阴离子型表面活性剂不但毒性大，而且有较强溶血作用，不能用于注射剂。吐温类表面活性剂的溶血性常比其他含聚氧乙烯基的表面活性剂小，其不同型号溶血作用的顺序是：吐温 20 > 吐温 60 > 吐温 40 > 吐温 80。需要注意的是由于生产工艺等差异，同型号不同厂家的吐温产品溶血作用也有所差异。

（二）助溶剂

助溶是指难溶性药物与加入的第三种物质在溶剂中形成可溶性络合物、复盐或缔合物等，以增加药物在溶剂中的溶解度，这第三种物质称为助溶剂。

助溶剂的作用机制主要包括：①络合作用，如复方碘溶液中，碘化钾与碘形成可溶性络合物而增加碘的溶解度，$I_2 + KI \rightarrow KI_3$，由于形成络合物，碘化钾可使碘在水中溶解度从0.03%提高到5%；②形成复合物（复盐），苯甲酸钠与咖啡因形成苯甲酸钠咖啡因，溶解度由1:5变为1:1.2；③分子间缔合，如氨茶碱在水中溶解度较大，是由于乙二胺对茶碱起到良好的助溶作用，乙二胺与茶碱形成分子缔合物，茶碱溶解度由1:100变为1:5；④复分解反应，如有机酸盐作助溶剂与离解型药物发生复分解反应形成盐而增加药物溶解度。

助溶剂的选择目前尚无明显规律，一般根据难溶性药物的结构、性质进行选择。选择助溶剂时，应考虑以下条件：①较低助溶剂浓度能使难溶性药物增加较大的溶解度；②不降低药物的疗效和稳定性；③无刺激性，无不良反应。

二、常用增溶剂的种类

1. 非离子型表面活性剂 非离子型表面活性剂在增溶剂中应用最广，可用于内服、外用、注射等途径。主要有三类，即吐温类（聚山梨酯类）、卖泽类、聚氧乙烯脂肪醇醚类。此外蔗糖酯和蔗糖月桂酸酯可用作维生素A和维生素D、E的增溶剂。

2. 阴离子型表面活性剂 阴离子型表面活性剂的毒性虽较阳离子表面活性剂小，但常有强烈的生理作用，如溶血和刺激黏膜等，一般供外用制剂使用。主要有肥皂类、硫酸化物、磺酸化物（如二辛基丁二酸酯磺酸钠、阿洛索）等。

三、常用助溶剂的种类

根据助溶剂的化学结构可将其分为三类：
1. 有机酸及其盐 如苯甲酸、水杨酸、枸橼酸、对氨基水杨酸及其钠盐等。
2. 酰胺或胺类化合物 如烟酰胺、乙酰胺、二乙胺、氨基甲酸乙酸及尿素等。
3. 其他 包括无机盐（碘化钾、磷酸钠等）、多聚物（PVP、PEG等）、酯类（甘氨酸酯、乙基琥珀酰酯等）、多元醇、丙二醇、甘油等。

烟酰胺

【来源与标准】 烟酰胺又称3-吡啶甲酰胺，是烟酸的酰胺化合物。可以由以下三种方法制得：①β-甲基吡啶经空气氧化成烟酸，后者与氢氧化铵作用，再加热脱水制得；②将烟酸、硼酸和氨水投入反应锅，搅拌下通入氨气，升温溶解；然后蒸馏回收氨，至120℃后移入脱水锅内继续浓缩；当温度达145℃后开始加入液氨，并在185~190℃下继续通氨反应20~30小时。然后降温至130℃，加蒸馏水稀释，加入活性炭，并在70~80℃下通氨脱色2小时；反应后趁热过滤，滤液在水中冷析24小时，分离结晶，并用乙醇洗涤、干燥得成品，收率89%。③由烟酸与氨水成盐后再脱水而得。本品收载于《中国药典》（2020年版）四部。

【性质】 本品为白色结晶性粉末或无色结晶，无臭或微具特臭，味咸微苦，略有引湿性。相对密度1.400，熔程150~160℃。本品在水或乙醇中易溶，在甘油中溶解，其溶液性质稳定，可高压灭菌或过滤除菌。

【应用】

1. 助溶剂 烟酰胺在药物制剂中主要用作助溶剂，可提高难溶药物水溶性，如咖啡因、可可碱、茶碱、核黄素和氢化可的松等。

2. 其他　烟酰胺可参与体内多种代谢过程，用于防治糙皮病、肝脏疾病等。

【注意事项】烟酰胺会与碱及无机酸发生配伍反应，水解成烟酸，加热时会加速反应。

【案例解析】核黄素注射液

1. 制法　核黄素 27.5g，（按 10% 投料，浓度为 0.25%），烟酰胺 1000g，氨基甲酸乙酯 37.5g，苯甲醇 100ml，注射用水加至 10000ml。常法制备注射液，调整注射液 pH 为 5.5 ~ 6.0。100℃ 流通蒸汽灭菌 30 分钟即得。

2. 解析　本品在该处方中为助溶剂。氨基甲酸乙酯也为助溶剂，苯甲醇为抑菌腐剂，注射用水为溶剂。

乙二胺

【来源与标准】乙二胺（EDA）在工业上制备时通常采用二氯乙烷法和乙醇胺法。二氯乙胺法：氨水或液氨与二氯甲烷在高温、高压下反应生成乙二胺，一般无须使用催化剂。乙醇胺法可分为还原氨化工艺和缩合工艺。本品收载于《中国药典》（2020 年版）四部。

【性质】本品为无色至微黄色澄清液体；有氨的刺激性臭味，有强碱性。可与水、乙醇或乙醚能任意混溶。水合物的沸点为 118℃，相对密度为 0.895 ~ 0.905。

【应用】

1. 助溶剂　茶碱难溶于水，可与乙二胺形成络合物氨茶碱，从而增加其溶解度，降低药物持续时间。

2. 其他　本品也可用于制造染料、橡胶硫化促进剂等，也能用作蛋白质、纤维朊的溶剂、环氧树脂的固化剂等。

【注意事项】本品易燃，具有腐蚀性；易挥发，产生大量白烟，能吸收空气中的二氧化碳生成不挥发性的碳酸盐，应避免暴露在空气中，储存温度不宜超过 30℃。

【案例解析】氨茶碱注射液

1. 制法　取 1.25g 茶碱加入适量（约 7.2ml）二乙胺，使其生成氨茶碱，加苯甲醇 20ml，再加注射用水至 1000ml，pH 应为 8.6 ~ 9.0，经过滤澄明、粉装、灭菌即得。

2. 解析　本品在该处方中为助溶剂。茶碱为主药，苯甲醇为抑菌剂，注射用水为溶剂。

尿素

【来源与标准】尿素在工业上以液氨和二氧化碳为原料，高温高压条件下直接合成尿素。本品收载于《中国药典》（2020 年版）四部。

【性质】本品为无色棱柱状结晶或白色结晶性粉末；几乎无臭，味咸凉；放置较久后，渐渐发生微弱的氨臭；水溶液显中性反应。本品在水或乙醇中易溶，在乙醚或三氯甲烷中不溶。熔点为 132 ~ 135℃。

【应用】

1. 助溶剂　本品可以增加一些药物在水中的溶解度。

2. 渗透促进剂　本品具有抗菌、使蛋白质溶解、变性、增加蛋白质水合等作用，可增加皮肤通透性，在制剂中可用作皮肤渗透促进剂。

3. 其他　本品还可以作为角质溶解药、利尿脱水药。

【注意事项】本品遇硝酸、硝酸盐易发生反应，因此不宜与之配伍。本品禁止静注用于颅内活动性出血而未开颅手术者（开颅手术除外）。肾功能不全、血内氮质积留过者忌用。本品应置于密闭、避光容器中。贮存于阴凉干燥处。

【案例解析】 稳定的盐酸土霉素注射液

1. 制法 取盐酸土霉素 50g，$MgCl_2$ 20g，丙二醇 200g，PVP 25g，尿素 50g，$Na_2S_2O_5$ 2g，二乙醇胺 45g，蒸馏水加至 1000ml，常法制成注射剂即得。

2. 解析 本品在该处方中为助溶剂。盐酸土霉素为主药，二乙醇胺、PVP 为助溶剂，$MgCl_2$ 为渗透压调节剂，$Na_2S_2O_5$ 为抗氧剂，丙二醇、蒸馏水为溶剂。

第四节　乳化剂 微课3

一、概述

乳剂制备时，为了得到稳定的乳剂，除水相、油相外，还必须加入第三种物质，这种物质就是乳化剂。乳化剂在乳化过程的作用是：

1. 形成牢固的乳化膜 乳化膜是阻碍液滴合并的屏障，乳化剂能被吸附在油、水界面上，并在液滴的周围有规律地定向排列，即其亲水基团伸向水、亲油基团伸向油形成乳化膜。乳化剂的这种排列愈整齐，乳化膜就愈牢固，乳剂愈稳定。

2. 降低界面张力 在乳剂形成过程中产生的分散小液滴具有高界面自由能，有很强的液滴凝聚合并降低界面自由能的倾向，从而破坏乳剂分散状态。合适的乳化剂的乳化膜能有效地降低界面张力和降低界面自由能，使乳剂易于形成并保持其分散和稳定状态。

3. 决定乳剂的类型 决定乳剂类型的因素有多种，主要的是乳化剂的性质和乳化剂的 HLB 值。亲水性较大的乳化剂吸附于油、水界面时使水的界面张力降低较大可形成 O/W 型乳剂，亲油性较大的乳化剂降低油的界面张力较大则形成 W/O 乳剂。其规律是：与乳化剂亲和力较大，即界面张力较小的相构成外相。

优良的乳化剂应具有较强的乳化能力，且能在乳滴周围形成牢固的乳化膜；自身应稳定，对不同的pH、电解质、温度的变化等应具有一定的耐受性；对人体无害，无刺激性，且来源广、价廉。

二、常用乳化剂的种类

（一）天然乳化剂

此类乳化剂多为高分子化合物，具有较强的亲水性，能形成 O/W 型乳剂，乳剂形成时被吸附于乳滴表面，形成多分子乳化膜，多数黏性较大，能增加乳剂的稳定性，使用这类乳化剂宜新鲜配制或加入适宜的防腐剂。常用的天然乳化剂有阿拉伯胶、西黄蓍胶、明胶、杏树胶、卵磷脂等。

阿拉伯胶

【来源与标准】 阿拉伯胶是一种复杂的由糖和半纤维素组成的松散的聚集体，其分子量大约为 240000 ~ 580000，这种聚集体的主要成分是阿拉伯酸的钙、镁、钾盐，其中还含有阿拉伯糖、半乳糖和鼠李糖。本品收载于《中国药典》（2020 年版）四部。

【性质】 本品呈薄片状、球滴状、粉末或颗粒状。白色或黄白色。无臭，无刺激味。溶解度：1g 溶于 2.7g 水中，不溶于乙醇，1g 溶于 20ml 甘油中，1g 溶于 20ml 丙二醇中，相对密度 1.35～1.49。溶液黏度可变，视材料来源、工艺、贮藏条件、pH 和含盐量而变。本品溶液经长时间加热可因解聚或粒子凝聚而黏度减低，溶液易受细菌和酶的作用而降解。

【应用】

1. 乳化剂 本品可形成 O/W 型乳剂，本品适用于制备植物油、挥发油的乳剂。可供内服使用的乳剂使用浓度为 10%～15%，在 pH 4～10 范围内乳剂稳定。常与西黄蓍胶、果胶、琼脂等混合使用。

2. 助悬剂 本品为天然胶，具有很好的黏性，可作混悬液的助悬剂。作助悬剂使用的浓度一般为 5%～10%。

3. 微囊囊材 本品可作微囊囊膜材料，其主要优点是成膜性好，膜致密有韧性，能抗潮，包衣时间短，操作简便，无粉尘，不炸不爆，卫生安全。

4. 其他应用 本品还具有增稠、黏合等作用，在制剂中用还可用作黏合剂、缓释材料，多用于乳剂、混悬剂、片剂、丸剂、颗粒剂、胶囊剂、微囊剂、微球等的制备。作黏合剂使用的浓度一般为 1%～5%。作其他方面的使用时根据配方和制剂的使用目的酌情而定。

【注意事项】 本品与乙醇、肾上腺素、氨基比林、次硝酸镁、硼砂、甲酚、丁香油酚、高铁盐、吗啡、苯酚、毒扁豆碱、鞣酸、麝香草酚、硅酸钠和香草醛等有配伍变化。许多盐类能降解阿拉伯胶的黏度，三价盐可能引起凝聚。在制备乳浊液时，本品溶液与肥皂产生配伍禁忌。

【案例解析】 鱼肝油乳

1. 制法 取鱼肝油 50.0ml 和阿拉伯胶粉 12.5g 于干燥乳钵中，研匀后，一次加入蒸馏水 25ml，迅速向同一方向研磨，直至形成稠厚的初乳，再加糖精钠 0.01g、挥发杏仁油 0.1ml、西黄蓍胶浆与适量蒸馏水使成 100ml，搅匀即得。

2. 解析 本品和西黄蓍胶在该处方中作乳化剂，形成 O/W 型乳剂。挥发杏仁油为芳香剂、糖精钠为甜味剂，羟苯乙酯为防腐剂。

西黄蓍胶

【来源与标准】 西黄蓍胶是一种天然物质，从分布于亚洲西部的西黄蓍胶树中提取出来天然树胶，干燥凝固后即为西黄蓍胶，其分子量约为 840000。西黄蓍胶由水溶性多聚糖和非水溶性多聚糖混合物组成。60%～70% 的西黄蓍胶糖组成非水溶性部分；黄蓍糖组成水溶性部分。西黄蓍胶还含有少量纤维素、淀粉、蛋白质和炽灼残渣。本品收载于《中国药典》（2020 年版）四部。

【性质】 本品为扁平而弯曲的带状薄片。白色或黄白色，半透明，表面具平行细条纹。质硬而脆，断面平坦、光滑，遇水膨胀，形成光滑、稠厚黏性的乳白色胶状物，加热至 50℃ 易粉碎成白色的粉末。粉末白色或淡黄白色；无臭，味淡；用乙醇装置，在显微镜下观察，呈多角形的碎粒，加水则颗粒逐渐膨大，并可见少数细小的淀粉粒；淀粉粒多为单粒，呈圆形或椭圆形，直径 3～25μm，稀有 2～4 个分粒聚合的复粒；粉末中不应含有木化的植物组织。难溶于水，但易吸水饱胀成凝胶状。1g 在 50ml 水中溶胀成光滑、稠厚、乳白色无黏附性的凝胶物。2% 水溶胶的 pH 为 5～6，pH 为 5 时黏度最大。不溶于乙醇，在 60% 乙醇中不溶胀。

【应用】

1. 乳化剂 本品可形成 O/W 型乳剂，其水溶液具有较高的黏度，乳化能力弱，常与阿拉伯胶混合使用。

2. 黏合剂 5%~10%的溶液可作为片剂生产的黏合剂。

3. 其他应用 本品还具有助悬、胶凝、黏滑、成膜等作用，在制剂学中可以用作乳化稳定剂、胶凝剂、黏合剂等，制备乳剂、混悬剂、凝胶剂、片剂、丸剂等，并常和阿拉伯胶等亲水胶合并使用，以增加使用效果。

【注意事项】 本品在乙醇中不溶，而遇水极易膨胀。在配制胶浆时，宜先用乙醇湿润然后加入全量之水，方可制得良好之胶浆。

（二）固体微粒乳化剂

固体微粒乳化剂为一些溶解度小、颗粒细微的固体粉末，乳化时聚集于液－液（油－水）界面上形成固体微粒乳化膜，而起到阻止乳滴合并的作用。形成乳剂的类型由固体粉末与水相的接触角 θ 决定，一般 $\theta<90°$ 时被水润湿，形成 O/W 型乳剂，乳化剂有氢氧化镁、氢氧化铝、二氧化硅、硅皂土等；$\theta>90°$ 时易被油润湿，形成 W/O 型乳剂，乳化剂有氢氧化钙、氢氧化锌、硬脂酸镁等。

氢氧化钙

【来源与标准】 氢氧化钙由新鲜制备的氧化钙和水作用而制得。本品收载于《美国药典》（USP42 - NF37）。

【性质】 本品为柔软的白色粉末或结晶性粉末，具有微苦的碱味。熔点580℃，相对密度2.078。能从空气中吸收 CO_2 成为碳酸钙。加热至100℃失水成为氧化钙。较难溶于水（1∶600），在热水中更难溶解，不溶于甘油和蔗糖的水溶液，不溶于乙醇。水溶液对酚酞显碱性，能迅速吸收空气中 CO_2 在液面生成碳酸钙膜。

【应用】

1. 乳化剂 本品为固体粉末乳化剂，其粉末易被油润湿，用于制备 W/O 型乳剂。

2. 其他应用 在制剂制备中，本品常用作药物浸出辅助剂、碱化剂、中和剂；本品还用于中草药有效成分的提取，与脂肪酸生成钙皂，用作乳化剂，用于制备搽剂、洗剂等。

【注意事项】 本品为强碱性化合物，与酸发生中和反应。本品含钙离子，与硼酸等作用生成不溶性钙盐；与沉淀金属盐、生物碱盐类也发生配伍反应。

（三）表面活性剂类乳化剂

此类乳化剂的分子中因含有较强的亲水基和亲油基，故具有较强的亲水性和亲油性，其乳化能力强，性质较稳定，如混合使用效果更好。常用的有阴离子型表面活性剂（如硬脂酸钠、硬脂酸钾、油酸钠、十二烷基硫酸钠、十六烷基硫酸化蓖麻油等）和非离子型表面活性剂（如脂肪酸甘油酯、蔗糖脂肪酸酯、脂肪酸山梨坦、聚山梨酯、卖泽、苄泽、泊洛沙姆等），其中非离子型表面活性剂的毒性、刺激性均较小，且性质稳定，应用较广泛。

（四）辅助乳化剂

辅助乳化剂是指与乳化剂合并使用而增加乳剂稳定性的一类物质。此类乳化剂的乳化能力一般很弱或无乳化能力，但它能提高乳剂中某一相的黏度，并能使乳化膜强度增大，防止液滴的合并。用来增加水相黏度的辅助乳化剂有甲基纤维素，羧甲纤维素钠、羟丙纤维素、海藻酸钠、阿拉伯胶、西黄蓍胶、琼脂、果胶等；增加油相黏度的辅助乳化剂有单硬脂酸甘油酯、蜂蜡、鲸蜡醇、硬脂酸、硬脂醇等。

PPT

第五节　助悬剂

一、概述

助悬剂的作用是增加混悬剂中分散介质的黏度，从而降低药物微粒的沉降速度，它又能被药物微粒表面吸附形成机械性或电性的保护膜，从而防止微粒间互相聚集或结晶的转型，或者使混悬剂具有触变性，这些均能使混悬剂稳定性增加。通常可根据混悬剂中药物微粒的性质与含量，选择不同的助悬剂。

二、常用助悬剂的种类

目前常用的助悬剂有以下几种类别。

1. 低分子助悬剂　如甘油、糖浆等。

2. 高分子助悬剂　高分子助悬剂有天然的与合成的两类。天然高分子助悬剂常用的有阿拉伯胶、西黄蓍胶、白及胶等。合成类高分子助悬剂常用的有：甲基纤维素、羧甲纤维素钠、羟乙基纤维素、羟丙甲纤维素等。

3. 硅酸类　如胶体二氧化硅、硅酸铝、硅藻土等。

4. 触变胶　触变胶具有触变性，如2%硬脂酸铝在植物油中可形成触变胶。

白陶土

【来源与标准】白陶土是一种天然的含水硅酸铝。将这种物质的粉末经淘洗、过筛除去砂粒、氧化铁、碳酸钙和碳酸镁等杂质，再用电磁处理，最后经盐酸或硫酸处理进一步除去杂质制成。本品收载于《中国药典》（2020年版）四部。

【性质】本品为白色或浅灰白色、不含砂粒的软细滑腻性粉末，具有特殊的泥土味。当用水润湿时颜色加深，具塑性，并发生黏土气味。耐磨指数很低，易被细菌污染。在相对湿度15%～65%，温度25℃时，平均吸湿量1%，但相对湿度在75%以上时，本品仅吸收少量水分。溶解度：几乎不溶解于水和有机溶剂，不溶于无机酸和碱性氢氧化物溶液，相对密度2.6。

【应用】

1. 助悬剂　白陶土在液体制剂中可作为混悬液的助悬剂。

2. 其他应用　本品在制剂中还可用作吸附剂、助滤剂、稀释剂等。用作吸附剂浓度为7.5%～55%，常与果胶合用；可作片剂或胶囊剂的稀释剂，但不能用作含有强心苷、生物碱、激素等药物片剂或胶囊剂的稀释剂；作为吸附剂、脱色剂和助滤剂，可用于注射用油的脱色与除臭，但不能用于过滤含生物碱的药液。

【注意事项】季铵盐类阳离子型表面活性剂与带负电荷的白陶土之间存在配伍禁忌，可结合生成不溶性复合物。与剂量较小的生物碱配伍时，能使后者被吸附而在机体中释放不完全。

海藻酸钠

【来源与标准】海藻酸钠系用从褐色海藻植物中用稀碱提取精制而得。海藻酸钠的主要组成是海藻酸的钠盐，是由D-甘露糖醛酸和L-古洛糖醛酸组成的聚糖醛酸的混合物。本品收载于《中国药典》

（2020 年版）四部。

【性质】本品为白色或淡黄色粉末，几乎无臭无味，有吸湿性。溶于水而形成黏稠胶体溶液，不溶于乙醇和其他有机溶剂。其黏度随聚合度、浓度及 pH 而异，pH 5~10 时黏度最大。在高温状态下，由于藻蛋白酶的作用使分子解聚，黏度降低。胶液遇酸会析出凝胶状沉淀的海藻酸；遇铜、钙、铅等二价金属离子（镁离子除外）则形成凝胶。

【应用】

1. 助悬剂　本品溶于水而形成黏稠胶体溶液，用作混悬液的助悬剂。

2. 缓控释材料　本品可作为缓控释材料，用于微球的载体材料、微囊的囊材或亲水凝胶骨架型缓控释制剂。用本品制备的亲水凝胶骨架片中，海藻酸钠吸水膨胀形成凝胶屏障，控制药物的溶出速率，从而发挥缓控释作用。

3. 生物黏附材料　本品黏性较强，可用于制备生物黏附片。含有海藻酸钠的生物黏附片口服进入胃肠道中，遇水产生黏性，可黏附于胃肠道黏膜上，延长药物释放时间，从而发挥缓控释作用。

4. 原位凝胶材料　本品为亲水性高分子材料，遇水可形成凝胶，可用于凝胶剂的制备，因其具有亲水性，所以易洗除，不污染衣物。

5. 其他应用　本品在制剂中还可用增稠剂、乳化剂、崩解剂、黏合剂、包衣材料及膜剂、涂膜剂等的成膜材料。用于制备液体、半固体、固体等多种剂型的制剂，如用来增加水相黏度而用做辅助乳化剂。此外，还可用于制备止血剂，有研究表明由海藻酸、海藻酸钙及海藻酸钠组成的混合制剂对动物的止血效果比单用海藻酸钠为好，现已有海藻胶可吸收性止血纱布用于内脏出血。

【注意事项】本品与酸、二价金属离子发生配伍变化，遇酸则析出沉淀，遇二价金属离子则形成凝胶。

【案例解析】醋酸曲安西龙注射液

1. 制法　醋酸曲安西龙微晶 100g，海藻酸钠 50g，吐温 80 20g，盐酸利多卡因 50g，注射用水加至 10000ml。常法制成注射液即得。

2. 解析　本品为该处方的助悬剂，吐温 80 为润湿剂，盐酸利多卡因为止痛剂，注射用水为溶媒。

琼脂

【来源与标准】琼脂系自石花菜科石花菜或其他属种红藻类植物中浸出并经脱水干燥的黏液质。它主要由半乳糖和 3,6-脱氢半乳糖共聚物的硫酸钾、钠、钙镁和铵盐酯组成。这类己糖在共聚物中以 β-1,3 和 β-1,4 交替键连接而成。硫酸盐酯含量为 8%~18%。此外，内含的无机盐是从海藻原料和提取工艺中带入。琼脂可用乙醇沉淀或冷冻回收。本品收载于《中国药典》（2020 年版）四部。

【性质】条型琼脂呈细长条状，类白色或淡黄色，半透明，表面皱缩，有光泽，质轻软而韧，不易折断。完全干燥后，则脆而易碎。无臭，味淡。粉末型为类白色。本品在冷水中膨胀 20 倍；溶于热水后，即使浓度很低（0.5%）也能形成坚实的凝胶；浓度 0.1% 以下，则不能形成凝胶，而成为黏稠液体。1% 的琼脂溶液于 32~42℃凝固，其凝胶具有弹性，熔程为 80~96℃。水溶液显中性反应。

【应用】

1. 助悬剂　本品浓度 0.1% 以下形成黏稠液体，可用做助悬剂。

2. 胶浆剂　本品黏性较强，可用于制备胶浆剂，发挥增稠和矫味作用。如水合氯醛对胃有刺激性，常配成糖浆剂，在糖浆溶液中加入琼脂制成胶液，既可减少对胃肠的刺激，又可掩盖药物的不良臭味，增加药物的稳定性。

3. 成膜材料 本品为亲水性高分子材料，遇水形成凝胶，失水后具有成膜性，可作为涂膜剂、膜剂的成膜材料。

4. 缓控释材料 本品可作为骨架材料或增稠剂用于缓控释制剂的制备。如亲水凝胶骨架片中，本品遇水形成凝胶，延缓药物溶出释放；本品作为增稠剂，溶于水后溶液黏性增强，可以减缓药物扩散速度，延缓药物吸收。

5. 其他应用 本品还具有胶凝、稳定、乳化等作用，在制剂中用作胶凝剂、增稠剂、乳化剂和乳化稳定剂等，用作制备乳剂、合剂、冻胶剂等，也用于制备细菌培养基。

【注意事项】 本品类似于其他（树）胶类，用乙醇脱水可生成沉淀，与鞣酸配伍也可以使本品沉淀，加入电解质可引起部分脱水并使胶液黏度减低。

【案例解析】 富马酸亚铁混悬剂

1. 制法 富马酸亚铁 18.2g，维生素 10ml，糖浆 600ml，羧甲纤维素钠 2g，羟苯乙酯 0.3g，琼脂 2g，香精 1ml，蒸馏水加至 1000ml，常法制成混悬剂即得。

2. 解析 糖浆、羧甲纤维素钠和琼脂为该处方的助悬剂，羟苯乙酯为防腐剂，香精为矫味剂，水为溶剂。

第六节 矫味剂

一、概述

在临床上许多药物自身带有异味恶臭，如氯霉素、小檗碱、盐酸苯海拉明、猪胆汁等药物味道极苦，又如水解蛋白、胃蛋白酶等药物，会散发特异的腥臭，如果让患者直接服用有时甚至会引起反射性呕吐，使药品无法顺利服下。因此在制备这类制剂时需加入矫味剂，调整药物的口感、味道，从而提高患者特别是儿童患者的药品使用顺应性。

矫味剂是一类能掩盖和改进制剂味觉和嗅觉的物质，有矫味（味觉）功能的矫味剂有甜味剂，有矫臭（嗅觉）功能的有芳香剂。原则上要求矫味时也应矫臭，所以有些矫味剂需要另加芳香剂矫臭才能达到满意的效果。

> **》》 实例分析**
>
> **实例** 布洛芬是一种有效的解热镇痛药，味道辛辣，刺鼻。临床上用作儿童退烧药时可制成布洛芬混悬液，在处方中加入适当的矫味剂使其性状为橙色混浊液，具有水果香气，味甜。使小孩子愿意服用。其所用辅料为预胶化淀粉、黄原胶、甘油、蔗糖、无水柠檬酸、吐温80、食用色素、食用香精、苯甲酸钠。
>
> **问题** 所用辅料中是哪些成分改变了该制剂气味和口感？为什么能起到矫味作用？

答案解析

不同的矫味剂所能掩盖的味道是不同的，应根据需要掩盖的味道来选择矫味剂。水杨酸钠水溶液加食盐比加甜味剂的矫味效果好。碘化钾、溴化钾的水溶液加酸味剂的效果比加甜味剂好。表3-1是关于掩盖咸、苦、涩、酸味与刺激性气味的矫味剂的一般选择。

表 3 - 1　矫味剂的选择

味觉	药物种类	推荐的矫味剂
苦味	生物碱、苷类、抗生素、抗组胺类药物	巧克力味、复方薄荷制剂、大茴香等芳香剂加甜味剂
咸味	卤族盐类药物	橙皮糖浆、柠檬糖浆、甘草糖浆等含芳香成分的糖浆或泡腾剂
涩味、酸味与刺激性气味	含有酸性成分或鞣质的药物	胶浆剂和甜味剂

药用矫味剂必须通过试验，以滋味清淡纯正为度，不宜过于浓郁，以免产生不适感。选用矫味剂应注意所用矫味剂的种类及用量应在国家的规定范围内；矫味剂是否会受 pH 的影响。如香兰素在碱性条件下会逐渐分解使药物产品颜色变暗，因而不宜作碱性制剂的香料；矫味剂对药物活性成分有无配伍禁忌，如在酊剂中加入较大量的糖浆，因乙醇浓度降低，可能有沉淀析出；苦味健胃药中不得加矫味剂。因其是利用苦味起健胃作用，如将苦味矫除，就会失去用药目的；治疗特殊疾病的制剂，如治疗糖尿病、肥胖症的制剂使用甜味剂矫味时不能用蔗糖，可选用阿司帕坦、木糖醇、山梨醇、甜菊糖苷、糖精钠等甜味剂；对毒剧药矫味时，不要使其过于可口，以防止过量服用导致中毒；同一产品每批次的甜味、香味的浓淡应保持一致。

二、常用矫味剂的种类

常用矫味剂有甜味剂、芳香剂、胶浆剂、泡腾剂等。

（一）甜味剂

具有甜味的物质有天然的与合成的（包括半合成）两大类。天然甜味剂有糖类、糖醇类、苷类，其中糖类，尤其是蔗糖及各种芳香糖浆剂最为常用。蜂蜜在中草药中既作黏合剂，又是滋补性甜味剂。从甘草中提取的甘草酸二钠，从甜叶菊中提取的甜菊糖苷也都属于天然甜味剂。人工甜味剂有糖精钠、阿司帕坦、三氯蔗糖等。

甜菊糖苷

【来源与标准】甜菊糖苷系以甜叶菊的叶子为原料，经水提取，树脂分离富集，乙醇或甲醇重结晶精制而得的糖苷类混合物。本品的主要成分为甜菊苷，通常还伴有瑞鲍迪苷 A、B、C、D、F，杜克苷 A，甜茶苷和甜菊双糖苷等多种糖苷类成分。按干燥品计算，含甜菊糖苷以甜菊苷计，不得少于 95.0%。本品收载于《中国药典》（2020 年版）四部。

【性质】为白色结晶性粉末，易潮解，熔点 198℃，加热与遇酸、碱不变化，微溶于水，溶于乙醇，甜度为蔗糖的 300 倍，是最甜的天然甜味物质之一。

 知识链接

甜度

甜味的强弱称为甜度，甜度是甜味剂的重要指标。一般以蔗糖为标准，甜味剂的甜度，则是与蔗糖比较的相对甜度。用一定的蔗糖溶液为标准与甜度相等的其他甜味剂溶液比较浓度的高低。如以蔗糖的标准甜度为 1，乳糖为 0.4，麦芽糖为 0.5，D - 葡萄糖为 0.74。

【应用】

甜味剂　甜菊糖苷的甜味纯正，残留时间长，后味可口，有一种轻快的甜味感，在天然的甜味物质中，其品质最接近于蔗糖，在药品、食品中可作为甜味改味剂和增强剂，单独使用或与蔗糖混合使用。服用后，不被人体吸收，不产生热能，所以是糖尿病、肥胖病患者很好的低热量天然甜味剂。一般用量为处方量的 0.025% ~ 0.05%。

【注意事项】本品应置于干燥、阴凉处密封保存，以防止吸潮。

【案例解析】无糖型安儿宁颗粒

1. 制法　取药材浸膏 170g，糊精 400g，甜菊糖苷 5g 混合均匀，加入 75% 乙醇溶液适量，制软材，30 目制粒，50℃ 干燥；挥发油用少量的乙醇溶解，在合格的颗粒上喷洒均匀，密闭放置一段时间，即可。

2. 解析　本制剂糊精作填充剂，75% 乙醇为润湿剂，甜菊糖苷为矫味剂。

阿司帕坦

【来源与标准】阿司帕坦为 N - L - α - 天冬氨酰 - L - 苯丙氨酸 - 1 - 甲酯。按干燥品计算，含 $C_{14}H_{18}N_2O_5$ 应为 98.0% ~ 102.0%。本品收载于《中国药典》（2020 年版）四部。

【性质】白色或米色结晶性粉末，几乎无臭，具有清爽的甜味，熔点 246 ~ 247℃。甜度为蔗糖的 180 ~ 200 倍，极微溶于水，易溶于热水或酸性溶液，微溶于乙醇，不溶于油，长期蒸煮，可失去甜味。

【应用】

甜味剂　阿司帕坦在药物制剂包括片剂、散剂和维生素制剂中作强甜味剂。食用后在体内分解成相应的氨基酸，并具有一定的营养价值。一般用量为处方量的 0.01% ~ 0.6%。

【注意事项】本品遇碱性药物、氧化剂易发生降解、氧化反应。与一些直接压片的辅料混合进行的差示扫描量热法测试表明，阿司帕坦与磷酸氢钙和硬脂酸镁有配伍禁忌。阿司帕坦和糖醇有相互反应。动物试验认为其安全，但应注意对苯酮尿患者，避免过多服用，一般不应加至幼儿的食物中。每人每天允许摄入量为 40mg/kg。

【案例解析】氯氮平口腔崩解片

1. 制法　将甘露醇、黄原胶、明胶、阿司帕坦及薄荷香精溶于纯化水，加入微粉化得氯氮平，搅拌均匀。定量灌装于 PVC 泡眼上，冷冻干燥制得。

2. 解析　本制剂中氯氮平为主药甘露醇与明胶为冻干制剂骨架材料，水溶性好，易成形，且甘露醇溶解时口腔有清凉的舒适感，明胶为高分子聚合物，冻干后形成玻璃状无定型结构，使甘露醇骨架硬度增加并且降低了冻干片的脆碎度，黄原胶为助悬剂，阿司帕坦为甜味剂，薄荷香精为芳香剂。

三氯蔗糖

【来源与标准】三氯蔗糖俗称蔗糖素，为 1,6 - 二氯 - 1,6 - 二脱氧 - β - D - 呋喃果糖 - 4 - 氯 - 4 - 脱氧 - α - D - 呋喃半乳糖苷。按干燥品计算，含 $C_{12}H_{19}Cl_3O_8$ 应为 98.0% ~ 102.0%。本品收载于《中国药典》（2020 年版）四部。

【性质】本品为白色或类白色结晶性粉末，无引湿性，遇光和热颜色易变深。本品在水中易溶，在无水乙醇中溶解，在乙酸乙酯中微溶。熔点 130℃，粒度分布 90% < 12μm，0.5%（W/V）水溶液的 pH = 5 ~ 6。

【应用】

甜味剂　三氯蔗糖作为甜味剂，甜度是蔗糖的 300 ~ 1000 倍，无毒、无刺激，口服不吸收，经粪便排出，无营养价值，不会引起龋齿。世界卫生组织规定日摄入量可达 15mg/kg。其甜度不因加热而减退，含有本品的制剂可高温灭菌处理。一般用量为处方量的 0.03% ~ 0.24%。

【注意事项】 三氯蔗糖在高温条件下水溶液稍有水解，应保存于密闭容器中，阴凉、干燥处存放，温度不超过 21℃。三氯蔗糖的相关安全性评价：LD_{50}（小鼠，口服）> 16g/kg；LD_{50}（大鼠，口服）> 10g/kg。

糖精钠

【来源与标准】 糖精钠以邻苯二甲酸酐（或甲苯）为原料经酰胺化、酯化制成邻氨基苯甲酸甲酯，再经重氮置换及氯化后氨化环合得到邻磺酰苯甲酰亚胺，最后加碳酸氢钠而制得；也可将糖精溶解于 50℃ 水中，加氢氧化钠中和，迅速冷却溶液，糖精钠结晶从溶液中析出而制得。本品为 1,2 - 苯并异噻唑 - 3（2H）- 酮 - 1,1 - 二氧化物钠盐二水合物。按干燥品计算，含 $C_7H_4NNaO_3S$ 不得少于 99.0%。本品收载于《中国药典》（2020 年版）四部。

【性质】 本品为无色至白色的结晶或结晶性粉末，无臭或微有香气，易风化。味浓甜而稍带苦味，甜度为蔗糖的 200 ~ 700 倍，甜味阈值约为 0.00048%。本品易溶于水，略溶于乙醇（1：50），不溶于三氯甲烷和乙醚。本品可含有不同量的结晶水。熔点：226 ~ 230℃。

【应用】

甜味剂　本品用于药物制剂作甜味剂，用于掩盖一些不良味道或改善口味，并在糖尿病患者的用药中作蔗糖代用品。甜度较高，使用浓度约 0.01%。

【注意事项】 本品对热不稳定，在酸性或碱性条件下长时间加热，易分解失去甜味，并可形成苦味的邻氨基磺酰苯甲酸。应贮存于密闭容器中，放置于阴凉、干燥处，避免受热受潮。

【案例解析】 羧甲纤维素钠胶浆

1. 制法　取羧甲纤维素钠分次加入 400ml 热蒸馏水中，轻加搅拌使其溶解；另取糖精钠及剪碎的琼脂加入 400ml 热蒸馏水中，煮沸数分钟，使琼脂溶化，两液合并，趁热滤过，再加蒸馏水至 1000ml，搅匀即得。

2. 解析　糖精钠在该处方中为甜味矫味剂，羧甲纤维素钠和琼脂为该处方中的助悬剂。

（二）芳香剂

在药品生产中用于改善制剂气味的物质称为芳香剂，按来源不同可分为天然芳香剂和人造芳香剂两大类。天然芳香剂包括植物挥发油，如大茴香油、柠檬油、薄荷油、桂皮油等；芳香性树脂，如安息香、乳香等；动物性芳香剂，如麝香、龙涎香等。人造芳香剂包括单离香料及合成香料。单离香料是用理化方法从天然香料中分离出来的单体香料化合物。合成香料是以石油化工产品煤焦油等为原料经合成反应而得到的单体香料化合物。香精是由数种合成香料调和而成，有时还需加入少许天然香料配制才可使香味柔和而协调。如一种苹果香精内含乙酸乙酯 1%、乙酸戊酯 1%、十四醛 0.25%、丁酸乙酯 0.9%、戊酸乙酯 0.7%、戊酸戊酯 1%、其他 0.15%、水 35%，用乙醇加至 100%。苹果香精在液体制剂中约用 0.6%。常用的有橘子香精、香蕉香精、菠萝香精、樱桃香精、柠檬香精、玫瑰香精、草莓香精、薄荷香精等。

麦芽酚

【来源与标准】 麦芽酚天然存在于炒麦芽、松针和菊苣等中。本品为 3 - 羟基 - 2 - 甲基 - 4 - 吡喃酮。按无水物计算，含 $C_6H_6O_3$ 不得少于 99.0%。本品收载于《中国药典》（2020 年版）四部。

【性质】 本品为白色结晶性粉末，无毒、无刺激，具有焦糖或奶油样香气。在乙醇或丙二醇中溶解，在水或甘油中略溶。熔点 160 ~ 164℃（93℃ 开始升华）。0.5%（W/V）水溶液的 pH = 5.3。

【应用】

调味增强剂　麦芽酚在药物制剂和食品中作为调味增强剂或调味促进剂。在食品中应用浓度为百万分之三十，常与水果调味剂合用。它还可增加食物的甜味，在相同甜度下，使人对糖的摄入量减少15%。世界卫生组织规定的麦芽酚最大日摄入量为 1mg/kg。

【注意事项】麦芽酚浓溶液贮存在金属容器（包括有些不锈钢）中可能会变色。因此应置于玻璃或塑料容器中阴凉、干燥处，避光保存。

丁香酚

【来源与标准】丁香酚为天然品，丁香油中含量可高于 85%，其次，在月桂、丁香罗勒、紫罗兰花、肉桂及其芳香油中也含有本品。本品可从丁香油、丁香茎叶油或其他含丁香酚的芳香油蒸馏分离而得。含 $C_{10}H_{12}O_2$ 应为 98.0% ~ 102.0%。本品收载于《中国药典》（2020 年版）四部。

【性质】本品为无色或淡黄色澄清液体，露置空气或贮放日久，渐变质。有丁香的香气，味辛辣。25℃ 时相对密度为 1.060 ~ 1.068，折光率为 1.538 ~ 1.542。在乙醇、三氯甲烷、乙醚中溶解，在水中极微溶解。

【应用】

1. 芳香矫味剂　本品作为食品香料，广泛用于康乃馨型调和香料或东方风味调和香料，剂量 0.05 ~ 0.2ml。人每天的允许摄取量为 5mg/kg。

2. 抗菌　丁香酚具有很强的杀菌力，对石膏样毛癣菌、粉小孢子菌、羊毛状小孢子菌、红色毛癣菌、许兰黄癣菌、絮状表皮癣菌等常见致病真菌有较强的作用，在 50mg/L 浓度时均能抑制其生长。而且对皮肤真菌的抑制作用明显强于其他真菌的抑制作用；在 1∶2000 ~ 1∶8000 浓度时，对金黄色葡萄球菌及克雷伯菌、痢疾志贺菌、大肠埃希菌、变形杆菌、结核分枝杆菌均有抑制作用。

3. 健胃　5% 的丁香酚乳剂可使胃黏液分泌显著增加，而酸度不增加。

4. 局部阵痛　本品有止痛、防腐作用，以棉球蘸取少许塞于龋齿中或点于患处用于龋齿止痛。

5. 局部麻醉　丁香酚作为一种草本麻醉剂在目前的局部神经麻醉中应用极为广泛，且越来越受到患者和科研工作者的欢迎。

6. 其他作用　丁香酚还有一系列的其他药理作用，包括抗氧化功能、抗癌活性、抗虫活性、促进透皮吸收、治疗心血管疾病，同时在生殖调节、免疫调节等方面有一定功效。

7. 注意事项　丁香酚有一定的腐蚀作用。对皮肤黏膜有强烈刺激性。丁香酚的刺激性会引起呼吸综合征，误食会导致代谢性酸中毒。对婴幼儿会引起低血糖症和肝功能衰竭。动物试验表明丁香酚会引起胃肠炎和厌食症。应遮光，装满，密封保存。大鼠口服的 LD_{50} 为 1.93g/kg。

（三）胶浆剂

胶浆剂具黏稠、缓和的性质，通过干扰味蕾的味觉、减少药物与味蕾接触而起矫味作用。制剂中胶浆剂常与甜味剂（如 0.02% 糖精钠）合用，以增加矫味效果。常用胶体有：淀粉、阿拉伯胶、西黄蓍胶、羧甲纤维素钠、海藻酸钠、琼脂、明胶、甲基纤维素等。如琼脂糖浆（琼脂 0.25%、苯甲酸0.1%、蔗糖 70%）对磺胺类药物的恶味有良好的矫味作用。

（四）泡腾剂

泡腾剂是用有机酸（如柠檬酸或酒石酸）、碳酸氢钠及适量芳香剂、甜味剂等辅料制成。使用前溶于冷水中产生大量二氧化碳气体，在水中呈酸性，服用时二氧化碳能使味蕾被短暂可逆地麻痹，短时间内感觉不到药物的味道而具有矫味作用，对盐类的苦味、涩味、咸味有所改善，使患者服药顺应性大大提高。常制成泡腾剂颗粒的药物有硫酸镁、溴化钾等。

第七节　着色剂

PPT

一、概述

为了治疗心理的需要，使制剂显现悦目的色泽，提高患者服用药物的顺应性，或为了使制剂便于识别，或为了使某些药品色泽一致，在生产药品时常需加入色素对制剂进行着色，所加入的这类具有调色作用的物质称为着色剂。着色剂在液体制剂、片剂、胶囊剂等制剂中广泛应用，对疾病的治疗具有精神上和心理上的积极作用。

理想的着色剂应对人体无毒、无害；物理、化学稳定性好，可耐受较高的温度；适用于较广的 pH 范围（pH 2~9）；耐光，有抗氧化、还原能力，能与其他着色剂配合使用，溶解范围广；色泽强度能标准化，便于处方设计和生产。

着色剂的选用遵循以下几点原则：

1. 色泽的选择应符合制剂自身特点　着色剂需与制剂使用部位相协调，如外用制剂加入淡棕红色素使与肤色相近；与治疗作用相协调，如安眠药用暗色、漱口剂用粉红色；与患者对颜色的心理状态相协调，补血制剂应用红色可使者产生一种补血功效的心理作用，淡色的液体制剂比棕黑色的更易为患者所接受，有些药品如水杨酸钠合剂在患者服用过程中可能发生颜色变化，造成患者的心理疑惧，也需加入着色剂；与气味相协调，如薄荷味制剂一般以淡绿色为宜，橘子味的制剂配以相应的淡黄颜色，樱桃味制剂使用粉红色。另外，一种制剂的颜色一经确定，不宜随意更改其颜色及色调。

2. 着色剂的用量应在国家规定的安全范围之内　一旦制剂的颜色及色强确定后，应规定处方中着色剂的用量及加入方法，避免因操作者辨色能力的差别导致着色不一致、不明显等差错。着色剂在液体制剂中的一般用量以处方量的 0.0005%~0.001% 为宜。

3. 各种色素可混合使用调配出所需色泽　用适当比例的红、黄、蓝三原色可以拼合成很多鲜艳的色谱，如苋菜红 10% 与柠檬黄 90% 可拼成琥珀色，拼色时各种色素的用量比例应根据需要的色泽通过实验确定。

此外，还应注意制剂的溶剂、pH 对着色剂也会产生影响；氧化剂、还原剂、空气和日光对大多数色素有褪色作用；拼色时，一种色素对另一种色素有时也会有褪色作用。

>> **实例分析**

　　实例　甲硝唑含漱液具有抗厌氧菌的作用，是一种治疗边缘性龈炎的较理想的药物。其处方为：甲硝唑 1g，醋酸氯己定 0.2g，糖精钠 0.2g，薄荷油 0.5ml，吐温 80 0.5ml，乙醇 12ml，亚甲蓝适量，蒸馏水加至 1000ml。

　　问题　处方中的亚甲蓝是一种着色剂，为什么要加入亚甲蓝着色？

答案解析

二、常用着色剂的种类

着色剂又称色素或染料，按其来源可分为天然色素和合成色素两大类。

1. 天然色素　天然色素有植物性与矿物性色素。其中可供食品和内服制剂着色用的植物性色素，红的有苏木、紫草根、甜菜红、胭脂虫红等；黄的有姜黄；蓝的有松兰叶；绿的有叶绿酸铜钠盐；紫褐色的有乌饭树叶；棕色的有焦糖等。常用的矿物性色素有红棕色的氧化铁，可供外用，如人造炉甘石中含98%氧化锌与2%红色氧化铁呈肉棕色，与肤色相近。

2. 合成色素　合成色素，主要是从煤焦油分馏出来（或石油加工）经化学加工制成，其特点是色泽鲜艳、品种多、价格低廉，但多数毒性较大，用量应符合国家相关规定。供食用或内服制剂的合成色素，应无毒，无害，无致癌可疑。目前我国批准的可供内服的合成色素有苋菜红、胭脂红、柠檬黄、日落黄及胭脂蓝，常配成1%溶液以备使用，其用量不得超过处方量的万分之一。外用溶液着色的品种比较多，中性或弱碱性溶液中可用伊红，中性、弱酸性溶液中可用品红，中性溶液中可用亚甲蓝等。

知识链接

色素

色素根据用途不同可分为食用色素和工业色素。工业色素不能作为食用色素使用。有些工业合成色素名字上看起来特别像食用色素，但其实是工业色素。2005年、2006年我国出现了多起苏丹红事件（肯德基奥尔良鸡翅和新奥尔良鸡腿堡、红心咸鸭蛋）。苏丹红，它主要用于石油、机油和其他的一些工业溶剂中，其化学成分中含有一种叫萘的化合物，长期食用含"苏丹红"的食品，可能会使肝部DNA结构变化，导致肝部病症。在我国和欧盟都禁止在食品中使用苏丹红。

焦糖

【来源与标准】　焦糖是以碳水化合物如蔗糖或葡萄糖等为主要原料，经加热处理制得。目前共有10种不同类型，每种焦糖类型以制造方法和产品规格来区别。由于使用的碳水化合物和加速剂不同，成品颜色的深度有一定的差别。主要含异蔗聚糖、焦糖烷和焦糖烯等解聚合物。本品收载于《中国药典》（2020年版）四部。

【性质】　本品为暗棕色稠厚液体，微有特臭，能与水混溶，能溶于浓度小于55%（V/V）的稀乙醇，但在浓乙醇中析出沉淀。与乙醚、三氯甲烷、丙酮、苯或正己烷不能混溶。相对密度不得小于1.30，10%水溶液pH为3~5.5。

【应用】

着色剂　着色剂常用于较高浓度的焦糖可用于内服液体制剂着棕色，亦可用于罐头、糖果、饮料等食品中。

【注意事项】　着色剂与带有大量负电荷的药物有配伍禁忌。

红氧化铁

【来源与标准】　红氧化铁按炽灼至恒重后计算，含Fe_2O_3不得少于98.0%。本品收载于《中国药典》（2020年版）四部。

【性质】　本品为暗红色粉末；无臭，无味。在水中不溶；在沸盐酸中易溶。在体内不被吸收，对皮肤黏膜无刺激，安全无毒。

【应用】

1. 着色剂 本品主要用作着色剂，广泛用于食品、化妆品和药物制剂。

2. 包衣材料 本品作为一种有不溶性色淀加入薄膜衣材料中有很强的阻光性。

3. 抗黏剂 在粒径小的囊心物包囊时，囊材溶液中加入氧化铁色淀作为抗黏剂制成混悬液，可减少微囊粘连。

【注意事项】 本品与强酸和还原物有配伍禁忌。使用过程中应注意粉尘，防止尘肺。应在干燥处密封贮存。安全性数据显示，大鼠（口服）$LD_{50} > 15g/kg$，世界卫生组织限定每日允许摄入最大量为 $0.5mg/kg$。

【案例解析】 炉甘石洗剂

1. 制法 取炉甘石、氧化锌、红氧化铁，加甘油和适量蒸馏水共研成糊状，另取羧甲纤维素钠加蒸馏水溶胀后，分次加入上述糊状液中，随加随搅拌，再加蒸馏水使成 1000ml，搅匀，即得。

2. 解析 本制剂中炉甘石、氧化锌为主药，甘油作润滑剂，羧甲纤维素钠助悬剂，红氧化铁作为着色剂，使液体颜色近肤色。

柠檬黄

【来源与标准】 柠檬黄由对氨基苯磺酸重氮化后与 1 - （4′ - 磺酸基苯基） - 3 - 羧基甲（乙）酯 - 5 - 吡唑啉酮偶合并水解或由对氨基苯磺酸重氮化后与 1 - （4′ - 磺酸基苯基） - 3 - 羧基 - 5 - 吡唑啉酮偶合而制得。本品收载于《食品安全国家标准 食品添加剂》（GB 22216 - 2020）。

【性质】 本品为橙黄色的粉末或颗粒，无臭。易溶于水，21℃时的溶解度为 11.8%，溶于甘油、丙二醇，微溶于乙醇，不溶于油脂。0.1% 水溶液呈金黄色，耐光性、耐热性、耐酸性、耐盐性均好。耐碱性、耐氧化性较差。对盐酸、枸橼酸、酒石酸稳定。不为 10% 氢氧化钠所影响，但对 30% 氢氧化钠液仅有中等抵抗力，色泽稍变红，硫酸亚铁溶液可使其色泽变暗。

【应用】

着色剂 本品单独用或与其他食用色素配合，用于糕点、农产畜产加工品、饮料等各种食品中。也用作医药和化妆品色素。一般用量为处方量的 0.005% ~0.01% 。

【注意事项】 本品遇明胶可加速褪色，与 10% 葡萄糖和碳酸氢钠饱和液以及乳酸、抗环血酸等有配伍禁忌。安全性研究表明：大鼠（口服）$LD_{50} > 2g/kg$。对柠檬黄敏感者常见不良反应有：哮喘或荨麻疹，呼吸困难，胸痛气促，心动过速，甚至是血管神经性水肿与过敏性休克，还可能引起非血小板减少性紫癜。对儿童可引起运动机能亢进。对肾功能受损者，可产生敏感性瘙痒、红斑性皮疹，嗜伊红细胞增多。

苋菜红

【来源与标准】 苋菜中含有苋菜红，市售商品系将 1 - 萘胺 - 4 - 磺酸重氮化后，在碱性条件下与 α - 萘酚 - 3,6 - 二磺酸钠偶合，再经食盐盐析精制而得。本品收载于《食品安全国家标准 食品添加剂》（GB 22216 - 2020）。

【性质】 本品为红棕色到暗褐色的颗粒或粉末，几乎无臭，带有盐味。微溶于水（1∶15），溶于甘油及丙二醇，稍溶于乙醇，不溶于油脂。水溶液呈品红至红色或微蓝至红色。1% 水溶液的 pH 约 10.8。色泽不受 pH 影响，耐光、耐热性好，在枸橼酸、酒石酸中稳定。但在碱性溶液中变成暗红色，对氧化还原作用亦敏感。硫酸亚铁盐使颜色变暗，与铝盐接触变黄色，与铜接触则成暗棕色和变得混浊，在酸性溶液中，其着色力显著损失。

【应用】

着色剂 本品用作药品和食品着色剂，含量在80%以上，干燥失重在10%以下。

【注意事项】本品遇铁、铜、还原剂及碱易发生褪色或变色，能被细菌分解。由于本品对氧化还原作用敏感，不适用于含还原性物质的药物制剂。安全性研究表明：小鼠（口服）$LD_{50} < 10g/kg$；大鼠（腹腔注射）$LD_{50} < 1g/kg$。有致畸致癌可疑，联合国粮农组织和世界卫生组织规定每日允许摄取量 < 1.5mg/kg。

【案例解析】对乙酰氨基酚口服溶液

1. 制法 取对乙酰氨基酚与1,2-丙二醇加热至65℃，溶解，其他辅料先加水溶解，再加入上述丙二醇溶液中，10μm微孔滤膜过滤除杂，加水稀释，冷却后定容，0.8μm微孔滤膜过滤，10ml灌封，灭菌即可。

2. 解析 本制剂为淡红色澄清溶液，具有草莓香味，味甜。对乙酰氨基酚为主药，1,2-丙二醇是助溶剂，甜菊糖苷为甜味剂。苋菜红为着色剂使制剂色泽悦目，与草莓香气相呼应，提高患者服药顺应性。

胭脂红

【来源与标准】胭脂红系将1-萘胺-4-磺酸重氮化后，在碱性条件下与α-萘酚-6,8-二磺酸钠偶合，再经食盐盐析精制而得。本品收载于《食品安全国家标准 食品添加剂》（GB 22216-2020）。

【性质】本品为鲜红色至深红色、无臭味的光泽粉末或颗粒。可溶于水、甘油，微溶于乙醇，不溶于植物油和动物油脂。耐光性、耐酸性较好，耐热性、耐还原性极弱。当溶液中有焦亚硫酸钠存在时会褪色，遇碱会变成褐色。易受细菌污染。

【应用】本品为食用色素，广泛用于食品、药品和化妆品的着色。

【注意事项】本品应贮存于密闭容器中，放置于阴凉、干燥处，避免受热受潮。临用前需进行巴氏杀菌或作其他处理，以消灭沙门菌。不得与有毒、有色、有味等物质共贮运。

【案例解析】布洛芬混悬液

1. 制法

①浓缩液的制备：取柴胡30g、黄连30g、蒲公英20g、两面针15g、半夏10g、白芷10g、人参5g、郁金5g、石榴皮3g、甘草3g，加水煎煮三次，每一次加5倍量水，浸泡，煎煮，滤过；废弃药渣，合并滤液，减压蒸发浓缩至相对密度为60~70℃时1.10~1.15的浓缩液。

②布洛芬浆的制备：取山梨醇液100g，甘油100g，羧甲纤维素钠1g，搅拌10分钟，加热至70℃，直到该胶质完全成为水合物。然后将该水合物冷至45℃，加入3g吐温80，冷却至30℃时，继续搅拌混合约15分钟，然后加入布洛芬7g，继续搅拌混合15分钟；

③制备悬液：取150ml水，慢慢加入阿拉伯胶1.5g，混合约25分钟使成为1%的阿拉伯胶水溶液，加入微晶纤维素7.5g制得悬液；

④制备成品：向悬液中慢慢加入蔗糖500g，并混合15分钟，再加入胭脂红0.005g，将浓缩液以及布洛芬浆慢慢加入，并混合15分钟。再依次加入苯甲酸钠2.5g、乙二胺四乙酸二钠0.5g、柠檬酸9.5g、柠檬香精1.6g，加蒸馏水至1000ml，即得成品。

2. 解析 本制剂中山梨醇、羧甲纤维素钠、阿拉伯胶和微晶纤维素为助悬剂，甘油和吐温80为润湿剂，蔗糖、柠檬酸和柠檬香精为矫味剂，苯甲酸钠为防腐剂，乙二胺四乙酸二钠为金属离子螯合剂，胭脂红为着色剂。

日落黄

【来源与标准】日落黄是用对氨基磺酸重氮化后，在碱性条件下，与α–苯酚–6–磺酸盐偶合，生成的色素经氯化钠盐析，再精制而得。本品收载于《食品安全国家标准 食品添加剂》（GB 22216 – 2020）。

【性质】本品为橙红色粉末或颗粒，无臭，易溶于水，其0.1%的水溶液呈橙黄色，溶于甘油及丙二醇，微溶于乙醇。耐光性、耐热性、耐酸性非常强。在柠檬酸、酒石酸等酸性溶液内稳定，遇碱呈红褐色，还原时褪色。

【应用】本品为药品和食品的着色剂，婴儿食品和药品不得使用，人体日允许摄入最大量暂定为2.5mg/kg。

【注意事项】本品遇碱变为红褐色，与枸橼酸、蔗糖及饱和碳酸氢钠溶液配伍不良，与维生素、明胶及葡萄糖有配伍禁忌。本品应贮存于密闭的容器中，放置于阴凉、干燥处，避免受热受潮，不得与有毒、有色、有味等物质共贮运。

【案例解析】盐酸帕罗西汀口服混悬液

1. 制法　取盐酸帕罗西汀（3%），二氧化硅（10%），过筛预混，分散于丙二醇（10%）中，再加入适量蒸馏水、甘油（8%），羟苯乙酯（0.9%），薄荷脑（10%），山梨糖醇（15%）、日落黄（0.1%）、枸橼酸（2%）和枸橼酸钠（2%），搅拌溶解，调节溶液pH为5，即得。

2. 解析　本制剂中盐酸帕罗西汀为主药，二氧化硅为助悬剂，丙二醇为溶剂，甘油为润湿剂，羟苯乙酯为防腐剂，薄荷脑、山梨糖醇为矫味剂，日落黄为着色剂，枸橼酸和枸橼酸钠为缓冲剂。

 目标检测

答案解析

一、填空题

1. 液体制剂的溶剂根据极性不同，主要分为_____、_____、_____三类。

2. 能增加药物溶解度的表面活性剂称为_____，主要原因是因为表面活性剂在溶剂中可形成_____。

3. 根据药物性质选择溶剂时，应根据_____原则，即根据溶质极性的强弱来选用相应极性的溶剂。

4. 在所有溶剂中，_____的极性最大，是最常用的溶剂。

5. 纯化水的贮存不宜超过_____小时。

6. 液体制剂的溶剂用酒一般选用_____和_____。

7. 阴离子型表面活性剂的毒性较阳离子表面活性剂_____。

二、单选题

1. 对助悬剂的错误表述是（　　）。

    A. 助悬剂能增加分散介质的黏度　　　　B. 高分子溶液常用作助悬剂

    C. 助悬剂可降低混悬微粒的亲水性　　　D. 表面活性剂不能用作助悬剂

2. 下列哪种物质不能作助悬剂（　　）。

  A. 西黄蓍胶　　　　　B. 海藻酸钠　　　　　C. 硬脂酸钠　　　　　D. 羧甲纤维素钠

3. 以下为 W/O 型的乳化剂是（　　　）。

  A. 阿拉伯胶　　　　B. 吐温 80　　　　　C. 司盘 80　　　　　D. 十二烷基硫酸钠

4. 下面为外用着色剂的是（　　　）。

  A. 焦糖　　　　　　B. 叶绿素　　　　　C. 靛蓝　　　　　　D. 亚甲蓝

5. 不能作抑菌剂的是（　　　）。

  A. 山梨酸　　　　　B. 新洁而灭　　　　C. 山梨醇　　　　　D. 薄荷油

6. 不能作矫味剂的是（　　　）。

  A. 甜菊苷　　　　　B. 薄荷油　　　　　C. 苋菜汁　　　　　D. 阿拉伯胶浆

7. 能用于液体制剂抑菌剂的是（　　　）。

  A. 阿拉伯胶　　　　B. 聚乙二醇　　　　C. 山梨酸　　　　　D. 甲基纤维素

8. 半极性溶剂是（　　　）。

  A. 水　　　　　　　B. 丙二醇　　　　　C. 甘油　　　　　　D. 液状石蜡

9. 可用于口服制剂的着色剂是（　　　）。

  A. 伊红　　　　　　B. 品红　　　　　　C. 亚甲蓝　　　　　D. 焦糖

10. 薄荷油可作为（　　　）。

  A. 甜味剂　　　　　B. 芳香剂　　　　　C. 胶浆剂　　　　　D. 泡腾剂

11. 对真菌的抑菌效能较强，但对细菌的抑制作用较弱的抑菌剂是（　　　）。

  A. 羟苯乙酯　　　　B. 苯甲酸钠　　　　C. 新洁尔灭　　　　D. 山梨酸

12. 甘油的应用不包括（　　　）。

  A. 溶剂　　　　　　B. 增塑剂　　　　　C. 矫味剂　　　　　D. 保湿剂

三、多选题

1. 吐温类表面活性剂具有（　　　）。

  A. 增溶作用　　　B. 助溶作用　　　C. 润湿作用　　　D. 乳化作用　　　E. 润滑作用

2. 常用的助溶剂有（　　　）。

  A. 尿素　　　B. 水杨酸钠　　　C. 苯甲酸　　　D. 枸橼酸钠　　　E. 烟酰胺

3. 可作为乳化剂的是（　　　）。

  A. 阿拉伯胶　　　B. 氢氧化镁　　　C. 脂肪酸钙　　　D. 三氯化铝　　　E. 硬脂酸钾

4. 下列为人工合成色素的是（　　　）。

  A. 柠檬黄　　　B. 叶绿素　　　C. 焦糖　　　D. 苋菜红　　　E. 姜黄

5. 下面可作为抑菌剂的是（　　　）。

  A. 山梨酸　　　B. 对羟基苯甲酸　　　C. 吐温　　　D. 苯甲酸　　　E. 轻质液状石蜡

6. 下列属于非极性溶剂的是（　　　）。

  A. 大豆油　　　B. 甘油　　　C. 乙醇　　　D. 二甲硅油　　　E. 乙酸乙酯

7. 我国准予使用的食用色素有（　　　）。

  A. 苋菜红　　　B. 胭脂红　　　C. 柠檬黄　　　D. 胭脂蓝　　　E. 琼脂

8. 下列可作矫味剂的有（　　　）。

  A. 甜菊素　　　B. 丁香酚　　　C. 红氧化铁　　　D. 阿拉伯胶浆　　　E. 胭脂红

四、处方分析题（请指出各成分在处方中的作用）

1. 复方硫洗剂

【处方】硫酸锌　　　30g（　　　）　　　降硫　　　　　30g（　　　）

樟脑醑　　　250ml（　　　）　　　甘油　　　　100ml（　　　）

羧甲纤维素钠　5g（　　　）　　　纯化水　加至　1000ml（　　　）

2. 维生素 E 口服乳剂

【处方】维生素 E　　20g（　　　）　　　阿拉伯胶　　　50.0ml（　　　）

糖精钠　　　0.01g（　　　）　　　挥发杏仁油　　1ml（　　　）

羟苯乙酯　　0.01g（　　　）　　　纯化水　加至　1000ml（　　　）

书网融合……

知识回顾　　　　　微课 1　　　　　微课 2　　　　　微课 3　　　　　习题

学习引导

无菌制剂如输液剂、注射剂、滴眼剂、植入型制剂、创面用制剂等，在生产制备过程中需要加入哪些辅料，可以满足药物制剂安全、稳定、有效甚至减轻疼痛的要求呢？他们的种类、性质、选用原则是什么呢？

本章主要介绍抗氧剂及抗氧增效剂、pH 调节剂、惰性气体、等渗与等张调节剂、抑菌剂、局部镇痛剂等无菌制剂辅料。

学习目标

1. **掌握**　无菌制剂常用辅料选用原则。
2. **熟悉**　无菌制剂常用辅料的种类、性质和特点。
3. **了解**　无菌制剂料的应用。

第一节　抗氧剂与抗氧增效剂 ⓔ 微课 1

PPT

一、概述

药物成分的氧化分解会导致其有效性降低甚至丧失、毒性增强。为防止或延缓药物制剂发生氧化，而在药物制备过程中加入的某些还原性物质，称为抗氧剂，加入的本身不易被氧化但可增强抗氧化效果的物质称为抗氧增效剂。

在选择药物制剂的抗氧剂与抗氧增效剂时，应确保其本身无毒、无害，同时高效；不与药物发生理化作用，不影响药物活性；易氧化的药物需加入抗氧剂，加入抗氧剂的还原电位应低于药物制剂中易氧化药物的还原电位，这样由于抗氧剂先被氧化从而避免药物的氧化；加入的抗氧剂和抗氧增效剂不得影响制剂的质量检查。

二、常用抗氧剂与抗氧增效剂的种类

（一）抗氧剂

抗氧剂根据其溶解性能可分为水溶性抗氧剂和脂溶性抗氧剂两大类。

1. 水溶性抗氧剂 按化学结构可分为亚硫酸盐类、维生素 C 类、氨基酸类、硫代化合物类、有机酸类、酚类、胺类及没食子酸。

（1）亚硫酸盐类 常用的有亚硫酸钠、亚硫酸氢钠、焦亚硫酸钠、硫代硫酸钠等，具体描述见表 4 - 1。

表 4 - 1 亚硫酸盐类抗氧剂性质及应用

抗氧剂名称	溶解性	酸碱性	常用浓度（%）	使用范围
亚硫酸钠	溶于水或甘油，极微溶于乙醇。	呈弱碱性	0.01 ~ 0.2	偏碱性药液
亚硫酸氢钠	易溶于水，溶于乙醇	呈弱酸性	0.05 ~ 1.0	酸性药液
焦亚硫酸钠	易溶于水，极微溶解于乙醇。	呈酸性	0.025 ~ 0.1	酸性药液
硫代硫酸钠	极易溶于水，不溶于乙醇。	呈弱碱性	0.1 ~ 0.5	偏碱性药液

（2）维生素 C 类 常用的有维生素 C（L - 维生素 C）、D - 异维生素 C。维生素 C 水溶液呈酸性，具强还原性，是常用的抗氧剂之一，适合酸性药液，常用浓度为 0.02% ~ 0.5%。D - 异维生素 C 是维生素 C 的异构体，可用作抗氧剂和抗光解剂，常用浓度为 0.1% ~ 1.0%。

（3）氨基酸类 常用的有 L - 蛋氨酸、L - 半胱氨酸盐酸盐。

（4）硫代化合物类 类常用的有硫代甘油、硫脲、二巯丙醇、2 - 二巯基乙醇等。

（5）有机酸类 常用的有顺丁烯二酸（马来酸）、L - 酒石酸、反丁烯二酸（富马酸）等。

（6）酚类 常用的对氨基苯酚、8 - 羟基喹啉、苯二酚。

（7）胺类 常用的盐酸吡哆胺。

2. 脂溶性抗氧剂 常用的有维生素 E、没食子酸丙酯、叔丁基对羟基茴香醚等。

（1）维生素 E（生育酚） 本品为淡色至黄绿色澄清的黏稠液体，遇光色渐变深，几乎无臭。易溶于乙醚、乙醇、丙酮及植物油，不溶于水。对热、可见光稳定，对紫外线不稳定。在制剂中因有还原性常作脂溶性药物的抗氧剂，对热稳定，使用于需加热处理的制剂，常用浓度 0.05% ~ 0.5%。

（2）没食子酸丙酯 本品为白色至淡褐色结晶性粉末或乳白色的针状结晶，无臭或微臭，味微苦、有吸潮性。易溶于乙醇、乙醚、丙酮，难溶于水、脂肪、三氯甲烷。遇光易分解。本品与碱和铁盐有配伍禁忌。常作为注射剂的抗氧剂，浓度一般为 0.05% ~ 0.1%。与磷酸、酒石酸、枸橼酸、卵磷脂等合并使用可增加抗氧化效果。

即学即练 4 - 1

脂溶性的抗氧剂有哪些？（　　）。

A. 维生素 C　　　　　　　　B. 维生素 E　　　　　　　C. 没食子酸丙酯

答案解析

D. 叔丁基对羟基茴香醚　　　E. 硫代硫酸钠

（二）抗氧增效剂

常用的有金属络合剂依地酸（乙二胺四乙酸，EDTA）及其钠盐或钙盐。在制剂中用作络合剂、抗氧增效剂和稳定剂。作为抗氧增效剂需与抗氧剂合用，常用浓度为 0.005% ~ 0.1%。依地酸二钠作为一种有效的金属离子络合剂，能与碱金属以外的绝大多数金属如重金属、碱土金属等离子生成稳固的络合物以防止药物的氧化，提高药物制剂的稳定性。本品易与钙络合，若长期大剂量使用也可引起低钙血症，不得用于静脉注射。制剂中常用浓度为 0.075% ~ 0.01%。

亚硫酸氢钠

【来源与标准】 本品以碳酸钠为原料，制成饱和溶液后通入二氧化硫，经结晶、脱水、干燥而得。本品收载于《中国药典》（2020 年版）四部。

【性质】 本品为白色颗粒或结晶性粉末，有二氧化硫的气味，易溶于水，难溶于乙醇。水溶液呈弱酸性，具有较强的还原性。应于密封、阴凉、干燥处保存。

【应用】 本品在制剂中主要用作抗氧剂，用于液体制剂，最常用于偏酸性药物的酸性注射制剂。使用浓度一般为 0.05% ~ 0.1% 左右。本品还可以增加醛、酮类药物的溶解度。

【注意事项】 本品水溶液呈酸性，具有还原性，与强氧化剂有配伍禁忌。不可与氧化剂、强酸类药物共储混运。远离火种、热源。

【案例解析】 维生素 C 注射液

1. 制法 加处方量 80% 的注射用水于配制容器中，通入二氧化碳至饱和，加入维生素 C 104g 溶解后，分次缓慢加入 49.0g 碳酸氢钠溶液，搅拌使之完全溶解，将预先配制好的亚硫酸氢钠 2.0g 和依地酸二钠 0.05g 溶液加入，搅拌均匀，调节药液 pH 为 6.0 ~ 6.2，添加饱和的二氧化碳注射用水至足量，将其过滤，溶液中通入二氧化碳，并在二氧化碳或氮气流下灌封，最后在 100℃ 流通蒸汽下灭菌 15 分钟。

2. 解析 维生素 C 为主药，依地酸二钠为金属离子螯合剂，碳酸氢钠为 pH 调节剂，亚硫酸氢钠为抗氧剂，注射用水为溶剂。

焦亚硫酸钠

【来源与标准】 在氢氧化钠溶液中通入二氧化硫气体结合至饱和析出结晶；或在碳酸钠溶液中通入二氧化硫气体至饱和，析出结晶；或将亚硫酸氢钠经加热脱水制得。本品收载于《中国药典》（2020 年版）四部。

【性质】 本品为无色、白色或类白色结晶或结晶性粉末，有二氧化硫臭，味酸而咸。易溶于水和甘油，极微溶于乙醇。水溶液呈酸性，pH 为 3.5 ~ 5.0 ［20℃，5%（W/V）水溶液］，在 150℃ 时熔化并分解，1.38%（W/V）水溶液与血清等渗。具有强还原性，在潮湿空气中可缓慢氧化成硫酸钠。原料应存放在密闭容器中，并于避光、阴凉、干燥处贮存。

【应用】

1. 抗氧剂 本品在口服、注射和局部用制剂中作抗氧剂。使用浓度为 0.01% ~ 1.0%（W/V）。焦亚硫酸钠主要用于酸性制剂中，但在碱性制剂中亚硫酸钠作用效果更好。

2. 防腐剂 焦亚硫酸钠也有一定的抗菌活性，在酸性条件下活性最强。在糖浆剂等口服制剂中也可用作防腐剂。在制酒和食品工业中，焦亚硫酸钠也作抗氧剂、防腐剂使用。

【注意事项】 焦亚硫酸钠与交感神经类药物和其他邻位或对位羟基苯甲醇衍生物发生反应，生成无药理活性或药理活性很弱的磺酸衍生物。其中最重要的药物是肾上腺素及其衍生物。此外，焦亚硫酸钠能与氯霉素发生更复杂的配伍反应，也使溶液中的顺铂失活。

本品用于滴眼剂在热压灭菌时，与醋酸苯汞产生配伍禁忌。

本品与多剂量西林瓶上的橡胶塞起反应，因此橡胶塞最好先用焦亚硫酸钠处理。

【案例解析】 复方安乃近注射液

1. 制法 将安乃近 500g、盐酸氯丙嗪 25g、焦亚硫酸钠 2g、依地酸二钠 0.3g，按常法溶于注射用水中，加注射用水至 1000ml 即得。

2. 解析　安乃近和氯丙嗪易氧化变色，需加入焦亚硫酸钠或维生素 C 作抗氧剂。依地酸二钠作抗氧增效剂，以避免药物被氧化。

硫代硫酸钠

【来源与标准】亚硫酸钠法是用水溶解纯碱，纯碱溶液与二氧化硫气体反应，加入氢氧化钠中和，加硫化钠除杂质，过滤，再将硫黄粉溶解在热亚硫酸钠溶液中进行反应。经过滤、除杂质、再过滤、加烧碱氢氧化钠进行处理，经浓缩、过滤、结晶、离心脱水、筛选，制得成品。本品收载于《中国药典》（2020 年版）二部。

【性质】本品也叫作五水硫代硫酸钠。无色透明结晶或结晶性细粒，无臭、味咸，比重 1.729，加热至 100℃，失去 5 个结晶水。本品易溶于水，不溶于醇，为水溶性抗氧剂，具有强烈的还原性。本品在 33℃ 以上的干燥空气中易风化，在潮湿空气中有潮解性。

【应用】

1. 抗氧剂　本品常用浓度为 0.1%。水溶液呈弱碱性（10% 水溶液，PH 6.5～8.0），在中性、碱性溶液中较稳定，在酸性溶液中易分解，用于注射液偏碱性药物的抗氧剂。

2. 其他应用　本品主要用于照相业做定影剂。其次作鞣革时重铬酸盐的还原剂、含氮尾气的中和剂、媒染剂、麦秆和毛的漂白剂以及纸浆漂白时的脱氯剂。另外还可做氰化物的解毒剂。

【注意事项】本品与强酸、重金属盐类有配伍禁忌。远离火种、热源。包装密封。

【案例解析 1】磺胺醋酰钠滴眼液

1. 制法　将磺胺醋酰钠 300g，硫代硫酸钠 1g，羟苯乙酯 0.25g，注射用水加至 1000ml。

2. 解析　磺胺醋酰钠易氧化变色，需加入硫代硫酸钠作为抗氧剂，以防止药物被氧化。

【案例解析 2】苄达赖氨酸滴眼液

1. 制法　将注射用水 800ml 加热，搅拌加入，再将苄达赖氨酸 5.0g、氯化钠 5.0g、羟苯乙酯 1.0g、依地酸二钠 0.1g、硫代硫酸钠 1.0g 加入到上述溶液中，搅拌溶解；冷却至室温，补注射用水至全量 1000ml。

2. 解析　苄达赖氨酸易氧化变色，需加入硫代硫酸钠作为抗氧剂，以防止药物被氧化。氯化钠是等渗剂，羟苯乙酯是防腐剂，依地酸二钠是稳定剂。

 知识链接

无水硫代硫酸钠和五水硫代硫酸钠

无水硫代硫酸钠为不透明的结晶性粉末。无臭、味咸，易溶于水，不溶于乙醇。在酸性溶液中分解，具有较强的还原性，极易吸潮。五水硫代硫酸钠为无臭、无色透明结晶或结晶性细粒。在干热空气中易风化，在湿热空气中轻度潮解。

维生素 C

【来源与标准】以葡萄糖为原料，在镍催化剂下加压氧化成山梨醇，再经醋酸杆菌发酵氧化成 L－山梨醇，在浓硫酸催化下与丙酮反应生成双丙酮－L－山梨醇，再于碱性条件下经高锰酸钾氧化成 L－抗坏血酸。本品收载于《中国药典》（2020 年版）二部。

【性质】本品为白色结晶或结晶性粉末，无臭，味酸，久置色渐变微黄，光照下颜色变暗。易溶于水，水溶液呈酸性，微溶于乙醇，不溶于三氯甲烷、苯、乙醚、石油醚等溶剂。本品在空气中相对稳定，无氧化物质存在时，对热也稳定，在碱性溶液中不稳定，在酸性溶液中较稳定。本品的抗氧化机制是和氧结合为去氢维生素 C 而显示抗氧作用，其氧化速度由 pH 和氧的浓度决定，并受金属离子影响，特别是铜离子的影响。

【应用】

1. 抗氧剂　本品在药剂中主要作抗氧剂。

2. 助溶剂　本品也可用作助溶剂，提高一些难溶性药物的溶解度。

【注意事项】维生素 C 易氧化，光、金属离子可加速其氧化。并与碱性物质、重金属离子（特别是二价铜离子，三价铁离子）、氧化剂、乌洛托品、盐酸去氧肾上腺素、马来酸吡拉明、水杨酰胺、亚硝酸钠、水杨酸钠等有配伍禁忌。

【案例解析】复方安乃近注射液

1. 制法　将安乃近 500g 加入适量的水中，再加入盐酸氯丙嗪 25g、维生素 C 2g，依地酸二钠 0.3g，再加注射用水至 1000ml。

2. 解析　安乃近和氯丙嗪易氧化变色，需要加入维生素 C 作抗氧剂。依地酸二钠作抗氧增效剂，以避免药物被氧化。

L – 半胱氨酸盐酸盐

【来源与标准】将头发用盐酸水解，减压蒸馏，馏出盐酸后经脱色、过滤，取滤液加氨中和得 L – 胱氨酸粗结晶，再用氨水溶解，中和，重结晶后，用盐酸再溶解并电解还原、浓缩、冷却、结晶、干燥制得。本品收载于《美国药典》USP39 – NF34。

【性质】本品为无色至白色结晶或结晶性粉末，有特殊气味和酸味，易溶于水、乙醇、丙酮，不溶于乙醚、苯，1% 水溶液显酸性。在中性、弱碱性或含微量金属离子的溶液中不稳定，易被空气氧化成胱氨酸。

【应用】

1. 抗氧剂　本品一般作酸性溶液的抗氧剂。

2. 其他应用　本品可用作面包发酵促进剂、保鲜剂。对丙烯腈及芳香族酸中毒有解毒作用。并广泛应用于食品添加剂（香精、香料）中。

【注意事项】本品不与含铁离子及重金属离子的化合物配伍。还应密封保存。

【案例解析】依达拉奉注射剂

1. 制法　将依达拉奉 1.5g、亚硫酸氢钠 1.0g、L – 半胱氨酸盐酸盐 0.5g 用注射用水 1000ml 溶解，即得。

2. 解析　其中依达拉奉是主药，亚硫酸氢钠和 L – 半胱氨酸盐酸盐是抗氧剂，防止依达拉奉被氧化。

🔖 知识链接

L–半胱氨酸盐酸盐作为食品添加剂应用的注意事项

L–半胱氨酸盐酸盐作为营养增补剂，其添加量不应超过总蛋白含量的 2.3%（包括 L–胱氨酸）。我国《食品添加剂使用卫生标准》（GB2760 –2011）中规定：用于发酵面制品最大使用量为 0.06g/kg，用于冷冻米面制品其最大使用量为 0.6g/kg（以 L–半胱氨酸盐酸盐计）。

没食子酸

【来源与标准】本品天然存在于鞣质中，通常以鞣酸为原料，经碱性水解或酸性水解而制得；本品收载于《中国药典》（2020 年版）四部。

【性质】本品为白色或淡黄色结晶或结晶性粉末，无臭。味微苦，水溶液无味，熔程 164 ~ 171℃。本品在热水、甲醇、乙醇和丙酮中易溶，在水、乙醚中微溶，在苯、三氯甲烷和石油醚中几乎不溶。

【应用】

1. 抗氧剂　本品在药物制剂中常用作油脂和含油脂制剂的抗氧剂。在食品工业和日化工业中也用作抗氧剂，用于食品和化妆品的制造；也是制造烷基没食子酸的原料。

2. 抗菌抗病毒　本品在体外对金黄色葡萄球菌、八叠球菌、奈瑟菌、铜绿假单胞菌、痢疾志贺菌、伤寒沙门菌、副伤寒沙门菌等有抑制作用，其抑菌浓度为 5mg/ml。体外，在 3% 的浓度下对 17 种真菌有抑菌作用，对流感病毒亦有一定抑制作用。可治疗菌痢。具有收敛、止血、止泻作用。

3. 抗肿瘤　本品对吗啉加亚硝钠所致的小鼠肺腺瘤有强抑制作用。

【注意事项】本品与氧化剂、碱、金属离子有配伍禁忌。

【案例解析】维生素 K_3 甲萘醌注射剂

1. 制法　取维生素 K_3 甲萘醌 10g 溶于适量的注射用棉籽油中，加入聚山梨酯 80（总量的 10%），加入 0.1% 的没食子酸，再加入适量注射用水，常法制成注射剂即得。

2. 解析　维生素 K_3 甲萘醌为主药，棉籽油作为油相，聚山梨酯 80 为乳化剂，没食子酸为抗氧剂，注射用水为溶剂。

第二节　pH 调节剂 微课 2

PPT

一、概述

控制药物溶液的酸碱性在药物制剂生产中非常重要，为了满足药物制剂对安全性、稳定性、有效性的要求，就需要调节药液 pH，使其处于最合适的 pH 状态，这种具有调节酸、碱性能力的成分就被称为 pH 调节剂。

对于固体制剂、液体制剂、无菌制剂（如注射剂、滴眼剂等），严格控制其酸碱性具有重要意义。如正常人体血液 pH 在 7.3 ~ 7.4，维持血液 pH 的恒定对于细胞正常生理活动非常重要，若血液的 pH 突然改变，就会对细胞的代谢产生不良影响，甚至危及生命；人体正常泪液的 pH 在 7.3 ~ 7.5，正常人眼可耐受的 pH 范围为 5.0 ~ 9.0，pH 在 6 ~ 8 之间时无不适感觉，小于 5.0 或大于 11.4 时眼睛会感到明显不适，甚至损伤角膜。另外，药液的 pH 对药物制剂的稳定性及药物的溶解度也有很大的影响，阿司匹林片剂的制备中加入 pH 调节剂可降低乙酰水杨酸的降解，保证药品质量。所以调节药液 pH 使其处于适宜的 pH 状态对药物制剂的安全、稳定、有效意义重大。

在选择 pH 调节剂时，应注意 pH 调节剂对制剂质量检查的影响；根据主药和其他辅料的理化性质选用适宜的 pH 调节剂，如维生素 C 注射液选用碳酸氢钠调节 pH 较选用氢氧化钠更适宜，原因是用碳酸氢钠调节可避免局部碱性过强而引起维生素 C 分解，同时酸碱中和产生的二氧化碳可置换空气并使注射用水被二氧化碳所饱和，减少溶解氧，有利于制剂的稳定；根据制剂的不同给药途径选用适宜的 pH 调节剂，如滴眼剂中使用的 pH 调节剂中以缓冲液为主，注射剂不能选用硼酸、硼砂作为 pH 调节剂；选用 pH 调节剂时须注意药液灭菌后 pH 的改变；加入 pH 调节剂时还应注意避免调整过度从而不得不反复调整，结果引入过量强电解质。

二、常用 pH 调节剂的种类

(一) 酸类

酸类 pH 调节剂常用的有盐酸、硫酸、醋酸等。此外，磷酸、枸橼酸、酒石酸、马来酸、酸性氨基酸类、苹果酸等也可选用。盐酸在药物制剂中用作 pH 调节剂，也可作酸化剂或辅助渗出剂；硫酸能与水、乙醇混溶。可用作酸化剂、pH 调节剂等；醋酸是具有刺激性臭味、辛辣酸味的无色透明液体，可溶于水、乙醇、甘油，可高压灭菌或过滤除菌，能与醇反应生成酯，与碱类、金属氧化物反应生成盐。

(二) 碱类

碱类常用的有氢氧化钠、碳酸氢钠、浓氨溶液等。氢氧化钠常用于注射剂、眼用液体制剂中作 pH 调节剂。如苯妥英钠注射液用氢氧化钠调 pH 至 9～9.5。碳酸氢钠在干燥空气中稳定，但在潮湿的空气中能慢慢降解，遇酸、酸性盐和一些生物碱盐易发生反应，在药物制剂中是常用的 pH 调节剂之一。浓氨溶液在药物制剂中可用作 pH 调节剂，如利血平注射液用磷酸及氨水调 pH 至 3.0。除上述之外，碱类 pH 调节剂还包括有机胺类（如乙二胺、乙醇胺等）、碱性氨基酸等。

(三) 缓冲溶液

缓冲溶液常用的有磷酸盐缓冲液、硼酸盐缓冲液、硼酸缓冲液等。

磷酸盐两种溶液等量混合而得的缓冲液 pH 为 6.8，最为常用。适用于抗生素、麻黄碱、阿托品、毛果芸香碱等药物，此缓冲液不能与锌盐配伍，以防生成磷酸锌沉淀。硼酸盐缓冲液的储备液为 1.91% 的硼砂溶液和 1.24% 的硼酸溶液，临用前按不同比例混合而得到 pH 为 6.7～9.1 的缓冲液，此缓冲液非常适用于磺胺类药物，因为其能使磺胺类药物的钠盐稳定而不析出结晶。硼酸缓冲液为 1.9% 的硼酸溶液，pH 为 5，适用于盐酸普鲁卡因、盐酸丁卡因、肾上腺素等药物。

苹果酸

【来源与标准】目前，L–苹果酸的生产方法已由早期的单一的提取法发展到以下几种方法：提取法、化学合成法、一步发酵法、二步发酵法、固定化酶或细胞转化法。现常用在合适条件下将马来酸和富马酸水解，然后在平衡产物中分离即得，本品收载于《中国药典》（2020 年版）四部。

【性质】本品为白色或近白色结晶性粉末或颗粒，微有异臭，并具强烈酸味，具吸湿性，苹果酸易溶解于水和乙醇，不溶于苯。在 25℃ 饱和水溶液可以溶解 56% 的苹果酸。在 150℃ 以下很稳定，在 150℃ 以上开始缓慢脱水成为富马酸；在 180℃ 完全生成富马酸和马来酐。研磨和高温对苹果酸的影响已有报道。散装的苹果酸应被存放在密闭、阴凉、干燥处，表 4–2 为苹果酸在不同溶剂中的溶解度。

表 4-2 苹果酸的溶解度

溶剂	20℃溶解度（除非另有说明）
丙酮	1：5.6
乙醚	1：119
乙醇（95%）	1：2.6
甲醇	1：1.2
丙二醇	1：1.9
水	1：（1.5~2.0）

【应用】

1. 酸化剂　苹果酸在制剂中可用作一般的酸化剂。它有轻微苹果味，可用于掩盖苦味并具酸味。苹果酸也是泡腾粉末、漱口药及洗牙片剂中枸橼酸的替代品。

2. 螯合剂和抗氧化剂　苹果酸具有螯合和抗氧化的作用。它可以与丁羟甲苯起协同作用以抑制植物油中的氧化。

3. 治疗剂　在治疗上，苹果酸可以与苯甲酸及水杨酸共同作用治疗烫伤、溃疡、创伤。也可以口服、静脉注射或肌内注射，例如，治疗肝功能紊乱，并可作为催涎药。

4. 其他应用　苹果酸用于各种片剂与糖浆剂的配制，可使其呈水果味，并有利于药物在体内的吸收扩散。

【注意事项】苹果酸与有氧化能力的物质产生反应，其水溶液可以逐渐腐蚀碳钢。苹果酸和浓苹果酸溶液对皮肤、眼睛和黏膜有刺激性。

【案例解析】氨基酸注射剂

1. 制法　葡萄糖 100g，氨基酸 52.8g，氢氧化钾 1.71g，醋酸镁 1.12g，氢氧化钠 1.55g，苹果酸 1.99g，缓激肽 75μg，注射用水加至 1000ml。

2. 解析　本品中葡萄糖、氨基酸为主药，氢氧化钾、氢氧化钠与苹果酸为 pH 调节剂，缓激肽具有舒血管和降血压等作用，注射用水为溶剂。

枸橼酸

【来源与标准】本品由柠檬汁中提取，或由凤梨渣中提取。无水枸橼酸还可以通过原糖溶液，例如糖蜜经过微生物发酵的方法进行工业化生产。枸橼酸可采用重结晶纯化；无水物可从热的浓水溶液中得到，一水合物可从冷却的浓水溶液中制得。本品收载于《中国药典》（2020 年版）四部。

【性质】本品为近无色或半透明晶体，或为白色结晶性、风化粉末。无臭但有强酸味，结晶为斜方晶体。本品在水中极易溶解，在乙醇中易溶，在乙醚中略溶。在 75℃变软。枸橼酸一水合物在干燥空气中或加热至约 40℃时失去结晶水，在湿空气中有轻微潮解。稀的枸橼酸水溶液可在静置时发酵。固体一水合物或无水物应贮藏于密闭容器内，置阴凉、干燥处保存。

 知识链接

枸橼酸的吸水性

在温度为 25℃，相对湿度低于 65% 时，枸橼酸一水合物会出现风化现象，在相对湿度小于 40% 时，其形成无水酸。相对湿度为 65%~75% 时，枸橼酸一水合物吸水性不显著，但在湿度更高的条件下，便会吸收大量水分。

【应用】

1. 酸化剂 枸橼酸（又泛指枸橼酸一水合物或无水枸橼酸）常用于药物制剂和食品生产中，主要用于调整溶液的 pH。枸橼酸一水合物用于制备泡腾颗粒，无水枸橼酸广泛用于制备泡腾片。

2. 其他应用 在食品的生产中，由于枸橼酸有酸味，因此被用于香料增强剂。枸橼酸一水合物被用作遮蔽剂和抗氧剂的增效剂。本品浓度为 0.1%～0.2% 时常用作缓冲液，0.3%～2.0% 时可作为遮蔽剂。

医疗上用含有枸橼酸的制剂溶解肾结石。

【注意事项】枸橼酸与酒石酸钾、碱金属、碱土金属碳酸盐、重碳酸盐、醋酸盐及硫化物有配伍禁忌，且与氧化剂、碱、还原剂、硝酸盐也有配伍禁忌。遇硝酸金属盐可能发生爆炸。在贮藏过程中，蔗糖能从含枸橼酸的糖浆中析晶。

操作时建议使用护目镜和手套。与眼部直接接触会导致严重伤害。应于通风良好的环境处理枸橼酸或戴防尘面罩。

【案例解析】多巴胺注射液

1. 制法 取盐酸多巴胺 2.0g 和枸橼酸 0.2g 溶解于 100ml 注射用水中即得。

2. 解析 盐酸多巴胺为主药，枸橼酸为 pH 调节剂，注射用水为溶剂。

第三节 惰性（保护）气体 🖳 微课3

PPT

一、概述

惰性气体在药物制剂生产中对于维持药物的稳定性，防止药物被氧化，具有重要意义。在无菌制剂的灌封环节，通惰性气体时为不使药液溅至瓶颈，并使安瓿空间空气除尽，一般采用空安瓿先充一次惰性气体，药液灌封后再充一次。

二、常用的惰性（保护）气体种类

常用的惰性气体有氮气、二氧化碳、氩气。氮气常作为空气取代剂，也可以用于气雾剂的抛射剂，在药品注射剂生产过程中防氧化及成品的充氮保护。二氧化碳可用作抛射剂、空气置换剂、pH 调节剂，它与碱性药物起配伍变化，与多种金属离子产生沉淀。液氩利用其低沸点，可以用于超低温冷却。此外，还有正丁烷用作溶剂、制冷剂和有机合成原料，高浓度时有窒息和麻醉作用。四氟乙烷与七氟丙烷作为制冷剂，或用于各种气雾剂中，包括定量吸入气雾剂。四氟乙烷在火焰或高温下分解，产生有毒和刺激性化合物，因此应避免高温下使用。

氮气

【来源与标准】氮气主要是由液化空气分馏而得或含氮化合物的分解制得。本品收载于《美国药典》USP39 – NF34。

【性质】氮气在自然条件下不发生化学反应、不燃、无色、无味且无臭，通常压缩后贮藏在金属瓶中。氮气几乎不溶于水和大多数溶剂；在压力下溶于水，稳定，且无化学反应；应置于密封金属瓶中，贮藏在阴凉、干燥处。

【应用】

1. 抛射剂 氮气及其他压缩气体，如二氧化碳，可用作局部用药气雾剂的抛射剂。

2. 空气替代物 通过通气的方法，氮气可用以置换易氧化溶液中的空气；还可用于置换终包装内产品上方的空气，例如盛装于玻璃安瓿中的注射剂产品。在许多食品中，氮气也用于同样的目的。

【注意事项】 本品的存放要按照处理装有液化气或压缩气体钢瓶的操作法进行操作。最好使用护目镜、手套和防护服装。氮气为窒息剂，应在通风良好的环境中操作。工作时应该检测工作环境中的空气含氧量，在正常气压下，不要使氧气体积含量低于19%（V/V）。

【案例解析】 细胞色素 C 注射液

1. 制法 按处方配制成每毫升含细胞色素 C 15.3mg、双甘氨肽 15.3mg、亚硫酸氢钠 0.002g，用2% 氢氧化钠液调 pH 为 6.4～6.6，经含量测定合格后在充氮气气流下 70℃ 加热搅拌 30 分钟，除菌过滤，经热原试验合格后再进行无菌灌装，安瓿中充入氮气，熔封即得。

2. 解析 细胞色素 C 为主药，双甘氨肽用作稳定剂，亚硫酸氢钠作为抗氧剂，氢氧化钠作为 pH 调节剂，氮气作为空气替代物。

二氧化碳

【来源与标准】 二氧化碳（CO_2）一般可由高温煅烧石灰石或由石灰石和稀盐酸反应制得。本品收载于《中国药典》（2020 年版）四部。

【性质】 CO_2 在大气中约占 0.03%（V/V），是无色、无臭、不易燃的气体。固态 CO_2，即干冰，常见为白色小球或块状。CO_2 常温常压下以 1∶1（V/V）溶于水，性质极其稳定，化学惰性。贮存在密封钢瓶中，避免暴露于过热环境中。

【应用】

1. 空气置换剂 向液体药物制剂中通入 CO_2，从中置换出空气，从而抑制氧化。作为食品添加剂，常用于碳酸盐饮料和保存面包等食物，例如将气体注入产品和包装之间的空间，以防长霉导致面包腐败。

2. 其他应用 固体 CO_2 广泛用于暂时冷藏的产品。在高压，温度达到 31℃ 条件下，液态 CO_2 主要用于香水和在食品生产工业中作为调味品及香料的溶剂。

【注意事项】 CO_2 可以与多种金属氧化物或还原性金属，如铝、镁、钛和锆发生剧烈的反应，但可以与大多数物质配伍。与钠和钾的混合物受震时爆炸。CO_2 是一种窒息剂，大量吸入有危险。因此，应当在装备有监测气体浓度的适宜安全装置的通风良好的环境中操作。目前，作为气雾剂和其他用途使用时无限制。

应当注意，CO_2 被归类为产生全球变暖作用的温室气体。

【案例解析】 维生素 C 注射液

1. 制法 在配制容器中加入维生素 C 104g，按常法加入 80% 的注射用水，通入 CO_2，排出空气，加入预先制好的依地酸钙钠 0.05g 溶液，最后加入亚硫酸氢钠 2g 溶解，添加以二氧化碳饱和注射用水至全量，测定 pH 为 5.8～6.2，过滤，滤液中通入 CO_2，并在 CO_2 气流下灌封，最后用 100℃ 流通蒸汽灭菌 15 分钟。

2. 解析 维生素 C 为主药，碳酸氢钠为 pH 调节剂，亚硫酸氢钠为抗氧剂，依地酸钙钠为抗氧增效剂，CO_2 为保护气体，注射用水为溶剂。

第四节　等渗与等张调节剂

一、概述

等渗溶液是指与人体血浆渗透压相等的溶液，如0.9%的氯化钠溶液。维持血浆渗透压关系到红细胞的正常功能与维持体内电解质平衡。作为注射剂，注入人体的液体一般要求等渗，否则容易产生刺激性。等张溶液是指渗透压与红细胞张力相等的溶液。对于有些药物虽是等渗溶液，但注入人体后会产生溶血作用，如盐酸普鲁卡因、丙二醇、甘油及尿素配成的等渗溶液，因此提出了等张溶液。等渗溶液不一定等张，等张溶液一定等渗。

在药物制剂生产中，选用的等渗调节剂应无毒、无害，不影响制剂的质量检查，不与主药发生配伍禁忌，不影响制剂的稳定性。

二、常用等渗与等张调节剂的种类

无机等渗调节剂有氯化钠、硼砂、硝酸钠等。氯化钠与铅、银、汞盐及酸性溶液有配伍禁忌。硼砂与生物碱盐、矿物酸、硫酸锌、树脂胶有配伍禁忌。

有机等渗调节剂常用的有葡萄糖、果糖、甘油等，葡萄糖作为最常用的等渗调节剂之一，维生素B_{12}、硫酸卡那霉素、华法林和新生霉素钠不能与其配伍。

第五节　局部镇痛剂

一、概述

注射剂注入机体后可在局部产生刺激而引起疼痛，如果通过调节适宜的pH与渗透压、提高注射剂的质量仍未改观，这时需加某些辅料以减轻疼痛，把这类辅料称为局部镇痛剂。

由于局部镇痛剂只能解决局部疼痛的问题，不能解决引起刺激反应的本质问题，因此针对具体原因，采取相应措施后仍产生疼痛的，再考虑加入局部镇痛剂。局部镇痛剂在选用时应注意首先是安全、无毒、无害，局部镇痛效果好；不应与主药发生配伍禁忌；不影响注射剂的质量检查；浓度的选择既要有较强的镇痛效果，又要避免出现溶血、局部硬结等不良反应的发生。注意注射剂pH对其稳定性的影响。

二、常用局部镇痛剂的种类

常用的局部镇痛剂按其性质与结构主要有醇类（如苯甲醇、三氯叔丁醇）、氨基苯甲酸类、酰胺类（如盐酸普鲁卡因、盐酸利多卡因及氨基酸乙酯）、酚类（如丁香酚、异丁香酚）。

苯甲醇作为镇痛剂的用量为处方量的0.5%~2.0%，连续注射局部产生硬结，并对药物的吸收有影响。对于三氯叔丁醇只适用于弱酸性溶液且不用热压灭菌的品种，用作局部镇痛剂的常用量为0.3%~0.5%。盐酸普鲁卡因为局部麻醉药，作为某些注射剂的局部镇痛药，常用量为处方量的0.5%~2.0%。

遇碱、氧化剂及碱性较强的药物均可发生分解而失效。盐酸利多卡因为常用的局部麻醉药和抗心律失常药，与重金属盐可发生沉淀反应，在碱性水溶液中容易水解。氨基甲酸乙酯具有局部镇痛兼助溶作用，易与安替比林、水合氯醛、樟脑、间苯二酚、麝香草酚、薄荷脑、酚等形成共熔物，酸与碱均能使其分解。

目标检测

答案解析

一、填空题

1. 抗氧剂根据其溶解性能可分为_____、_____两大类。

2. 亚硫酸氢钠常用于_____注射制剂。

3. 氮气常作为_____，也可以用于_____。

4. 等渗溶液_____，等张溶液_____。

5. 盐酸普鲁卡因为局部麻醉药，作为某些注射剂的局部镇痛药，常用量为_____。

6. 常用的局部镇痛剂按其性质与结构主要有_____、_____、_____。

二、单选题

1. 某注射剂中加入焦亚硫酸钠，其作用为（　　　）。

    A. 局部止痛剂   B. 抗氧剂   C. 金属螯合剂   D. 抑菌剂

2. 适用于碱性药液的抗氧剂为（　　　）。

    A. 亚硫酸钠   B. 亚硫酸氢钠   C. 焦亚硫酸钠   D. 葡萄糖

3. 1% 氯化钠水溶液的冰点下降值为（　　　）。

    A. 0.53℃   B. 0.62℃   C. 0.52℃   D. 0.58℃

4. 盐酸普鲁卡因的氯化钠等渗当量为 0.18，若配制 100ml 0.5% 盐酸普鲁卡因等渗溶液，需加入多少克氯化钠（　　　）。

    A. 0.68g   B. 0.81g   C. 1.62g   D. 1.86g

5. 调节眼用溶液常用的缓冲液有（　　　）。

    A. 磷酸盐缓冲液   B. 醋酸盐缓冲液   C. 人工房水缓冲液

    D. 硼酸盐缓冲液   E. 碳酸盐缓冲液

6. 氯化钠的等渗当量是指（　　　）。

    A. 与 1g 药物呈等渗效应的氯化钠量   B. 与 1g 氯化钠呈等渗效应的药物量

    C. 与 1g 药物呈等渗效应的氯化钠摩尔质量   D. 与 1g 氯化钠呈等渗效应的药物摩尔质量

    E. 与 1mg 氯化钠呈等渗效应的药物摩尔质量

7. 维生素 C 注射液中依地酸二钠的作用为（　　　）。

    A. pH 调节剂   B. 抗氧剂   C. 防腐剂

    D. 金属螯合剂   E. 渗透压调节剂

三、多选题

1. 常用的渗透压调节剂有（　　　）。

    A. 氯化钠   B. 甘油   C. 苯甲醇   D. 葡萄糖

2. 适用于酸性药液的抗氧剂是（　　　　）。

   A. 维生素 C   B. 亚硫酸氢钠   C. 焦亚硫酸钠   D. 硫代硫酸钠

3. 亚硫酸盐类的抗氧剂有（　　　　）。

   A. 亚硫酸钠   B. 亚硫酸氢钠   C. 焦亚硫酸钠   D. 硫代硫酸钠   E. 半胱氨酸盐酸盐

4. 常用的镇痛剂有（　　　　）。

   A. 亚硫酸钠   B. 苯甲醇   C. 三氯叔丁醇   D. 盐酸普鲁卡因   E. 丁香酚

5. 没食子酸有（　　　　）作用。

   A. 抗氧剂   B. 抗菌   C. 抗病毒   D. 抗肿瘤   E. 解毒剂

6. 三氯叔丁醇有（　　　　）作用。

   A. 局部镇痛剂   B. 抗菌防腐剂   C. 增塑剂   D. 抗肿瘤

7. 常用的有机等渗调节剂有（　　　　）。

   A. 葡萄糖   B. 果糖   C. 甘油   D. 氯化钠

8. 常用的无机等渗调节剂有（　　　　）。

   A. 硝酸钠   B. 硼砂   C. 甘油   D. 氯化钠

四、处方分析题（请指出各成分在处方中的作用）

1. 盐酸普鲁卡因注射剂

   【处方】盐酸普鲁卡因   20.0g（　　　　）   氯化钠   4.0g（　　　　）

           盐酸（0.1mol/L）   适量（　　　　）   注射用水   加至1000ml

2. 苄达赖氨酸滴眼液

   【处方】苄达赖氨酸   5.0g（　　　　）   氯化钠   5.0g（　　　　）

           羟苯乙酯   1.0g（　　　　）   依地酸二钠   0.1g（　　　　）

           硫代硫酸钠   1.0g（　　　　）   注射用水至全量   1000ml

书网融合……

| 知识回顾 | 微课1 | 微课2 | 微课3 | 习题 |

第五章　固体制剂辅料

学习引导

目前我国市场规模前十大药用辅料分别为：药用明胶胶囊、蔗糖、淀粉、薄膜包衣粉、1,2 - 丙二醇、PVP、羟丙甲纤维素（HPMC）、微晶纤维素、HPC、乳糖。另根据全国药用辅料专业委员会统计，以微晶纤维素、羟丙纤维素、羧甲淀粉钠、羟丙甲纤维素和交联聚维酮等为代表的新型常用药用辅料的年销售增幅都在 20% ~30% 以上。市场规模前十大药用辅料在固体制剂辅料中分别属于哪一类？新型常用药用辅料主要应用于哪些方面？它们的发展趋势如何？

本章主要介绍固体制剂的辅料。

学习目标

1. **掌握**　固体制剂常用辅料的概念、选用原则和分类。
2. **熟悉**　各种固体制剂常用辅料的种类、性质和特点。
3. **了解**　固体制剂新辅料的应用。

第一节　稀释剂 ⓔ 微课1

一、概述

稀释剂也称填充剂，指制剂中用来增加体积或重量的成分。稀释剂广泛用于散剂、颗粒剂、片剂、胶囊剂、丸剂等固体制剂。在药物剂型中稀释剂通常占有较大比例，其作用不仅保证制剂具有一定的体积，还可以减少主药成分的剂量偏差，并改善药物粉体的压缩成型性。一些稀释剂（如微晶纤维素）常被用作干黏合剂，因为它们在最终压片的时候能赋予片剂很高的强度。优良的稀释剂应为"惰性物"，无生理活性；物理化学性质稳定，不与主药发生反应，不影响主药含量测定；有较大的"容纳量"，即以较少的用量与药物或药材提取物混合时，仍具良好的成型性和流动性，不易吸湿；对药物溶出和吸收无不良影响；来源广，成本低等。

稀释剂可以影响制剂的成型性和制剂性能，如粉末流动性、湿法颗粒或干法颗粒成型性、含量均一性、崩解性、溶出度、片剂外观、片剂硬度和脆碎度、物理和化学稳定性等。因此选择合适的稀释剂，首先需要考虑吸湿性对制剂的影响。若稀释剂的用量较大且易于吸湿，则影响剂型的成型和分剂量，贮存期质量也难得到保证。一般而言，选用水溶性稀释剂时，对易吸湿的水溶性药物，应在查询或测定其临界相对湿度（CRH）后，选用 CRH 值尽可能大的稀释剂；选用水不溶性稀释剂，则应是吸湿量愈低愈好，以保证在通常湿度条件下不易吸湿。其次，应根据不同剂型特点分别对待。如干浸膏剂一般易于吸湿，应选用不吸湿或吸湿性小的稀释剂，并经干燥除去所含水分，否则会造成回潮、结块，使浸膏不易粉碎或混合；片剂宜选用塑性变形体的稀释剂，而不是完全弹性体的稀释剂；倍散选用的稀释剂除应注意其吸湿性外，还应特别注意其相对密度是否与被稀释的主药相近，否则会因密度差异大而致分层，影响倍散的用药安全。

 知识链接

稀释剂的效果判断

用片剂四用测定仪测定片剂的径向破坏力，按公式：$T = 2F/\pi DL$ 换算抗张强度。其中 T 代表抗张强度（MPa），F 为径向破坏力（kgf），D 为压得片剂的直径（cm），L 为片剂的厚度（cm）。根据抗张强度的大小评价不同稀释剂的压缩成形性，并考察其不同比例的影响。片剂的抗张强度在 1.5MPa ~ 3.0MPa 为宜。

二、常用稀释剂种类

1. 水溶性稀释剂 如蔗糖、乳糖、甘露醇、葡萄糖、山梨醇等。

2. 水不溶性稀释剂 如淀粉、羧甲淀粉钠、预胶化淀粉、微晶纤维素、粉状纤维素等

3. 吸收剂 不少稀释剂也可作吸收剂用，但作为油类药物吸收剂，常用的是无机盐类，如氧化镁、硫酸钙、磷酸氢钙、甘油磷酸钙、氢氧化铝等。

蔗糖

【来源与标准】 本品为 β－D－呋喃果糖基－α－D－吡喃葡萄糖苷，由甘蔗（含蔗糖 15% ~20%）、甜菜（含蔗糖 10% ~17%）制得。将这些原料的汁液加热使水溶性蛋白凝结，撇除浮沫。溶液通过离子交换树脂或木炭脱色、浓缩，放冷蔗糖析出的结晶。本品收载于《中国药典》（2020 年版）四部。

【性质】 本品为无色结晶或结晶性块状物，或为白色结晶性粉末，无臭、有甜味，结晶性蔗糖松密度为 0.93g/cm^3，粉状蔗糖松密度为 0.60g/cm^3，真密度为 1.6g/cm^3，熔程 160 ~186℃（伴随分解），9.25% 水溶液与血清等渗。本品在水中极易溶解，在乙醇中微溶，在三氯甲烷或乙醚中不溶。本品在不加热情况下遇硫酸可变黑和炭化，可被发酵，稀溶液经发酵后生成乙醇，最终产物为乙酸，能被稀矿酸或转化酶水解成葡萄糖和果糖，稀溶液易受微生物污染。

【应用】

1. 稀释剂 本品粉末是咀嚼片、含片和锭剂的稀释剂和甜味剂。用作片剂稀释剂，当颗粒干燥时，遇高温可引起熔化使颗粒变得坚硬。遇酸，尤其是与枸橼酸共存时，遇稍高温度即结块。用本品作稀释剂制成的片剂溶出性能不及用乳糖好，且用量愈大，溶出愈慢。原因是本品的结合力强，片剂崩解慢，而且溶解后，水溶液黏度增大。本品的干燥粉末是颗粒剂的主要赋形剂。用量根据药物性质及浸膏含水量而定。一般稠膏与糖粉比例为 1：2.5 ~4，甚至比例可高达 6 ~7 倍。有时为改善颗粒硬度，在糖粉中，掺入适量的可溶性糊精，比例通常为膏（相对密度 1.3 ~1.35，热测）：糖粉：糊精 ＝1：3：1。

📄 知识链接

可压性蔗糖

可压性蔗糖是利用蔗糖和其他辅料如麦芽糊精共结晶制得的新产品，是《中国药典》（2015 版）新增品种。通过对蔗糖进行物理化学改性，不再具有晶形，而成为无定型的粉末。能克服蔗糖在作为稀释剂时流动性差和硬度大，易造成片剂裂片、片重不匀等缺点，同时又完全保留蔗糖固有的甜度与色香味。可压性蔗糖可作常规片剂和咀嚼片的稀释剂，浓度 20%~60%；作干黏合剂，浓度 5%~20%；也可作咀嚼片中的甜味剂，浓度 10%~50%。

可压性蔗糖应用更方便，可以不经过制软材、造粒等过程而直接用于压片，减少片剂生产的中间环节，是生产片剂的优良辅料。

2. 矫味剂　在内服液体制剂中，本品常制成 85%（W/V）或 64.7%（W/W）单糖浆或芳香性糖浆用作矫味剂，掩盖某些药物的苦、咸等不适气味。在一般液体制剂中用量为 20%，小儿用药中为 20%~40%，或者视矫味情况而定。将本品加热到 180~220℃，并保持 1~1.5 小时可制成焦糖，可作天然着色剂，并能与水任意混合，可溶于乙醇。

3. 黏合剂　本品可用作片剂黏合剂，适用于可压性不良的纤维性药粉或其他质地疏松的不易制粒的原料，既可用于湿法制粒也可用于干法制粒。在湿法制粒中，常配成 50%~67% 的浓蔗糖水溶液，加入药粉中制粒，或者用其干燥粉末与原料药混合后用水或乙醇润湿制粒，用量为 2%~20%。有时对于轻质粉末或易失去结晶水而需要较强黏合剂的药物，本品可与淀粉浆混合制成混合浆，以增强黏结力。一般含蔗糖和淀粉各 10%~15%。由于酸性和碱性较强的药物能导致蔗糖转化而增加其引湿性，故本品不宜做此类药物的黏合剂。

4. 包衣材料　本品作包衣糖浆常用浓度为 70%（W/W）。久贮或长时间加热会使蔗糖发生部分转化，转化糖浓度大于 5% 时会引起包衣困难，如片面不易干燥、粗糙、产生花斑、不易打光等。有时需在糖浆中添加助黏剂以增加糖衣层的结合力，提高糖衣层的机械强度，并促进蔗糖在片芯边缘和棱角处的黏着作用。常用明胶、桃胶或阿拉伯胶等。此外，一些亲水性高分子材料亦可应用。

【注意事项】　本品有引湿性，酸性或碱性较强的药物能导致蔗糖转化而增加其引湿性，不宜配伍使用。本品受潮会引起某些药物变质，如维生素 C 片变黄变软，与碱金属的氢氧化物反应会形成蔗糖金属衍生物。本品结晶和粉末中混杂的微量重金属会导致易氧化药物，如维生素 C 的氧化变质。混杂的亚硫酸盐含量高时会使糖衣变色，对某些颜色的糖衣片规定了亚硫酸盐极限含量。蔗糖对铝有腐蚀作用。

【案例解析】氢溴酸右美沙芬糖浆剂

1. 制法　取 30g 氢溴酸右美沙芬，0.2g 愈创甘油醚，0.25g 苯甲酸钠溶解，为药物溶液；取 6.5g 蔗糖溶解，待蔗糖溶解为单糖浆，然后将单糖浆与药物溶液混合，滤过，分装，灭菌。

2. 解析　本制剂中蔗糖作矫味剂；愈创甘油醚作增溶剂；苯甲酸钠作防腐剂。

【案例解析】小儿氨酚黄那敏颗粒

1. 制法　取对乙酰氨基酚 150g，蔗糖 6100g 粉碎过 100 筛，然后加入人工牛黄 6g 混合均匀。加入 10% PVP 500g 左右（先将马来酸氯苯那敏 0.6g 溶于热水，加入其中搅匀）制软材，22 目尼龙筛制粒，干燥，43℃ 出料，18 目筛整粒。

2. 解析　本制剂中蔗糖作稀释剂、矫味剂，PVP 做黏合剂。颗粒颜色由人工牛黄引起，为防止色差，可将人工牛黄用等量热水溶化过滤后加入 10% PVP 中。蔗糖粉在空气中易受潮，特别在湿度较高的地区和季节，使用时尤应注意。

乳糖

【来源与标准】本品天然存在于动物乳液中的天然二糖，由半乳糖和蔗糖组成。人乳中含5%~8%，牛乳中含4%，分为α和β两型。市售商品是从牛乳乳清中提取而制得。使用的干燥方法不同，其产品有结晶型和非结晶型；有含水和不含水等商品。药剂中使用的常为α-乳糖。按无水物计算，含$C_{12}H_{22}O_{11}$应为98.0%~102.0%。本品收载于《中国药典》（2020年版）四部。

【性质】本品为白色或类白色结晶性颗粒或粉末，无臭，微甜，α-乳糖甜度是蔗糖的15%，而β-乳糖比α-乳糖甜度大；本品在水中易溶，在乙醇、三氯甲烷或乙醚中不溶；旋光度$[\alpha]_D^{20}$ +52.0°至 +52.6°。松密度：0.62g/cm³（结晶性蔗糖）；0.60g/cm³（粉状蔗糖）。真密度：1.552g/cm³（α-乳糖一水合物），1.552g/cm³（无水β-乳糖）。α-乳糖一水合物的熔点为201~202℃；无水α-乳糖的熔点为223℃；无水β-乳糖的熔点为252.2℃。9.75%（W/V）水溶液与血清等渗。

知识链接

α-乳糖的吸水性和含水量

α-乳糖一水合物在空气中稳定，在室温下不受湿气的影响。但无定型形式的乳糖则视其干燥的程度而定，可能会受到湿气影响而转变为一水合物。无水乳糖含水一般可达1%（W/W）。乳糖一水合物约含结晶水5%（W/W），一般是在4.5%~5.5%。

【应用】

1. 稀释剂　乳糖广泛用做片剂和胶囊剂的填充剂或稀释剂。市场有各种级别的乳糖供应，如有粒度和流动性不同的物理性质的产品。例如，装胶囊时选择乳糖粒度范围，取决于胶囊填充机器的型号。用乳糖作稀释剂在片剂生产过程中易于掌握，制成的片剂光洁美观，对含量测定结果的准确性影响较小，在储存期间多不延长成品的崩解时间。通常情况下，选择何种级别的乳糖要根据开发的药物剂型来定。在片剂湿法制粒以及伴有研磨混合的过程时，宜选择细小粒度级别的乳糖，这样更易于与其他成分混合，也可更有效发挥黏合剂的作用。直接压片用乳糖常常用于含药量较小的片剂，这样可以省去制粒的过程。比起结晶型乳糖和粉末型乳糖，直接压片用乳糖的流动性和可压性更好，它含有经过特殊处理的、纯的α-乳糖一水合物和少量无定型乳糖。无定型乳糖的作用是改善乳糖的压力/硬度比。另外一些特别生产的直接压片用乳糖不含无定型原料，但可能含玻璃态组成，故对改善可压性造成不良影响。直接压片用乳糖也可与微晶纤维素和淀粉混合使用，通常需要片剂润滑剂如0.5%（W/W）硬脂酸镁。在这些制剂中，乳糖的浓度占到65%~85%。如果替换其他直接压片用辅料，如预胶化淀粉，喷雾干燥乳糖的用量可更少些。

2. 其他应用　乳糖可作为载体或稀释剂应用于吸入剂和冻干制剂。乳糖加至冻干溶液中可增加体积并有助于冻干块状物形成。乳糖也和蔗糖以近1:3的比例混合，用作包糖衣溶液。

【注意事项】乳糖与伯胺化合物可发生Maillard缩合反应，生成棕色产物。无定型乳糖比晶体乳糖更易发生这种反应。喷雾干燥乳糖含10%无定型物，也有变色倾向。这种棕色反应受碱催化，因此处方中的碱性润滑剂可使这种反应加速。没有胺类存在的情况下，乳糖也可能变为黄棕色，而喷雾干燥乳糖又是最不稳定的，可能由于5-羟甲基-2-糠醛生成。乳糖与氨基酸、氨茶碱、苯丙胺和赖诺普利有配伍禁忌。

【案例解析】 共处理辅料，见表 5 - 1。

表 5 - 1　几种常用的塑性辅料与脆性辅料搭配制备的共处理辅料

商品名	组成	生产厂家	改善的性质
ludipress	93% 单水乳糖，3.5% 聚维酮，3.5% 交联聚维酮	德国巴斯夫	吸湿性低，流动性好，片剂硬度高
cellactose 80	75% 单水乳糖，25% 粉末纤维素	德国美剂乐	可压性好，口感好便于服用
microlac 100	75% 单水乳糖，25% 微晶纤维素	德国美剂乐	流动性好，用于大剂量流动性差的活性成分
starlac	85% 单水乳糖，15% 玉米淀粉	法国罗盖特	流动性好，崩解迅速，片剂硬度高

解析　直接压片法用于制片时，受粉体流动性、可压性、稀释潜力等性质的影响较大。应用粉体工程学，通过共处理法将单一辅料在颗粒水平上相结合制备的共处理辅料更能满足直接压片片剂生产过程对辅料的要求。共处理过程中辅料只发生物理变化，不会发生化学变化。共处理的新颖性在于共处理辅料的物理存在形式和增强的粉体性质，但辅料的结合方式、生产方法等十分常见，故只要选择的辅料对象安全，共处理辅料就是安全的，可以不进行毒性评估。

 知识链接

《预混与共处理药用辅料质量控制指导原则》的意义

伴随着近几年国内外药物制剂水平的提高，越来越多的新型药用辅料分支在国内得到了广泛应用。预混与共处理药用辅料系将两种或两种以上药用辅料按特定的配比和工艺制成具有一定功能的混合物，作为一个辅料整体在制剂中使用，既保持每种单一辅料的化学性质，又不改变其安全性。国际上预混与共处理药用辅料的开发及应用已成为药用辅料发展的一个趋势，但在我国国内还处在一个新兴的发展阶段。

《中国药典》（2020 版）四部中新收载《预混与共处理药用辅料质量控制指导原则》，旨在规范和指导预混与共处理药用辅料的质量控制研究，弥补我国对预混与共处理药用辅料在法规层面和技术层面的空白。

甘露醇

【来源与标准】 本品为 D - 甘露糖醇，用单糖如甘露糖、葡萄糖等加镍催化电解还原，加氢而制得。亦可用热乙醇或其他适当溶剂从木蜜的树干汁或从其他植物中提取而制得。按干燥品计算，含 $C_6H_{14}O_6$ 应为 98.0% ~ 102.0%。本品收载于《中国药典》（2020 年版）二部。

【性质】 本品为右旋体，是甘露糖的六元醇，山梨醇的同分异构体。本品为白色或无色结晶性粉末，无臭，清凉味甜，无吸湿性，在水中易溶，可溶于甘油，在乙醇或乙醚中几乎不溶，20% 水溶液的 pH 为 5.5 ~ 6.5，化学稳定性好，水溶液对稀酸、稀碱、热和空气稳定。甘露醇的粉末有黏结性，颗粒可自由流动。熔程为 166 ~ 168℃。25℃时甘露醇的溶解热为 - 120.9J/g。相对密度 1.49，旋光度 - 0.40℃，甜度约为蔗糖的 57% ~ 72%。5.07%（W/V）的水溶液与血清等渗。

【应用】

1. **稀释剂**　本品常作为稀释剂（10% ~ 90%）用于片剂处方，由于本品无吸湿性，可用于易吸湿性药物，便于颗粒的干燥。本品因溶解热为负值，有吸热性能，使口腔有清凉感，通常作为咀嚼片的稀释剂和矫味剂应用。本品可用直接压片工艺，此时选用市售的颗粒和喷雾干燥颗粒，采用湿法制粒压片。在片剂中的特殊应用，如抗酸剂，可用于硝酸甘油片和维生素制剂等。

喉麻含片处方中"*"符号的辅料具有什么作用?

盐酸丁卡因 15mg	盐酸异丙嗪 1mg	消旋山莨菪碱 0.5mg
葡萄糖粉 50mg	甘露醇粉 *50mg	枸橼酸 1mg
糖精钠 3mg	淀粉浆适量	硬脂酸镁适量

A. 骨架形成剂、芳香剂　　　　　　B. 增塑剂、芳香剂

C. 稀释剂、矫味剂　　　　　　　　D. 黏合剂、矫味剂

2. 骨架形成剂　在冷冻干燥制剂中,甘露醇(20%~90%)作为载体用于形成硬质的均匀骨架,以改善玻璃瓶中冷冻干燥制剂的外观。

3. 其他应用　甘露醇也被用于防止氢氧化铝(<7%)水性抗酸混悬剂的增稠。也有建议将其作为软胶囊的增塑剂、缓释片剂的处方组分和干粉吸入剂的载体的报道。甘露醇因具有络合作用,所以还可用作抗氧增效剂。

【注意事项】20%(W/V)或更高浓度的甘露醇溶液可能在氯化钾或氯化钠存在下盐析。据报道,当25%(W/V)的甘露醇溶液与塑料接触时会出现沉淀。2mg/ml 和 30mg/ml 的头孢匹林钠不能与20%(W/V)的甘露醇水溶液配伍。甘露醇不能与木糖醇输液配伍,与某些金属如铝、铜和铁产生络合物。研究表明,甘露醇(与蔗糖相比)可降低西咪替丁的口服生物利用度。

【案例解析】抗酸咀嚼片

1. 制法　将500g 三硅酸镁和250g 氢氧化铝干凝胶与300g 甘露醇混合,将2g 糖精钠溶于少量纯水(精制),与适量淀粉浆混合。上述混合粉末与淀粉浆混合制粒,60℃条件下干燥,过16目筛,加入1g 薄荷油、10g 硬脂酸镁与10g 玉米淀粉,混匀。放置24小时以上,用5/8平冲压片,即得。

2. 解析　甘露醇做稀释剂,片剂外观光滑美观,味佳,于口腔中溶化。糖精钠作矫味剂,淀粉浆作黏合剂,硬脂酸镁作润滑剂,玉米淀粉作外加崩解剂。本品制粒所用的润滑剂比其他稀释剂多,如硬脂酸镁多3~6倍。

【案例解析】注射用辅酶A

1. 制法　将5.61万单位辅酶A、5g 水解明胶、10g 甘露醇、1g 葡萄糖酸钙和0.5g 半胱氨酸用适量注射用水溶解,无菌滤过、分装在安瓿中,每支0.5ml,冷冻干燥后无菌熔封,半成品质量检查合格后印字包装。

2. 解析　甘露醇在粉针注射剂中可作膨松剂,主要起两种作用:一种起膨松骨架作用,一种是起助溶作用,使冻干后易于溶解形成澄明的溶液。另外甘露醇是多元羟基化合物,可阻止药物的水解和氧化。

山梨醇

【来源与标准】本品为 D-山梨糖醇,存在于很多植物中,市售商品一般是以葡萄糖为原料,在镍催化下,加氢还原而制得。按干燥品计算,含 $C_6H_{14}O_6$ 不得少于98.0%。本品收载于《中国药典》(2020年版)四部。

【性质】本品为白色结晶性粉末,在水中易溶,在乙醇中微溶,在三氯甲烷或乙醚中不溶。pH = 4.5~7.0[10%(W/V)水分散液],密度为1.48g/cm³,松密度为0.448g/cm³,轻敲密度为0.400g/cm³,

真密度为 $1.507g/cm^3$，流动性随所用的山梨醇的粒径及级别不同而异，细粉等级的流动性差，颗粒状的流动性好。溶剂热为 $-110.9J/g$（$-26.5cal/g$），山梨醇是易吸湿性粉末，在25℃、直接压片的片剂处方中含有山梨醇时，应避免在相对湿度大于60%的环境下操作。

【应用】

1. 稀释剂　在湿法制粒和直接压片制备的片剂中，山梨醇可用作稀释剂，由于具有宜人的甜味，且有凉爽的口感，尤其适用于咀嚼片，在胶囊囊材的处方中，它可用作明胶的增塑剂。

2. 稳定剂　在液体制剂的制备中，山梨醇可用作无糖制剂的载体以及药物、维生素和抗酸剂混悬剂的稳定剂。在糖浆剂中，能有效地预防在瓶口周围析出糖结晶。

3. 其他应用　本品在制药工业中还可以用作甜味剂、保湿剂、增塑剂、渗透压调节剂、稳定剂、缓释固体制剂的致孔道剂以及固体分散物载体、软膏基质等。可用于注射剂、口服制剂和外用制剂，本品在食品工业中也具有广泛的相似用途。

【注意事项】本品溶液与聚乙二醇溶液经剧烈搅拌生成一种蜡状水溶性凝胶，但也可用本反应制备亲水性软膏基质。本品在消化道吸收缓慢，大量摄入（30g以上）产生轻泻。注射时刺激性大于甘露醇。

【案例解析1】不含钠的维生素C咀嚼片

1. 制法　MgO 30.05g，维生素C 292g，山梨醇300g，蔗糖、糊精各300g，不溶性糖精1g，硬脂酸镁适量，混合后直接压片。

2. 解析　山梨醇、蔗糖、糊精作稀释剂；淀粉浆为黏合剂；硬脂酸镁作润滑剂；不溶性糖精作矫味剂。

 知识链接

速溶山梨醇

由专门设计的特殊喷雾干燥设备制备。是将纯度极高的山梨醇浓缩液干燥而得的含90%以上的多型性山梨醇，产品呈疏松堆积，随机定向或交织成丝状结晶的凝聚体。其可压性优于直接用乳糖、微晶纤维素、葡萄糖压片。流动性好，压片时产生的粉尘少，以上特点都优于结晶的山梨醇。本品制备的制剂除溶液有凉爽感外，片剂的口感也好，是咀嚼片或吞下片的首选辅料。

【案例解析】山梨醇苦瓜含片

1. 制法　采用山梨醇84.5%，苦瓜提取物5%，苦瓜超微粉10%，薄荷脑0.02%，柠檬酸0.5%等基本原料配比，经混合、造粒、干燥、压片等工序，制成了低热量、具有一定保健功能的无糖苦瓜含片。

2. 解析　本制剂中山梨醇作为填充剂，同时也可以很好地代替蔗糖制备新型无糖含片。

淀粉

【来源与标准】本品自植物中提得，《中国药典》（2020年版）中收载的品种有小麦淀粉、马铃薯淀粉、木薯淀粉和玉米淀粉。小麦淀粉系自禾本科植物小麦的颖果中制得，马铃薯淀粉系自茄科植物马铃薯的块茎中制得，木薯淀粉系自大戟科植物木薯的块根中制得，玉米淀粉系自禾本科植物玉蜀黍的颖果制得。

【性质】本品为白色粉末、无臭、无味。粉末由非常小的球状或卵形颗粒组成，其大小、形状决定于植物种类。常见的有玉米淀粉、马铃薯淀粉和小麦淀粉，其性质见表 5 – 2。25℃时，2%（W/V）玉米淀粉水溶液的 pH 为 5.5 ~ 6.5。玉米淀粉的松密度为 0.462g/cm³，真密度为 1.478g/cm³。玉米淀粉具有黏附性，但流动性差。所有淀粉均吸湿，能迅速吸收空气的水分。市售淀粉一般含水分 10% ~ 14%。淀粉在 95% 冷乙醇和冷水中不溶解。淀粉在 37℃水中迅速膨胀 5% ~ 10%，其多价阳离子比单价离子溶胀能力强。

表 5 – 2 不同淀粉性质比较

品种	胶化温度	溶胀温度	含水分 （50%相对湿度）	粒度分布	比表面积
玉米淀粉	73℃	65℃	11%	2μm ~ 32μm	0.41m²/g ~ 0.43m²/g
马铃薯淀粉	72℃	64℃	18%	10μm ~ 100μm	0.12m²/g
小麦淀粉	63℃	55℃	13%	2μm ~ 45μm	0.27m²/g ~ 0.31m²/g

【应用】

1. 稀释剂　淀粉是口服固体制剂的基本辅料。干燥淀粉可作为片剂的稀释剂、崩解剂、油性成分或液体成分的吸收剂、分散剂和硬胶囊的稀释剂。可溶性淀粉可做颗粒剂的赋形剂。当作片剂的稀释剂时，若用量较多，制成的颗粒难干燥，特别是用流化床干燥方法时较为明显，压制的片剂硬度较差，且有膨胀倾向，故一般较少单独采用。可通过与糖粉、糊精或滑石粉等的适当配合，选用适当黏合剂，可以得到光洁美观的片剂。淀粉也可用作色素或毒剧药物的倍散稀释剂，便于生产中后续混合操作。

2. 黏合剂　在片剂处方设计中，使用新配制 5% ~ 25%（W/W）淀粉浆用作片剂颗粒的黏合剂。筛选参数包括颗粒脆碎度、片剂脆碎度、硬度、崩解剂、药物溶出度等。

3. 崩解剂　淀粉是最常用的崩解剂，常用浓度 3% ~ 15%（W/W）。在制粒处方中，用做崩解剂的淀粉一半用于制粒，另一半用于干粒混合时加入。淀粉作为崩解剂呈现Ⅱ类的吸收等温线特征，具有巨大表面积有利于吸收水分。

4. 其他应用　淀粉也被用作新的药物传递系统的辅料，如鼻黏膜、口腔、牙周等部位传递系统。淀粉也用于局部用制剂，例如，因其吸收性能被用于人用扑粉中，在软膏制剂中起到皮肤覆盖层的作用。

【注意事项】某些酸性较强的药物，不适用淀粉作稀释剂，因为湿颗粒在干燥过程中，酸性药物能促使淀粉部分水解，影响片剂的质量。淀粉在酸、碱及温度影响下，可逐步降解成分子量较小的多糖类而使其黏度降低。淀粉应保存于气密容器中，置阴凉、干燥处。

【案例解析】格鲁米特片

1. 制法　格鲁米特 250g 和淀粉（80 ~ 120 目）50g 混合，干淀粉 15.5g 冲成 10% 浆冷至 50℃以下加入，制成软材。用 16 目尼龙筛制粒，50 ~ 55℃ 干燥，用 12 目镀锌铁丝筛整粒后，加入硬脂酸镁 3.1g、滑石粉 6.2g，混匀，用 10mm 冲模压片。

2. 解析　本案例是湿法制粒压片。淀粉主要作稀释剂，同时也兼有内加崩解剂的作用。干淀粉为外加崩解剂；淀粉浆为黏合剂；硬脂酸镁作润滑剂和抗黏剂，可减少颗粒与冲模间的摩擦力；滑石粉作助流剂，可提高粉末的流动性。

预胶化淀粉

【来源与标准】本品系淀粉通过物理方法加工，改善其流动性和可压性而制得。制备药用级全预胶化淀粉时，将未胶化淀粉水混悬液铺展于热鼓上，同时实现胶化与干燥工序。部分预胶化淀粉则是将湿淀粉机械加压的办法制造，所得半成品经粉碎、调节水分至符合标准即得。本品收载于《中国药典》（2020 年版）四部。

【性质】 预胶化淀粉（PGS）又称为部分 α – 化淀粉或可压性淀粉，为白色或类白色粉末。本品不溶于有机溶剂，微溶或可溶于冷水，其10% 的水混悬液的 pH 为4.5 ~ 7.0。松密度为 0.586g/cm³，轻敲密度为 0.879g/cm³，真密度为 1.152g/cm³，具有自身润滑性，流动性优于淀粉和微晶纤维素，休止角为 40.7°。本品的吸湿性与淀粉相似，在温度为25℃、相对湿度为65% 时，平衡吸湿量为13%，可与易吸水变质的药物配伍。虽然性质稳定但易吸湿，应储存于密闭容器中，置于阴凉干燥处。

【应用】

1. 稀释剂　PGS 可作片剂和胶囊剂的稀释剂，常用浓度为 5% ~75%。与淀粉相比，具有以下特性：①流动性好，兼有黏合和良好的崩解性能。②可压性好，适用于粉末直接压片。③具有自我润滑作用，可减少片剂从模圈顶出的力量。④可溶于部分冷水，且性质稳定，不与主药发生作用。

2. 崩解剂　PGS 可作片剂的崩解剂，常用浓度 5% ~10%。由于游离态支链淀粉润湿后具有巨大的溶胀作用，而非游离态部分具有变形复原作用，因此预胶化淀粉具有良好的崩解性，且不受溶液 pH 环境的影响。PGS 还可以改善药物的溶出，有利于提高生物利用度。

3. 黏合剂　PGS 可作片剂的黏合剂，湿法制粒常用浓度 5% ~10%，直接压片常用浓度 5% ~20%。PGS 加水后有适度黏着性，适用于流化床制粒和高速搅拌制粒，并有利于粒度均匀，提高成粒性。

4. 其他应用　PGS 有自润滑剂作用，与其他辅料合用时，还需要加入润滑剂，一般加入 0.25%（W/W）硬脂酸镁，用量太大对于片剂强度和溶出度不利。因此，一般最好用硬脂酸来润滑预胶化淀粉。此外 PGS 还可作色素的展延剂。

【注意事项】 PGS 无毒、无刺激性，但大量口服有害。

【案例解析】 盐酸二甲双胍片

1. 制法　将盐酸二甲双胍 100g、预胶化淀粉 15g、微晶纤维素 15g 混匀，用 90℃的 8% HPMC 水溶液加入混合粉末中，其余的 HPMC 水溶液室温加入，制软材，用 16 目筛制粒，50℃ 干燥 4 小时，再用 20 目筛整粒，再与 0.65g 滑石粉、0.65g 硬脂酸镁和 0.65g 交联羧甲纤维素钠混匀，压片即得。

2. 解析　本品中的微晶纤维素为干黏合剂和稀释剂；预胶化淀粉为稀释剂，兼有崩解剂和黏合剂作用；滑石粉、硬脂酸镁为润滑剂；HPMC 为黏合剂；交联羧甲纤维素钠为外加崩解剂。

微晶纤维素

【来源与标准】 本品系含纤维素植物的纤维浆制得的 α – 纤维素，在无机酸的作用下部分解聚，纯化而得。本品收载于《中国药典》（2020 年版）四部。

【性质】 微晶纤维素（MCC）为白色或类白色粉末或颗粒状粉末；无臭，无味。不同的微粒大小和含水量有不同的特性和应用范围。松密度为 0.337g/cm³，真密度为 1.512g/cm³ ~ 1.668g/cm³。本品在水、乙醇、乙醚、稀硫酸或 5% 氢氧化钠溶液中几乎不溶。MCC 有吸水性，水分一般小于 5%（W/W），不同规格的 MCC 含水量不同。不同微粒大小和含水量的微晶纤维素有不同的特性和应用范围，MCC 用于制剂的常用型号有 PH101、PH102、PH103、PH105 等，见表 5 – 3。

表 5 – 3　不同型号的微晶纤维素的性质

商品名/牌号	级别	粒径（μm）	水分（%）	堆积密度（g/cm³）
PH – 101 NF	标准型，湿法造粒	50	3.5 ~ 5.0	0.26 ~ 0.31
PH – 102 NF	较大颗粒，直接压片用	90	3.0 ~ 5.0	0.28 ~ 0.33
PH – 103 NF	低水分，湿度灵敏性高	50	NMT 3.0	0.26 ~ 0.31
PH – 105 NF	小粒子，高可压性	20	3.0 ~ 5.0	0.20 ~ 0.30
PH – 112 NF	低水分，湿度灵敏性高	90	NMT 1.5	0.28 ~ 0.34
PH – 113 NF	低水分，湿度灵敏性高	50	NMT 1.5	0.27 ~ 0.34
PH – 102 SCG	流动性好，直接压片用	150	3.0 ~ 5.0	0.28 ~ 0.34
PH – 200 NF	流动性好，直接压片用	180	3.0 ~ 5.0	0.29 ~ 0.36
PH – 301 NF	高密度，流动快，崩解快	50	3.0 ~ 5.0	0.34 ~ 0.45
PH – 302 NF	高密度，流动快，崩解快	90	3.0 ~ 5.0	0.35 ~ 0.46

【应用】

1. 稀释剂　微晶纤维素 PH 型广泛用作片剂和胶囊剂的稀释剂和吸附剂，用量为 20% ~ 90%。适用于湿法制粒和直接压片。但由于价格较高，除非处方中有特殊需要，一般不单独作稀释剂而作为稀释 – 黏合 – 崩解三合剂使用，是一种多功能辅料。本品当含水量过高时（超过 3%），会产生静电荷而使颗粒引起分离和产生条痕线，此时应干燥。如果在片剂中含量达 80% 以上时，则会降低片剂中水溶性较差的有效成分的溶出速率，可加入水溶性稀释剂解决。MCC 也作为倍散的稀释剂和丸剂的赋形剂。

2. 崩解剂　MCC 用作崩解剂时的浓度为 5% ~ 15%。本品做片剂的崩解剂，因为其毛细管效应而迅速吸水呈现崩解效果。若压片时压力过大，毛细管作用减弱，则崩解时间延长。因此，常与淀粉或羧甲淀粉钠混合使用，使片剂快速崩解。

3. 抗黏着剂　MCC 用作抗黏着剂时的浓度为 5% ~ 20%。

4. 其他应用　微晶纤维素 RC 型作为胶体分散系主要用于干糖浆、混悬剂，有时也作为水包油乳剂和乳膏的稳定剂。微晶纤维素球形颗粒为具有高圆度和机械强度的球形细粒剂，可作为包衣型缓释制剂、苦味掩盖制剂的核心，已广泛用于缓释微丸包衣。

【注意事项】MCC 有较低的摩擦系数，压片时本身不需要润滑剂，若需加入高于 20% 的药物或其他赋形剂时，则需另加润滑剂。如用高浓度（> 0.75%）的碱性硬脂酸盐作润滑剂且混合时间又长时，则压制成的片剂会变软。本品除对水分敏感的药物如阿司匹林、青霉素、维生素外，几乎可与所有药物配伍。

【案例解析】罗通定片

1. 制法　将罗通定 30g 粉碎成细粉，过 80 目筛，称取微晶纤维素 25g、淀粉 23g、滑石粉 10g、微粉硅胶 1g、硬脂酸镁 1g，充分混匀，过 40 目筛，直接压片，即得。

2. 解析　本品中的微晶纤维素为干黏合剂和稀释剂，用量为 28%，淀粉为稀释剂，两者兼作崩解剂，滑石粉、硬脂酸镁为润滑剂，微粉硅胶为助流剂。

粉状纤维素

【来源与标准】本品系自植物纤维浆中所得的 α – 纤维素，经纯化和机械粉碎制得。本品收载于《中国药典》（2020 年版）四部。

【性质】本品为白色或类白色粉末或颗粒状粉末，无臭，无味，粒径大小不一，有流动性好的细粉或结实的颗粒，也有粗且蓬松、无流动性的规格，松密度为 0.139 ~ 0.391g/cm³，真密度为 1.5g/cm³，在水、丙酮、乙醇、乙醚、稀硫酸或 5%氢氧化钠溶液中几乎不溶，在水中不溶胀，但在次氯酸盐稀溶液中可以溶胀。本品有轻微的吸湿性。

【应用】

1. 稀释剂　粉状纤维素用作片剂稀释剂和硬胶囊的稀释剂，用来增加那些处方中药物含量太少的制剂的体积，常用浓度为 0% ~ 100%。虽然粉状纤维素的流动性不好，但它有很好的压实性。此外，与一般粉状纤维素的性质不同，低结晶度的粉状纤维素可作为直接压片用辅料。

2. 黏合剂　本品用作片剂黏合剂时的常用浓度为 5% ~ 20%。

3. 崩解剂　本品用作片剂崩解剂时的常用浓度为 5% ~ 15%。

4. 助流剂　本品用作片剂助流剂时的常用浓度为 1% ~ 2%。

5. 其他应用　在软胶囊中，本品可用来降低油状混悬填充液的微粒沉降速率。也被用作散剂辅料、口服水性混悬液的助悬剂。在栓剂制备中，可用本品降低药物沉降。

【注意事项】粉状纤维素与强氧化剂有配伍禁忌，且对眼有刺激性。

【案例解析】泼尼松片

1. 制法　泼尼松 20g，乳糖 150g，粉状纤维素 12g，玉米淀粉 10g，微粉硅胶 6g，硬脂酸镁 2g，混合均匀后直接压成片重为 200mg 的片剂。

2. 解析　粉状纤维素为黏合剂和稀释剂，乳糖为稀释剂，玉米淀粉为稀释剂兼作崩解剂，硬脂酸镁为润滑剂，微粉硅胶为助流剂。

氧化镁

【来源与标准】氧化镁天然存在于矿物方镁石中。它可通过煅烧矿物菱镁矿或氢氧化镁制得，以石灰水处理海水或咸水后即可得到氢氧化镁。氧化镁也可以通过热分解氯化镁、硫酸镁、亚硫酸镁、水碳镁石和碱性碳酸盐 $5MgO \cdot 4CO_2 \cdot 5H_2O$ 制得。用过滤或沉降法进行纯化。本品按炽灼品计算，含 MgO 不得少于 96.5%。本品收载于《中国药典》（2020 年版）四部。

【性质】本品为白色粉末，无臭，无味，在空气中缓缓吸收水分及二氧化碳，易结块，不宜久贮。本品极微溶于纯水（二氧化碳可使溶解度增加）或不溶于乙醇（95%），溶于稀酸和铵盐溶液。氧化镁以两种形式存在：轻质氧化镁（松散体积）和重质氧化镁（致密体积）。轻质氧化镁 20g 占约 150ml 的体积，重质氧化镁 15g 约占 30ml 的体积。氧化镁的饱和水溶液 pH 为 10.3。熔点为 2800℃，沸点为 3600℃，折射率 1.732。

【应用】

1. 稀释剂　氧化镁可作碱性稀释剂用于片剂和胶囊剂中。常用作油类及含油类浸膏等的吸收剂，也可作低共熔混合物的阻滞剂或吸收剂。

2. 其他应用　氧化镁也作为食品添加剂和抗酸剂，单独或与氢氧化铝联合应用。氧化镁还作为渗透性轻泻剂和镁补充剂应用于缺镁症。

【注意事项】本品是碱性氧化物，在固态下可与酸性化合物反应生成盐，如与布洛芬反应，或使碱不稳定性药物降解。可吸附某些药物，如抗组胺药，抗生素（四环素），水杨酸盐，硫酸阿托品，氢溴酸东莨菪碱和邻氨苯甲酸衍生物等。可与聚合物，如渗透性丙烯酸树脂（Eudragit RS）复合从而延长药物的释放并且在固态下能与苯巴比妥钠发生反应。本品对地西泮的稳定性具有不良影响。可影响三氯噻嗪和抗心律不齐药物的生物利用度。

【案例解析】　当归浸膏片

1. 制法　取当归浸膏 262g 加热（不用直火）至 60～70℃，搅拌使熔化，将轻质氧化镁 60g，滑石粉 60g 及淀粉 40g 依次加入混匀，铺于烘盘上，于 60℃ 以下干燥至含水量 3% 以下。然后将烘干的片状物粉碎成 14 目以下的颗粒，最后加入硬脂酸镁 7g，滑石粉 20g 混匀，过 12 目筛整粒，压片，质检，包糖衣。

2. 解析　本品为中药片剂，轻质氧化镁作为油类浸膏的吸收剂和稀释剂，滑石粉和硬脂酸镁作润滑剂，淀粉作稀释剂和崩解剂。

硫酸钙

【来源与标准】　本品由碳酸钙与硫酸反应或氯化钙溶液与可溶性硫酸盐反应制得。按炽灼品计算，含 $CaSO_4$ 不得少于 99.0%。本品收载于《中国药典》（2020 年版）四部。

【性质】　本品为白色粉末，无臭，无味。本品在水中微溶，在乙醇中不溶。10% 二水合硫酸钙 pH 为 7.3，10% 无水硫酸钙 pH 为 10.4。二水合硫酸钙的松密度为 $0.94g/cm^3$，无水硫酸钙的松密度为 $0.70g/cm^3$，真密度为 $2.308g/cm^3$。

【应用】

1. 稀释剂　二水合硫酸钙常用于片剂和胶囊剂处方中。颗粒状的二水合硫酸钙具有良好的可压性和中等强度的崩解性。硫酸钙二水物虽含有 21% 的水分，但因其紧密结合在分子中，在 80℃ 时也不易释出，不易再吸收外界的水，故无引湿性。可广泛用作维生素类和其他对水分敏感药物的稀释剂。本品可改善中药片剂在贮藏期间所产生的外裂、黏结、变色、发霉等问题。但对于潮湿易分解的药物，加入本品可能会降低其稳定性。

2. 其他应用　硫酸钙也作为缓释制剂的固化剂。

【注意事项】　如有水分存在，硫酸钙可游离钙，与胺类、氨基酸类、肽类和蛋白质发生配伍反应产生复合物。本品与四环素族药物形成络合物而干扰这些药物在胃肠道吸收，可使强心苷的作用和毒性增强，对溴苄胺有拮抗作用。

【案例解析】　丹参片

1. 制法　取丹参 576kg，加入生药量的 2.5～3 倍 90% 乙醇，回流 1.5 小时，药汁过 100 目筛备用，药渣加水为生药量的 4～5 倍，煎煮 1 小时，过 100 目筛。合并两次滤液，浓缩至相对密度为 1.10～1.16（65～75℃）。将浸膏加入适量水和糊精 10kg，配成相对密度为 1.08～1.10（50～60℃）的药液，喷雾干燥。将喷雾粉与 2.1kg 微晶纤维素、12.5kg 硫酸钙、3kg 淀粉倒入一步制粒机，用适量 10% 淀粉浆喷雾制粒。16 目筛整粒，加入 0.57kg 硬脂酸镁总混，压片，包衣即得。

2. 解析　硫酸钙、微晶纤维素和淀粉作稀释剂；淀粉浆为黏合剂；硬脂酸镁作润滑剂。

第二节　黏合剂与润湿剂

PPT

一、概述

黏合剂是指一类使无黏性或黏性不足的物料粉末聚集成颗粒，或压缩成型的具黏性的固体粉末或溶液。黏合剂在制粒溶液中溶解或分散，有些黏合剂为干粉。随着制粒溶液的挥发，黏合剂使颗粒的各项性质（如粒度大小及其分布、形态、含量均一性等）符合要求。湿法制粒通过改善颗粒一种或多种性质，如流动性、操作性、强度、抗分离性、含尘量、外观、溶解度、压缩性或者药物释放，使得颗粒的进一步加工更为容易。黏合剂不仅用于片剂生产中，在颗粒剂、胶囊剂、中药丸剂等剂型中也普遍使用。润湿剂系指本身无黏性，但可诱发待制粒、压片物料的黏性，以利于制粒、压片进而制成片剂、胶囊剂、颗粒剂等的液体辅料。

黏合剂和润湿剂的合理选用将影响制剂成型和外观质量，同时也影响成品的内在质量：即可能使颗粒、丸剂和片剂等不能成型，或在运输贮存中易松散、碎裂；也可能长时间不溶散、崩解，或有效成分不能溶出，生物利用度低。

选用不同的黏合剂和润湿剂，制剂成型与药物溶出行为的差异都较大，黏性是影响制剂硬度、粒度、崩解时限、溶散时限和溶出度的主要因素之一。一般而言，黏合剂与润湿剂的浓度和黏性由强到弱排列为：25%~50%液体葡萄糖 >10%~25%阿拉伯胶浆 >10%~20%明胶（热）溶液 >66%（质量浓度）糖浆 >60%淀粉浆 >5%高纯度糊精浆 >水 >乙醇。全粉末中药片剂和含粉料较多的混悬型颗粒剂应选用较强黏性的黏合剂，以增加制剂硬度，或延缓崩解和溶出；可快速溶于水并产生较强黏性的黏合剂，常会使制剂崩解变慢。若粉体物料本身黏性较大，则需选择适当浓度的乙醇水溶液，如中药浸膏片，通常使用60%以上的乙醇作为润湿剂。其次，黏合剂的用量要恰当，见表5-4。通常情况下，黏合剂的用量增加则制剂硬度增加，崩解和溶出时间延长，溶出量减少。此外，黏合剂与润湿剂还应根据不同的制剂工艺进行选择，如直接压片对应选用固体黏合剂。

表5-4 常见黏合剂的常用量

黏合剂的名称	制粒胶浆的浓度［质量浓度（%）］	干颗粒中用量［质量浓度（%）］
阿拉伯胶	5~15	1~5
甲基纤维素	2~10	0.5~3
明胶	5~20	1~3
液体葡萄糖	10~30	5~20
乙基纤维素	2~5	0.5~3
聚维酮	2~10	0.5~3
羧甲纤维素钠		0.5~3
淀粉	5~15	1~5
蔗糖	10~50	1~5
西黄蓍胶	0.5~2	0.5

二、常用黏合剂与润湿剂的种类

（一）黏合剂的种类

黏合剂通过改变微粒内部的黏附力生成了湿颗粒（聚集物）。它们可能还会改变界面性质、黏度或其他性质。在干燥过程中，它们可能产生固体桥，赋予干颗粒一定的机械强度。黏合剂可以被分为以下三类。

1. 天然高分子材料 一般需做成水溶液或胶浆才具黏性，如淀粉浆、明胶浆、阿拉伯胶浆、西黄蓍胶浆等。

2. 合成聚合物 聚合物的化学属性，包括结构、单体性质和聚合顺序、功能基团、聚合度、取代度和交联度将会影响制粒过程中的相互作用。同一聚合物由于来源或合成方法的不同，它们的性质可能显示出较大的差异。如 CMC – Na、PVP、PEG – 4000、EC、MC、共聚维酮等。

3. 糖类 如蔗糖、液体葡萄糖、果糖、甲壳糖等。

（二）润湿剂的种类

润湿剂有水、黄酒、白酒、不同浓度的乙醇等。

<h2 style="text-align:center">甲基纤维素</h2>

【来源与标准】 本品为甲基醚纤维素，是通过将木纸浆纤维碱化，再将碱化纤维素用一氯甲烷甲基化制成，最后将产品纯化并碾碎至粉末状。按干燥品计算，含甲氧基（—OCH$_3$）应为27.0% ~ 32.0%。本品收载于《中国药典》（2020 年版）四部。

【性质】 甲基纤维素（MC）为白色或类白色的颗粒或粉末，无臭，无味，含甲氧基 27.5% ~ 31.5%（质量分数），取代度为 1.5 ~ 2.2；不同级别的甲基纤维素具有不同的聚合度 n，n 的范围为 50 ~ 1500，分子量为 1.0×10^4 ~ 2.2×10^5。MC 的松密度为 0.276g/cm^3，真密度为 1.341g/cm^3，190 ~ 200℃ 开始变为褐色，225 ~ 230℃ 开始燃烧，到达熔点 280 ~ 300℃ 时焦化。MC 的亲水性良好，在冷水中膨胀生成澄明、乳白色的黏稠胶体溶液，其 1% 溶液的 pH 为 5.5 ~ 8.0，不溶于热水、饱和盐溶液、醇、醚、丙酮、甲苯和三氯甲烷，溶于冰醋酸或等体积混合的醇和三氯甲烷中。MC 溶液在室温下且当 pH 为 3 ~ 11 时稳定，当 pH < 3 时发生水解，溶液黏度降低。电解质可使 MC 溶液的胶化温度降低，乙醇或聚乙二醇可使胶化温度上升，蔗糖和电解质加至一定浓度时，溶液析出沉淀。

【应用】

1. 黏合剂 低、中黏度的 MC 用作片剂的黏合剂，用量为 1.0% ~ 5.0%，使用时，可用其干燥粉末也可用其溶液。5% MC 水溶液相当于 10% 淀粉浆的黏度，制得的颗粒硬度基本相同。

2. 助悬剂 MC 可作口服液体制剂的助悬剂，用量为 1.0% ~ 2.0%，常代替糖浆或其他混悬基质。

3. 致孔剂 应用高取代、低黏度的 MC 可作缓释包衣膜的致孔剂，以 MC 和乙基纤维素（EC）的混合溶液作颗粒剂、片剂或丸剂包衣材料。口服后 MC 即从乙基纤维素膜上溶出，膜内药物可从此通道以一定的速率扩散。

4. 增稠剂 MC 可作滴眼剂的增稠剂，用量为 0.5% ~ 1.0%，延长滴眼液在眼内的滞留时间。

5. 其他应用 MC 广泛用于口服制剂和局部用制剂中，见表 5 – 5。

表 5 – 5 MC 的常用量

应用	质量分数（%）
眼用制剂	0.5 ~ 1.0
混悬剂	1.0 ~ 2.0
乳化剂	1.0 ~ 5.0
通便剂	5.0 ~ 30.0
片剂包衣材料	0.5 ~ 5.0
片剂黏合剂	1.0 ~ 5.0
片剂崩解剂	2.0 ~ 10.0
缓释片剂骨架	5.0 ~ 75.0

【注意事项】 MC 与氨吖啶盐酸盐、氯甲酚、氯化汞、酚、间苯二酚、鞣酸、硝酸银、西吡氯铵、

对羟苯基甲酸、对氨基苯甲酸、羟苯甲酯、羟苯丙酯、羟苯丁酯均有配伍禁忌。无机酸（尤其是多元酸）盐、苯酚及鞣酸可使甲基纤维素溶液凝结，但加入乙醇（95%）或乙二醇二乙酸可阻止此过程的发生。甲基纤维素可与高表面活性化合物，如丁卡因和硫酸特布他林发生络合。

【案例解析】碳酸钙片

1. 制法 碳酸钙 600.0g，甘露醇 505.8g，食糖 60.0g，甲基纤维素（$15 \times 10^{-6} m^2/s$）18.0g，糖精钠 0.6g，留兰香精 3.6g，硬脂酸镁 12.0g，共制 1000 片，用常规湿法制粒压片即得。

2. 解析 本制剂中甲基纤维素作黏合剂，用量为 1.5%，糖精钠作矫味剂，留兰香精作芳香剂，硬脂酸镁作润滑剂，甘露醇和食糖作稀释剂和矫味剂。

羟丙纤维素

【来源与标准】本品为部分取代 2-羟丙基醚纤维素。本品是由碱性纤维素与环氧丙烷，在高温高压下反应制得。环氧丙烷通过醚键可以取代于纤维素链上、葡萄糖酐单元上的三个活性羟基、侧链上的仲羟基，也可进一步与环氧丙烷反应成链。因此，由于取代值不同，可以得到一系列的不同产品，各国药典对其取代值均有明确的规定。本品按干燥品计算，含羟丙氧基（$—OCH_2CHOHCH_3$）应为 53.4% ~ 80.5%。本品收载于《中国药典》（2020 年版）四部。

【性质】羟丙纤维素（HPC）为白色至类白色粉末或颗粒，无臭无味，在水或乙醇中溶胀成胶体溶液，在醚中乎不溶，易溶于酸性、碱性水溶液中，常温时溶于水，并溶于无水甲醇、无水乙醇等多种有机溶媒中。HPC 的松密度约为 $0.5g/cm^3$，在 130℃软化，在 260~275℃时焦化。HPC 有引湿性，吸水量因本身初始含水量、温度和空气的相对湿度而异，平衡水量在 25℃相对湿度 50% 下为 4%（W/W），相对湿度 84% 下为 12%（W/W）。

【应用】

1. 黏合剂 HPC 可作为片剂湿法制粒或干粉直接压片的黏合剂，一般用量为 2% ~ 6%。容易压制成型，适用性较强，特别适用于不易成型的片剂，如脆性、疏散性较强的片剂，加入本品后，可显著改善松片、裂片等现象，不仅使片剂易于成型，而且外观也较好。

2. 崩解剂 本品作片剂崩解剂，用量 2% ~ 10%，一般为 5%，内加和外加均可，视具体处方和选用的品种型号而定，制得的片剂长期保存崩解度不受影响。

3. 包衣材料 一般而言，5% 的 HPC 可作片剂的薄膜包衣材料，可以与甲基纤维素共同使用，溶液可为水溶液也可为乙醇溶液，在乙醇溶液中可加入硬脂酸或棕榈酸作为增塑剂。

4. 其他应用 HPC 在缓释制剂辅料中，高取代者主要用作包衣材料、成膜材料、缓释材料、增稠剂、助悬剂、凝胶剂等，浓度在 15% ~ 35%。HPC 也可在毫微囊中作增稠剂使用。HPC 在液体制剂中作助悬剂、乳化剂、稳定剂、增稠剂等，乳化、混悬、稳定、分散等性能特别优越，可制备稳定的混悬液。在局部用制剂中，HPC 可在透皮贴剂或眼科制剂中使用。

【注意事项】HPC 在溶液状态与苯酚衍生物的取代物有配伍禁忌，例如，羟苯甲酯、羟苯丙酯等。阴离子聚合物可使羟丙纤维素溶液的黏度增加。HPC 和无机盐的相容性根据盐的种类、浓度的不同而异。HPC 的亲水 - 亲脂平衡性质（即溶解度上的双亲性），能降低其水和能力，当溶液中存在其他高浓度可溶性物质时，由于在系统中与水相竞争，盐析作用增强，其沉淀温度有所降低。

【案例解析】速效感冒片

1. 制法 本品每片含对乙酰氨基酚 250.0g，马来酸氯苯那敏 2.0g，咖啡因 15.0g，人工牛黄 100g，淀粉 51.0g，糖粉 10.0g，PVP 2.0g，LS-HPC 15.0g，硫脲 0.25g，干淀粉 3.0g，滑石粉 12.0g。采用

常规湿法制粒压片。

2. 解析　本方在制湿粒时虽然淀粉浆的浓度降低为8%，仍易制成适宜的软材，湿粒软硬适中，崩解时限（无挡板）为55s。溶出度：T50为77s。

共聚维酮

【来源与标准】本品为1-乙烯基-2-吡咯烷酮与乙酸乙烯酯以质量比3∶2的比例共聚而得。按无水物计算，含氮（N）量应为7.0%~8.0%；含共聚物乙酸乙烯酯（$C_4H_6O_2$）应为35.3%~41.4%。本品收载于《中国药典》（2020年版）四部。

【性质】共聚维酮为白色或黄白色粉末或片状固体，本品在水、乙醇或二氯甲烷中易溶。由国际特品（ISP）公司提供的共聚维酮的商品名为plasdone S-630，是由质量分数为60%的乙烯吡咯烷酮和质量分数为40%的乙酸乙烯酯组成的共聚物，具有良好的黏合性、成膜性、阻释性、增溶性等性质。

【应用】

1. 黏合剂　本品主要是用作片剂和颗粒的黏合剂。黏合作用可通过湿法、干法制粒或直接压片来完成。用挤压或共结晶技术与这种共聚物一起制粒的例子已有报道，plasdone S-630在制颗粒和片剂中作为黏合剂的典型使用质量浓度为2%~5%之间。

2. 缓释片剂的骨架材料和阻释剂　水不溶性和微水溶性物质结合使用，通过湿法或干法制粒方法，可制得长效或缓释产品。水不溶性的低熔点固体可以同水溶性材料与药物一起熔化，形成的固体剂型能够控制所加药物的扩散速率。药物也可用水不溶性和水溶性材料混在一起进行包衣，药物通过包衣膜孔隙释放，达到缓释药物的目的。

由于plasdone S-630溶于有机溶剂，能阻止药物释放的水不溶性配料就可与plasdone S-630一起溶于有机溶剂，在药物周围形成的基质将起到调节药物的扩散或溶出速率的作用。在报道中已有许多介绍聚维酮共聚物与药物一起应用的例子，如富马酸苄环庚氧胺、卡托普利、盐酸氯吡胺、甲磺酸二氢麦角胺、丙米嗪、氯化钾、硝酸甘油、茶碱、异搏定等。

3. 包衣材料　plasdone S-630已用于缓释颗粒、微丸及片剂中，它是那些包制活性成分、片剂、颗粒、微丸和糖包衣片心的包衣溶液中的成分之一。尽管肠胃液或膜包衣溶液的pH变化，plasdone S-630形成的水溶性膜都能溶解。醋酸乙烯酯与plasdone S-630各半可生成柔韧的薄膜，其吸湿性和黏性低，且塑性好。

即学即练 5-2

答案解析

咀嚼抗酸片处方中"＊"符号的辅料具有什么作用?

干燥氢氧化铝凝胶 200mg	氢氧化镁细粉末 200mg	海藻酸 500mg
可压性山梨醇 160mg	可压性糖 630mg	硬脂酸镁 50mg
plasdone S-630 ＊140mg	香草醛 3mg	

A. 骨架材料　　　　B. 崩解剂　　　　C. 稀释剂　　　　D. 黏合剂

【注意事项】本品性质稳定，除对强酸强碱不稳定，可被皂化以外，与药物不会发生配伍变化，其水溶液的黏度可适应很宽的pH范围，不会因pH变化而改变。

【案例解析】抗坏血酸咀嚼片

1. 制法　抗坏血酸100g，蔗糖晶体282g，微晶纤维素100g，plasdone S-630 115g，硬脂酸3g，采

用常规湿法制粒压片。

2. 解析　当共聚维酮单独或与微晶纤维素合用时，在制片中，可作为优良的干黏合剂已有报道。含有抗坏血酸的片剂很难用直接压片的方法制成，与仅用微晶纤维素相比较，将 plasdone S-630 和微晶纤维素合用时，这类片剂是较容易制备的，此共聚物的掺入使用，改善了片剂的硬度和脆度特性。

第三节　崩解剂 微课 2

一、概述

崩解剂是加入到处方中促使制剂迅速崩解成小单元从而促使药物更快溶解的成分。除希望药物缓慢释放的口含片、植入片、长效片等外，一般均需加入崩解剂。当崩解剂接触水分、胃液或肠液时，能够通过吸收液体膨胀溶解或形成凝胶，引起制剂结构的破坏和崩解。不同崩解剂发挥作用的机制主要有四种：膨胀、变形、毛细管作用和排斥作用。在片剂处方中，崩解剂的功能最好能具两种以上。崩解剂的性能除取决于其自身化学特性、粒径及分布，以及粒子形态等因素外，还可能受到一些重要的制剂因素影响，如压力和黏合剂用量等。

崩解剂的选择关系到片剂的崩解时限是否符合要求，其实质是影响药物的生物利用度，是片剂处方设计的关键之一。首先，应选用适宜的崩解剂品种。对于同一药物的片剂而言，选用不同崩解剂的崩解时限差异较大，如用同一浓度（5%）不同崩解剂制成的氢氧化铝片，其崩解时限为：淀粉 29 分钟，海藻酸钠 11.5 分钟，羧甲淀粉钠少于 1 分钟。可见，羧甲淀粉钠具良好的崩解效能，其原因可能是崩解剂有高的松密度，遇水后体积能膨胀加 200~300 倍之缘故。其次，应根据主药的性质选择崩解剂。同一种崩解剂可因主药性质不同，表现出不同的崩解效能。如淀粉是常用的崩解剂，但对不溶性或疏水性药物的片剂，才有较好的崩解作用，而对水溶性药物则较差。这是因为水溶性药物溶解时产生的溶解压力，使水分不易透过溶液层到片内，致使崩解缓慢。有些药物易使崩解剂变性失去膨胀性，使用时应尽量避免。如卤化物、水杨酸盐、对氨基水杨酸钠等能引起淀粉胺化，阻止水分渗入，失去膨胀条件，反而使片剂崩解时限延长。最后，应考虑崩解剂的用量对其效能的影响。通常崩解剂用量增加，崩解时限缩短，但是，若其水溶液是具黏性的崩解剂，其用量愈大，用崩解溶出的速度愈慢。表面活性剂作辅助崩解剂时，若选择不当或用量不适，反而会影响崩解效果。

二、常用崩解剂的种类

崩解剂按其结构和性质可分为以下几类，一些崩解剂的常用量见表 5-6。

1. 淀粉及其衍生物　此类崩解剂是经过专门改良变性后的淀粉类物质，其自身遇水具较大膨胀特性，如淀粉、羧甲淀粉钠、改良淀粉、羧甲淀粉钠等。

2. 纤维素类　此类崩解剂吸水性强，易于膨胀。常用的此类崩解剂有低取代羟丙纤维素、交联羧甲纤维素钠、微晶纤维素、交联聚维酮等。

3. 表面活性剂　表面活性剂作崩解剂主要是增加片剂的润湿性，使水分借片剂的毛细管作用，能迅速渗透到片芯引起崩解。但实践表明，单独应用效果欠佳，常与其他崩解剂合用，起到辅助崩解作用。如吐温 80、月桂醇硫酸钠、硬脂醇磺酸钠等。

4. 泡腾混合物　泡腾混合物即泡腾崩解剂，它是借遇水能产生 CO_2 气体的酸碱中和反应系统达到崩解作用的。所以，此类崩解剂一般由碳酸盐和酸组成。常见的酸 – 碱系统有：枸橼酸、酒石酸混合物加碳酸氢钠或碳酸钠等。

5. 其他类 包括胶类，如西黄蓍胶、琼脂等；海藻酸盐类，如海藻酸、海藻酸钠等；黏土类，如皂土、胶体硅酸镁铝；阳离子交换树脂，姆弱酸性阳离子交换树脂钾盐及甲基丙烯酸二乙烯基苯共聚物等；酶类，此酶可消化黏合剂，具有特异性，如以明胶为黏合剂，其中加入少许蛋白酶，可使片剂迅速崩解等。

表 5 – 6 片剂崩解剂的常用量

崩解剂	常用量（处方量的百分比,%）	崩解剂	常用量（处方量的百分比,%）
淀粉	5 ~ 20	羧甲淀粉钠	2 ~ 8
预凝胶淀粉	5 ~ 15	瓜耳树胶	2 ~ 8
微晶纤维素	5 ~ 15	交联聚维酮	0.5 ~ 5
纯木质纤维素	5 ~ 15	离子交换树脂	0.5 ~ 5
海藻酸	5 ~ 10	MC、羧甲纤维素钠	2 ~ 10

羧甲淀粉钠

【来源与标准】 本品为淀粉在碱性条件下与氯乙酸作用生成的淀粉羧甲基醚的钠盐。首先将淀粉与氯乙酸钠在碱性介质中处理，然后用枸橼酸或其他酸中和，进行羧甲化反应；然后通过物理方法或化学方法，如用磷酰氯或偏磷酸钠进行交联化反应，即得。本品收载于《中国药典》（2020 年版）四部。

【性质】 羧甲淀粉钠（CMS – Na）为白色或类白色粉末，无臭，流动性好，有引湿性，粉体呈椭圆或球形，直径 $30\mu m ~ 100\mu m$。松密度为 $0.756g/cm^3$，轻敲密度为 $0.945g/cm^3$。本品在水中分散成黏稠状胶体溶液，在乙醇或乙醚中不溶，在水中能够以 20g/L 的质量浓度分散，静置时形成高度水化的溶胀层，在水中体积能够膨胀 300 倍，质量浓度为 20g/L 的混悬液在 pH 为 5.5 ~ 7.5 时由于黏度最大而最稳定；质量浓度为 33g/L 的 CMS – Na 水分散液的 pH 为 5.5 ~ 7.5；当 pH 低于 2 时，析出沉淀；当 pH 高于 10 时，黏度下降。在乙醇中，约溶解 CMS – Na 20g/L，不溶于其他有机溶剂。CMS – Na 的理化性质与其崩解作用受交联度和羧甲基化程度的影响。

【应用】

1. 崩解剂 CMS – Na 作为崩解剂广泛应用于口服胶囊剂和片剂中。可用于直接压片或湿法制粒的片剂中。通常在片剂中用量为处方量的 2% ~ 8%，虽然许多情况下 2% 已足够，但一般最佳含量为 4%。通过快速吸水，然后快速而显著溶胀，达到崩解作用。虽然许多崩解剂的崩解作用受疏水性辅料（如润滑剂）的影响，但是 CMS – Na 受其影响较小。CMS – Na 制成颗粒本身不易破碎，故具有良好的流动性与可压性。压力对崩解时间无明显影响，CMS – Na 作崩解剂无论采用内加或外加，或内外同时加均可，但外加比内加崩解效果好。CMS – Na 既可单独使用，也可以与淀粉按比例混合使用。

2. 其他应用 CMS – Na 也可用作助悬剂使用。

【注意事项】 本品遇酸会析出沉淀，遇多价金属盐则产生不溶于水的金属盐沉淀。

【案例解析】 呋喃唑酮片

1. 制法 取呋喃唑酮 11g 和淀粉 3g 混合均匀，加 12% 淀粉浆适量混合制粒，过 14 目筛，干燥后再过 14 目筛最后加入硬脂酸镁 0.025g 和 CMS – Na 0.05g，混匀，制成 1000 片。

2. 解析 CMS – Na 作崩解剂，硬脂酸镁作润滑剂，12% 淀粉浆作黏合剂。

低取代羟丙纤维素

【来源与标准】 本品为低取代 2 – 羟丙基醚纤维素。为纤维素碱化后与环氧丙烷在高温条件下发生醚化反应，然后经中和、重结晶、洗涤、干燥、粉碎和筛分制得。按干燥品计算，含羟丙氧基(—OCH$_2$CHOHCH$_3$)应为 5.0% ~ 16.0%。本品收载于《中国药典》（2020 年版）四部。

【性质】 低取代羟丙纤维素（L-HPC）为白色或类白色粉末，无臭，无味。L-HPC 得到相对密度为 1.46，实密度约为 0.57 ~ 0.65g/cm^3，平均粒子大小不同等级不宜，LH-11 为 50.6μm，LH-21 为 41.7μm。本品在乙醇、丙酮或乙醚中不溶。在氢氧化钠溶液（1→10）中溶解，形成黏性溶液，在水中不溶解但可溶胀。其溶胀率取决于取代度，取代率为 1% 时，溶胀度 500%，取代百分比为 15% 时，溶胀度为 720%。1% 水溶液的 pH 为 5.0 ~ 7.5。在 33% 的相对湿度时，含水量为 8%；在 95% 的相对湿度时，含水量为 38%。

【应用】

1. 崩解剂　L-HPC 主要作为片剂崩解剂或湿法制粒的黏合剂，也可用于直接压片制备的快速崩解片剂中。对不易成型的药品可促进其成型和提高药片的硬度；对崩解差的片剂可加速其崩解且增加崩解后分散的细度，使药物的溶出速率加快，提高生物利用度。药片长期保存，崩解度不受影响，加之本品具有抗霉性，更有利于药片长期贮存保持稳定。一般用量为处方量的 2% ~ 10%，常用 5%，内加或外加均可，视具体药物及选用本品的型号而定。中药片剂、丸剂使用本品亦能显著提高崩解度。

2. 黏合剂　L-HPC 作片剂黏合剂，湿法制粒时，一般加 5% ~ 20%，粉末直接压片时用量为处方量的 5% ~ 20%。

3. 其他应用　L-HPC 也可作为食品添加剂，在食品工业中用作乳化剂、稳定剂、助悬剂、增稠剂、成膜剂，还可用于日化工业。

【注意事项】 L-HPC 与碱性物质发生反应。片剂处方中如含有碱性物质在经过长时间的贮藏后，崩解时间可能延长。

【案例解析】 对乙酰氨基酚片

1. 制法　取对乙酰氨基酚 5g、淀粉 0.15g、L-HPC 0.15g 混合过筛，将适量的水溶解硫脲 0.005g 后加入冲浆淀粉 0.3g 制得 15% 淀粉浆，制软材，过 18 目筛制粒，70 ~ 80℃ 干燥，干粒加滑石粉、硬脂酸镁混匀后压片。

2. 解析　对乙酰氨基酚在水中微溶，生产的片剂结合力较弱，且脆性大，易缺角。为了克服这种缺点，多用黏性强和浓度较高的黏结剂 15% 淀粉浆制成紧密结实的颗粒，待颗粒干燥后再补加崩解剂。这样片子崩解度差，用少量 L-HPC 制得的颗粒虽较松软，但压制的片剂硬度好，崩解度和药物释放度也大为提高。

交联羧甲纤维素钠

【来源与标准】 本品为交联的、部分羧甲化的纤维素钠盐。

【性质】 交联羧甲纤维素钠（CCMC-Na）为白色或类白色粉末，有引湿性。CCMC-Na 不溶于水，但当与水接触后，CCMC-Na 体积迅速溶胀至原体积的 4 ~ 8 倍，并能形成混悬液。在无水乙醇、乙醚、丙酮或甲苯中不溶。1% 水溶液的 pH 为 5.0 ~ 7.0。

【应用】

1. 崩解剂　CCMC-Na 在口服剂型中用作胶囊剂、片剂和颗粒剂的崩解剂。片剂中，CCMC-Na 适用于直接压片和湿法制粒压片工艺。湿法制粒时，CCMC-Na 可分别于润湿阶段或干燥阶段加入（颗粒内加和颗粒外加），这样可以最好地发挥崩解剂的毛细管和溶胀作用。CCMC-Na 用作崩解剂时，浓度可达 5%（W/W），但通常直接压片工艺中的用量为处方量的 2%（W/W），湿法制粒压片时为处方量的

3%（*W/W*）。CCMC‑Na 在水中能吸收数倍于自重的水，膨胀而不溶解，有较好的崩解作用。对于用疏水性辅料如磷酸钙等压制的片剂，崩解作用更好，用量可低至处方量的 0.5%。CCMC‑Na 与等量的乳糖和磷酸钙作辅料制成的氢氯噻嗪片剂，其崩解和药物溶出速率好，用量为处方量的 2%。如用湿法制粒，需增加用量至处方量的 3%。

2. 其他应用　CCMC‑Na 也用于制备缓释颗粒、小丸、骨架片和胃肠道滞留生物黏附释药系统等。

【注意事项】无论是湿法制粒或直接压片工艺，含有吸湿性辅料（例如山梨醇）可造成 CCMC‑Na 的效率稍微降低。与强酸、铁或其他金属（如铝、汞、锌）的可溶性盐有配伍禁忌。

【案例解析】盐酸二甲双胍片

1. 制法　取盐酸二甲双胍 100g，预胶化淀粉 15g，微晶纤维素 15g 混合均匀，用 90℃的 8% 羟丙甲纤维素（HPMC）水溶液加入混合粉末中，其余的 HPMC 水溶液室温加入，制软材，用 16 目筛制粒，50℃干燥 4 小时，再用 20 目筛整粒，再与滑石粉 0.65g、硬脂酸镁 0.65g、CCMC‑Na 0.65g 混匀、压片，即得。

2. 解析　预胶化淀粉作稀释剂、崩解剂；硬脂酸镁和滑石粉作润滑剂；微晶纤维素作稀释剂；HPMC 作黏合剂；CCMC‑Na 外加法加入，作崩解剂。

交联聚维酮

【来源与标准】本品为 N‑乙烯‑2‑吡咯烷酮合成交联的不溶于水的均聚物。分子式为（C_6H_9NO）n，其中 n 代表 1‑乙烯基‑2‑吡咯烷酮链节的平均数。本品由 N‑乙烯基‑2‑吡咯烷酮在碱性催化剂或 NN_1‑二乙烯咪唑存在下进行聚合、交联反应生成交联均聚物粗品，再用水、5% 醋酸和 5% 乙醇回流至萃出物≤50mg/kg 为止，得纯交联均聚物。按无水物计算，含氮（N）应为 11.0% ~ 12.8%。本品收载于《中国药典》（2020 年版）四部。

【性质】交联聚维酮（PVPP）为流动性良好的白色或类白色粉末，几乎无臭，有引湿性。1% 水糊状物的 pH 为 5 ~ 8。国际市场上有三种型号的市售产品：BASF 公司的 Kollidon，ISP 公司的 Polyplasdone XL，ISP 公司的 Polyplasdone XL‑10。PVPP 的分子量大于 1.0×10^6，且为交联结构，不溶于水、有机溶剂、强酸和强碱，但遇水发生溶胀。

PVPP 具有较高的毛细管活性，水合能力强，比表面积较大，因此可迅速地吸收大量水分，使片剂内部膨胀压力超过药片本身的强度，药片瞬时崩解。PVPP 吸水膨胀体积略低于羧甲纤维素和低取代羟丙纤维素，远大于淀粉、海藻酸钠和甲基纤维素。PVPP 具有较快的吸水溶胀速度，1 分钟的吸水量可达总吸水量的 98.5%，以其为崩解剂的片剂溶出速度快。PVPP 喷雾干燥的产物为无定型结构，是较大的多孔性颗粒，在显微镜下可见这些颗粒是由 5μm ~ 10μm 的球形微粒融合而成的，在压制含有 PVPP 的片剂时，随压片力增大，片剂硬度增加，但崩解时间不受影响，崩解速度依然快于以淀粉、改性淀粉、交联羧甲纤维素和甲基纤维素作崩解剂的片剂。

【应用】

1. 崩解剂　PVPP 是水不溶性的片剂崩解或溶出剂，直接压片和干法或湿法制粒压片工艺中，使用浓度为 2% ~ 5%。PVPP 可迅速表现出高的毛细管活性和优异的水化能力，遇水使其网状结构膨胀产生崩解作用，又因其吸水后不形成胶状溶液，不影响水分继续进入片芯，故崩解效果较淀粉或海藻酸类好。研究表明，PVPP 颗粒的大小强烈影响解热镇痛片的崩解性。颗粒较大的 PVPP 比较小的能发挥更快的崩解作用。

诺氟沙星片处方中 "∗" 符号的辅料具有什么作用?

诺氟沙星 50mg	速溶山梨醇 150mg	交联聚维酮∗30mg
微晶纤维素 500mg	微粉硅胶 160mg	硬脂酸镁 630mg

用直接压片工艺常法制成片剂

A. 润湿剂　　　　B. 崩解剂　　　　C. 稀释剂　　　　D. 黏合剂

2. 黏合剂　PVPP 可作片剂的干黏合剂、填充剂和赋形剂,其粒度较小者可以减少片面的斑纹,使其均匀分布,常用量为 20~80mg/片。

3. 其他应用　PVPP 可作混悬液稳定剂,是很好的亲水性聚合物,用在口服液、局部混悬液、即开即用混悬液、干糖浆、速溶颗粒中,并可改善片剂、胶囊和颗粒活性物质的释放。

【注意事项】交联聚维酮与大多数的无机或者有机药物制剂组分相容。暴露在含水量较高的环境中时,交联聚维酮可与某些材料形成分子加合物。

【案例解析】普萘洛尔片

1. 制法　普萘洛尔 900g,麦芽糖糊精 277.0g,PVPP 50.0g,微粉硅胶 0.9g,硬脂酸镁 2.1g。用直接压片工艺制成片剂,即得。

2. 解析　本制剂中麦芽糖糊精作稀释剂和干黏合剂,PVPP 作崩解剂,微粉硅胶和硬脂酸镁作润滑剂。

第四节　润滑剂

PPT

一、概述

润滑剂的作用为减小颗粒间、颗粒与设备间的摩擦力。助流剂可吸附在较大颗粒的表面,减小颗粒间黏着力和内聚力,使颗粒流动性好。此外,助流剂可分散于大颗粒之间,减小摩擦力。抗结块剂可吸收水分以阻止结块现象中颗粒桥的形成。在实践中一般将它们统称为润滑剂,一般在压片前加入。

选用润滑剂首先考虑润滑剂与药物的化学性质。如硬脂酸和硬脂酸镁是广泛应用的润滑剂。但硬脂酸系酸性,不能用于有机化合物碱性盐类如苯巴比妥钠、糖精钠和碳酸氢钠等。硬脂酸镁呈碱性,故不能用于阿司匹林、某些维生素、氨茶碱及多数有机碱盐等。其次,尽可能采用量化指标筛选润滑剂,如衡量摩擦力的大小的参数:上冲力(F_a)、下冲力(F_b)、径向力(F_r)、推片力(F_e)、冲力比 R($R = F_b/F_a$),以及衡量抗黏与润滑能力的剪切强度等。最后还应考虑润滑剂对片剂质量的影响。通常情况下,片剂的润滑性与硬度、崩解和溶出是相矛盾的。润滑剂降低了粒间摩擦力,也就削弱了粒间结合力,使硬度降低,润滑效果愈好,影响愈大;多数润滑剂是疏水性的,能明显影响片剂的润湿性,妨碍水分透入,使片剂崩解时限延长,相应地也影响了片剂的溶出,疏水性润滑剂覆盖在颗粒周围,即使片剂崩解,也会延缓颗粒中药物的溶出。

因此,选用润滑剂时,除用上述压片力这一量化指标外,还应满足硬度、崩解与溶出的要求,采取综合评价方法，才能筛选出适宜的润滑剂。

二、常用润滑剂的种类

1. 润滑剂　润滑剂可分为界面润滑剂、流体薄膜润滑剂和液体润滑剂。常用润滑剂包括：硬脂酸镁、微粉硅胶、滑石粉、氢化植物油、聚乙二醇类、月桂醇硫酸钠等。

（1）界面润滑剂　界面润滑剂为两亲性的长链脂肪酸盐（如硬脂酸镁）或脂肪酸酯（如硬脂酰醇富马酸钠）。界面润滑剂可附着于固体表面（颗粒和机器零件），减小颗粒间或颗粒、金属间摩擦力而产生作用。表面附着受底物表面的性质影响，为了最佳附着效果，界面润滑剂颗粒往往为小的片状晶体。

（2）流体薄膜润滑剂　流体薄膜润滑剂的作用原理是固体脂肪（如氢化植物油）、甘油酯（甘油二十二烷酸酯和二硬脂酸甘油酯），或者脂肪酸（如硬脂酸），在压力作用下熔化并在颗粒和压片机的冲头周围形成薄膜，减小摩擦力。在压力移除后流体薄膜润滑剂重新固化。

（3）液体润滑剂　液体润滑剂是在压紧之前可以被颗粒吸收，而压力下可自颗粒中释放的液体物质，也可用于减小制造设备的金属间摩擦力。如氢化植物油等。

2. 助流剂和抗结块剂　助流剂和抗结块剂的作用是提高粉末流速和减少粉末聚集结块。助流剂和抗结块剂通常是无机物质细粉。它们不溶于水，但是不疏水。其中有些物质是复杂的水合物。常用助流剂和抗结块剂包括：硬脂酸镁、微粉硅胶等无机物质细粉。

 知识链接

预混型辅料——硅化微晶纤维素

预混型辅料是指将两种（含）以上的单一辅料按一定的比例，以一定的生产工艺（如共同干燥、热熔挤出、冷冻干燥、共沉淀等）预先均匀混合在一起，成为一种兼具多功能或特定功能的表观均一的新辅料。硅化微晶纤维素（SMCC）由微晶纤维素和二氧化硅以质量比98∶2混合，经过喷雾干燥制成，不溶于水。SMCC主要作稀释剂和润滑剂，具有更好的流动性能，对低剂量药物的均匀分散能力，可用于直接压片。SMCC是一种比较成熟的预混辅料，其特点是将稀释剂和助流剂结合在一起，从而提高辅料流动性，无须外加助流剂，在粉末直接压片工艺中显示了较好的优越性。

滑石粉

【来源与标准】本品系滑石经精选、净制、粉碎、干燥制成。主要成分为 $Mg_3Si_4O_{10}(OH)_2$。本品含镁（Mg）应为 $17.0\% \sim 19.5\%$。本品收载于《中国药典》（2020年版）四部。

【性质】本品为白色或类白色、无砂性的微细粉末。本品在水、稀盐酸或8.5%氢氧化钠溶液中均不溶。pH=7～10（20%（W/V 水分散液），硬度（摩尔）为 1.0～1.5，在25℃和相对湿度90%时，滑石粉吸收的水分可忽略不计。粒径分布随原料的来源和级别而异，两种一般的级别为≥99%可通过 $74\mu m$（200目）或≥99%可通过 $44\mu m$（325目），比重为 2.7～2.8。

【应用】

1. 润滑剂　本品具有润滑、抗黏、助流、吸湿等作用，在药剂中用作片剂、胶囊剂的润滑剂、助流剂、抗黏着剂。润滑能力不及硬脂酸镁，但助流能力强于硬脂酸镁，且有亲水性，不会影响片剂的崩解度，与硬脂酸镁合用兼具助流抗黏作用。因颗粒细、相对密度大，使附着力差导致分布不匀而使片剂色泽和含量出现差异，一般可加液状石蜡或硬脂酸镁改善。

2. 其他应用 本品在散剂中作稀释剂、吸湿剂；在制备液体制剂时作吸附剂和助滤剂。一般使用量为处方量的3%～6%。本品也用于日化工业，制备霜剂、香粉等化妆品。

【注意事项】本品与季铵类化合物有配伍禁忌，对部分脂溶性激素有吸附作用。本品对胃肠道有刺激性，被本品污染的组织易生肉芽肿，持久地吸入本品粉尘会致尘肺。

【案例解析】茶碱控释片剂

1. 制法 取茶碱40g，以21.8g的聚葡萄糖润湿制粒。将熔融的2.98g PEG-6000，1.45g PEG-1000和29g鲸蜡醇的混合物加到热的干燥茶碱颗粒中，冷却后的混合物通过32目网筛，加入1.0g的滑石粉和0.45的硬脂酸镁后压片，共制成100片。

2. 解析 口服本片后，血浆中茶碱浓度达2.1～3.3μg/ml，并可维持3～12小时，5～6小时达峰，4～8小时血浓度≥2.7μg/ml。本制剂中滑石粉和硬脂酸镁作作润滑剂，兼具助流抗黏作用。

二氧化硅

【来源与标准】本品系将硅酸钠与酸（如盐酸、硫酸、磷酸等）反应或与盐（如氯化铵、硫酸铵、碳酸氢铵等）反应，产生硅酸沉淀（即水合二氧化硅），经水洗涤、除去杂质后干燥而制得。按炽灼品计算，含SiO_2不得少于99.0%。本品收载于《中国药典》（2020年版）四部。

【性质】本品为白色疏松的粉末，无臭、无味。质粒平均直径为20nm～40nm，相对密度2.2～2.6。本品不溶于水、乙醇和其他有机溶剂，也不溶于酸（氢氟酸除外），溶于热氢氧化碱液。5%水混悬液pH为4～8。

【应用】

1. 润滑剂 本品是一种优良的流动促进剂，主要作润滑剂、抗黏剂、助流剂。特别适宜油类、浸膏类药物的制粒，制成的颗粒具有很好的流动性和可压性。还可以在直接压片中用作助流剂。

即学即练 5-4

答案解析

盐酸金霉素片处方中"*"符号的辅料具有什么作用？

盐酸金霉素 50mg 　　　微晶纤维素 150mg 　　　干淀粉 30mg

二氧化硅 * 500mg 　　　硬脂酸镁 160mg

A. 助流剂 　　　B. 润湿剂 　　　C. 稀释剂 　　　D. 黏合剂

---

2. 崩解剂 本品可大大改善颗粒流动性，提高松密度，使制得的片剂硬度增加，缩短崩解时限，提高药物溶出速度。

3. 微囊材料 本品也是微囊材料之一，在囊中加入本品，能使微囊的密度和比表面积增加，流动性增强。

4. 其他应用 本品在颗粒剂制造中可作内干燥剂，以增强药物的稳定性。还可以作助滤剂、澄清剂和消泡剂，以及液体制剂的助悬剂、增稠剂。

【注意事项】本品作二乙基己烯雌酚制剂的辅料时，可降低疗效，认为是本品对主药有吸附作用之故。

【案例解析】维生素B_1片

1. 制法 取维生素$B_1$100.00g，微晶纤维素83.35g，无水乳糖141.65g，二氧化硅1.65g，混合均匀，再加硬脂酸镁6.65g后，压片，即得。

2. 解析 本制剂中微晶纤维素和无水乳糖作稀释剂和黏合剂，二氧化硅作助流剂和崩解剂，硬脂酸镁作润滑剂。

氢化植物油

【**来源与标准**】本品主要是以植物来源的油，也包括从鱼和其他动物来源的油经过精制，漂白，氢化脱色及除臭，喷雾干燥而制得。主要含硬脂酸和棕榈酸的甘油三酯。

【**性质**】本品为白色微细的粉末或蜡状固体。熔点为57~61℃，可溶于热轻质矿物油、乙烷、三氯甲烷、石油醚和热异丙醇，不溶于水。部分氢化油呈白色半固体状。

【**应用**】

1. 润滑剂 氢化植物油在片剂和胶囊剂中用作润滑剂，浓度为1%~6%（W/W），常与滑石粉合用。在片剂制备中，将其溶于轻质液状石蜡或己烷中，然后将此溶液喷雾于干颗粒表面上，以减小模壁摩擦和克服黏冲问题。

2. 骨架形成材料 氢化植物油可在亲脂性的控制释放系统中用作骨架形成材料，还可在控释制剂中用作包衣辅助剂。

3. 其他作用 本品还可以在片剂中用作辅助黏合剂。可在油性液体和半固体制剂中用作黏度调节剂，在制备栓剂时减少混悬组分的沉降并改善固化过程，用作明胶硬胶囊的液体和半固体填充物。

【**注意事项**】本品与较强的酸、碱和氧化剂会发生氧化、水解反应。

【**案例解析**】硫酸亚铁片

1. 制法 将硫酸亚铁2.275kg研磨使过12~14目筛，加润滑剂滑石粉0.975g和氢化植物油1.95g，混匀后压片，即得。

2. 解析 本制剂需立即用0.410g妥卢香脂（溶于乙醇）和0.06g萨罗和石灰粉立即包衣以防硫酸亚铁氧化。滑石粉和氢化植物油合用作润滑剂。

硅酸钙

【**来源与标准**】本品由氧化钙和二氧化硅制得。含氧化钙不得少于4.0%，含二氧化硅不得少于35.0%。本品收载于《中国药典》（2020年版）四部。

【**性质**】本品为白色至灰白色结晶或无定型粉末，由氧化钙和二氧化硅制得。含氧化钙不得少于4.0%，含二氧化硅不得少于35.0%。不溶于水，但可与无机酸形成凝胶。pH = 8.4~10.2 [5%（W/V）水分散液]，密度为2.10g/cm³，熔点为1540℃。

【**应用**】

1. 润滑剂 本品在药剂制备中主要起润滑、抗黏作用。在片剂、散剂制备中作润滑剂、抗黏剂、填充剂。

2. 其他作用 本品在液体药剂制造中用作助滤剂，在食品、日化工业中也用作润滑剂、抗黏剂和助滤剂。蔗糖、葡萄糖含本品1%~1.5%可防止凝黏。化妆品中含有本品可使产品更为润滑。

【**注意事项**】本品与酸及酸性盐的配伍变化，在水性环境里形成凝胶，本品应密闭贮存于干燥处。避免受潮，不与酸类共储运和接触。

【**案例解析**】核黄素片

1. 制法 核黄素5g，硬脂酸钙1g，硅酸钙20g，HPMC加至100g，混合，压片。

2. 解析 该片在人胃液中 24 小时释放 70%，HPMC 作干黏合剂，硅酸钙作稀释剂和润滑剂。

第五节 增塑剂 微课 3

PPT

一、概述

增塑剂是指能增加成膜材料可塑性，使形成的膜柔韧、不易破裂的物质，从广义上讲，凡能使聚合物变得柔软、富于弹性的物质均可称为增塑剂。成膜材料主要起到保护、稳定、定位、载体、控释等多种作用，一般要求成膜材料以一层薄膜将原剂型包被，或本身就是一层均匀的膜。因此，成膜后的牢固性、封闭性、柔韧性、不龟裂或脆裂是发挥成膜材料作用和制剂疗效的重要保证。一些成膜材料在变成一薄层后，常会因温度的变化导致其物理性质发生改变，当温度降低时，聚合物大分子的可动性变小，从而缺乏柔韧性，因而易脆或龟裂，此时的温度又称为"玻璃化转变温度"。在多种因素影响下，成膜材料的这种状况时有发生，但在成膜材料中加入增塑剂后，可有明显改善。

 知识链接

玻璃化转变温度

非晶态（无定型）高分子可以按其力学性质区分为玻璃态、高弹态和黏流态三种状态。高弹态的高分子材料随着温度的降低会发生由高弹态向玻璃态的转变，这个转变称为玻璃化转变。它的转变温度称为玻璃化转变温度（T_g）。这也是冬天"塑料"为什么容易裂的原因。常用的 T_g 测定方法有热 – 机械曲线法、膨胀法、电性能法、DTA 法、DSC 法。

增塑剂应根据成膜材料的性质选用。比如溶解性，一般要求选用与成膜材料具相同溶解特性的增塑剂，以便能均匀混合，同时还应考虑增塑剂对成膜溶液黏度的影响，对所成薄膜通透性、溶解性的影响，以及能否与其他辅料在成膜溶液中均匀混溶的问题。此外，根据成膜材料的不同用途确定其用量。常根据成膜材料的性质、其他辅料的类型和用量、使用方法等作适当的调整，无严格的规定。膜剂中增塑剂用量一般不超过处方量的 20%，包衣片剂中用量为成膜材料用量的 1% ~ 50%。

二、常用增塑剂的种类

1. 按增塑剂的性质分类

（1）外增塑剂 外增塑剂是指剂型处方设计时，另外加到成膜材料溶液中的物质，以增加成膜能力和干燥后薄膜的柔韧性。这些物料多为无定型聚合物，低挥发性液体，有类似低沸点溶剂的作用，它有对成膜材料的亲和性或溶剂化作用，或干扰聚合物分子紧密排列的特性，从而解除分子的刚性，增加柔韧性。常见的有甘油、PEG 200、蓖麻油等。

（2）内增塑剂 内增塑剂是指在成膜材料制造中加入，以保持聚合物分子成膜特性，减少或消除不利性质的物质，它是通过取代官能团、控制侧链数或分子长度进行分子改性而达到所需要求。如在聚合物分子链中，影响聚合物内聚性和胶黏性的特殊官能团，是产生黏着性、影响成膜的原因，对这些官能团进行分子改性是最好的解决办法。甲基丙烯酸 – 丙烯酸甲酯类共聚物成膜材料用作包衣时常出现相互黏结现象。

2. 按增塑剂的溶解性能分类

（1）水溶性增塑剂　本类增塑剂主要用于以水溶性成膜材料为载体的剂型中。如胶囊剂中甘油即是以增加明胶为主要成分的胶囊壳的柔韧性的水溶性增塑剂。常用者还有 PEG 200、PEG 400、丙二醇等。

（2）水不溶性增塑剂　水不溶性增塑剂主要与水不溶性成膜材料合用。涂膜剂中所用增塑剂属此种类型。常用者有蓖麻油、乙酰化单甘油酯、苯二甲酸酯类等。

蓖麻油

【来源与标准】本品为大戟科植物蓖麻 *Ricinus communis* L. 的种子用冷压法（不超过 60℃）或浸出法除去有毒的蓖麻碱后得到的一种不挥发油，主要含蓖麻油酸的甘油酯（80% 以上），此外，还含有少量的异蓖麻油酸和硬脂酸的甘油酯。本品收载于《中国药典》（2020 年版）一部。

【性质】本品为几乎无色或微带黄色的澄清黏稠液体，气微，味淡而后微辛，在乙醇中易溶，与无水乙醇、三氯甲烷、乙醚或冰醋酸能任意混合，相对密度在 25℃ 时应为 0.956 ～ 0.969。折光率应为 1.478 ～ 1.480。自燃温度 449℃，沸点 313℃，闪点 229℃，熔点 −12℃，含水量 ≤0.25%。本品可加入抗氧剂，但必须在商标上注明。

 知识链接

闪点

在规定的条件下，加热试样，当试样达到某温度时，试样的蒸气和周围空气的混合气，一旦与火焰接触，即发生闪燃现象，试样发生闪燃的最低温度，称为闪点。闪点是可燃性液体贮存、运输和使用的一个安全指标，同时也是可燃性液体的挥发性指标。闪点低的可燃性液体，挥发性高，容易着火，安全性较差。闪点的高低，取决于可燃性液体的密度、液面的气压或可燃性液体中是否混入轻质组分和轻质组分的含量多少。

【应用】

1. 增塑剂　本品可作水不溶性增塑剂，常和水不溶性成膜材料合用，如火棉、聚乙烯醇缩甲醛、聚醋酸乙烯酯、玉米朊等。此外，在高分子材料中，无论是软质 PVC 还是硬质 PVC 的加工，都可用适量的蓖麻油取代部分增塑剂，不但降低生产成本，也可以使制品的性能获得相应的改善。

2. 其他应用　本品具有润滑、被乳化等作用，可用于局部用的乳膏和油膏，常用浓度为 5% ～ 12.5%。并可作为肌内注射针剂的溶剂。

【注意事项】本品与强氧化剂有配伍禁忌。

【案例解析】弹性火棉胶

1. 制法　取蓖麻油 30g，透明松香粉 20g 与 4% 火棉胶适量置干燥带塞玻璃瓶内，密塞，瓶外用冷湿布包裹，振摇至松香完全溶解至 1000ml 即得。

2. 解析　蓖麻油为增塑剂，使膜具有弹性。

柠檬酸三乙酯

【来源与标准】本品为 2 − 羟基丙烷 −1,2,3 − 三羧酸三乙酯。由枸橼酸与乙醇在催化剂作用下酯化制得，然后经脱酯、中和、水洗精制。按无水物计算，含 $C_{12}H_{20}O_7$ 不得少于 99.0%。

【性质】本品为无色或几乎无色黏稠液体。在水中微溶，溶解度为 6.5g/100cm³（25℃），易溶于大多数有机试剂，难溶于油类。相对密度在 25℃ 时应为 1.135 ～ 1.139。本品无毒、无味，挥发性小，而且耐光性、耐水性、耐寒性、耐热性优良，是一种绿色环保增塑剂。与树脂、乙基纤维素、醋酸纤维素等相容性好，增塑效果好。

【应用】

增塑剂　本品在包衣成膜材料中作为增塑剂，一般用量为包衣成膜材料用量的 1% ~ 10% 。

【注意事项】本品与强氧化剂有配伍禁忌。

即学即练 5 – 5

答案解析

盐酸文拉法辛片处方中"＊"符号的辅料具有什么作用？

片芯处方：盐酸文拉法辛　100g，淀粉　70g，乳糖 30g，微晶纤维素 20g，滑石粉 15g，2%羟丙纤维素　适量；

包衣液处方：羟丙纤维素　12g，乙基纤维素　33g，柠檬酸三乙酯＊　1.7g；

A. 成膜材料　　　　B. 增塑剂　　　　C. 防腐剂　　　　D. 矫味剂

PPT

第六节　包衣材料

一、概述

包衣是为使某些固体药物制剂更稳定、有效，便于识别，掩盖不良臭味，或达到缓控释等目的，而选择适宜的材料包覆于其表面的形式或过程，所用的物料称为包衣材料。

优良的包衣材料应该无毒，在光、热、空气、水分中稳定，不与包衣药物发生反应；能形成连续、光滑、牢固的衣层，隔湿，隔水，不透气，并具遮光性、抗裂性等；在适于包衣的分散介质中能溶解且均匀分散；能保持稳定，色、嗅、味可接受；溶解度或者受特定 pH 影响，或者不受 pH 影响。在实际运用中，多将几种包衣材料混合使用，以达到最佳效果。

包衣材料应根据药物本身的理化性质、包衣制剂的特点及要求、医疗目的等因素具体选择。如在制备薄膜衣时，包衣材料的选择不仅要考虑制剂的释放率要求，还要考虑适宜的增塑剂、致孔剂等，使其满足释放速率、硬度与柔性的要求。

二、常用包衣材料的种类

根据目的不同，包衣可分为不溶性包衣、水溶性包衣、胃溶性包衣、肠溶衣、缓释包衣；根据物料形态，包衣可分为片剂包衣、胶囊包衣、粉末包衣、颗粒包衣、微丸包衣；根据材料不同，包衣可分为糖衣、薄膜衣和肠溶衣。

（一）糖包衣材料

糖衣易于吞服，外形美观，可掩盖药物的不良气味，有一定的防潮、隔绝空气的作用，主要用于片剂包衣，根据其工序主要有以下几类。

1. 隔离层衣料　玉米朊、邻苯二甲酸醋酸纤维素、虫胶乙醇溶液等。

2. 粉衣层材料　最为常用的是滑石粉，糖浆作为黏合剂。

3. 糖衣层衣料　常用65%（W/W）或85%（W/V）糖浆。

4. 包衣层衣料　常用为食用色素或遮光剂材料。

5. 打光剂　常用蜡粉，即虫蜡细粉，也称米心蜡（川蜡），也可在虫蜡中加入2%硅油混匀冷却后磨成细粉。

（二）薄膜包衣材料

薄膜包衣材料以胃溶或胃、肠溶的衣料为主，按其结构类型可分为以下几类。①纤维素类：这类材料使用较久，不少已用于生产，工艺也较成熟，常用的有羟丙甲纤维素（HPMC）、羧甲纤维素钠（CMC-Na）、聚丙烯酸树脂Ⅳ号及聚维酮（PVP）等；②均聚物类：常用聚乙二醇（PEG）；③糖类和多羟基醇类的氨基或对氨基苯甲酸衍生物：如乳糖、蔗糖等、对氨基苯甲酸衍生物等；④共聚物类：如甲基丙烯酸共聚物及丙烯酸，有多种型号，如聚甲基乙烯醚-马来酸酐共聚物、苯乙烯-2-乙烯吡啶共聚体；⑤其他：如玉米朊等。HPMC作为最常用的薄膜衣材料之一，成膜性能好、形成的膜有适宜的强度、性质稳定、不易破碎，可溶于水及一些有机溶剂中。聚丙烯酸树脂Ⅳ号是最常用的胃溶型薄膜衣材料之一，它成膜性能好、机械性能好、包衣性质稳定、防潮性能优良、崩解快速。聚维酮易溶于水、三氯甲烷、乙醇、异丙醇中，不溶于乙醚、丙酮，形成衣膜坚硬光亮，成膜后有吸湿软化现象。

（三）肠溶包衣材料

肠溶包衣材料是指在胃中不溶，但在肠液中溶解的高分子材料，常用的有醋酸纤维素钛酸酯（CAP）、羟丙基纤维素钛酸酯（HPMCP）及聚丙烯酸树脂Ⅰ、聚丙烯酸树脂Ⅱ、聚丙烯酸树脂Ⅲ。CAP成膜性能好，具有吸湿性。HPMCP易溶于混合有机溶剂中，不溶于酸液，性质稳定，肠溶性能好，是优良的肠溶性材料，是HPMC与邻苯二甲酸生成的单酯。聚丙烯酸树脂Ⅰ为水分散体，形成的包衣片表面光滑，具有一定硬度，与水接触易使片面变粗糙；聚丙烯酸树脂Ⅱ、聚丙烯酸树脂Ⅲ均不溶于水和酸，可溶于丙酮、乙醇、异丙酮或等量丙酮与异丙酮的混合溶剂中，成膜性好，衣膜透湿性低，具有一定脆性，在实际生产中常用两者的混合液包衣。

三、包衣所选的溶剂与添加剂

包衣所选溶剂应能溶解或分散高分子包衣材料及增塑剂，并使包衣材料均匀分布于片剂表面。常用的溶剂有水和有机溶剂。

添加剂常用的有增塑剂、着色剂、掩蔽剂、增光剂、遮光剂、释放速度调节剂、固体物料等。

玉米朊

【来源与标准】本品系从玉米麸质中提取所得的醇溶性蛋白。按干燥品计算，含氮（N）量应为13.1%~17.0%。本品收载于《中国药典》（2020年版）四部。

【性质】玉米朊是从玉米中获得的醇溶蛋白，为淡黄色至灰黄色的颗粒状无定型粉末或小薄片，微具特臭且味道温和，本品几乎不溶于水、95%乙醇、乙醚和丙酮，溶于乙醇、丙酮的水溶液，在70%含水丙酮中溶解度最小，浓度为60%~70%的乙醇溶液中溶解度最大。可溶于pH 11.5以上的碱性水溶液。本品密度为1.23g/cm³。完全干燥条件下，玉米朊可加热至200℃而不产生明显的分解迹象。玉米朊应置于气密容器中，贮藏于阴凉、干燥处。

【应用】

1. 包衣材料　本品可用作片剂包衣材料。薄膜衣溶液的配方：玉米朊0.5kg，邻苯二甲酸二乙酯

0.15kg，乙醇（95%）9.5kg。本品包成的薄膜衣有很多优点，对热稳定，有一定抗湿性，机械强度大，对崩解影响不大，可受胃肠道中酶的降解。

2. 其他应用　本品可做湿法制粒的黏合剂，常用浓度为30%。此外还可用作乳化剂和发泡剂、缓释衣料、膜剂的成膜材料、微囊囊材，如氢化可的松涂膜剂即用玉米朊为成膜材料制得。

玉米朊也用作食品的包衣材料。

【注意事项】本品忌与氧化剂配伍。玉米朊可能对眼睛有刺激性，并且在燃烧时会放出有毒的烟雾。建议使用护眼镜和手套。

【案例解析】薄膜包衣溶液

1. 制法　玉米朊0.5kg溶于乙醇（95%以上）9.5kg，加入邻苯二甲酸二乙酯0.15kg，搅拌均匀即得。

2. 解析　玉米朊为薄膜包衣材料，邻苯二甲酸二乙酯作为增塑剂，乙醇为溶剂。

羟丙甲纤维素

【来源与标准】本品为2-羟丙基醚甲基纤维素，为半合成品，可用两种方法制造：①将棉绒或木浆粕纤维用烧碱处理后，再先后与一氯甲烷和环氧丙烷反应，经精制，粉碎得到；②用适宜级别的甲基纤维素经氢氧化钠处理，和环氧丙烷在高温高压下反应至理想程度，精制即得。分子量范围为10000～1500000。本品收载于《中国药典》（2020年版）四部。

【性质】羟丙甲纤维素（HPMC）为白色或乳白色纤维状或颗粒状粉末，无臭无味。在冷水中溶解，形成黏性胶体溶液。在三氯甲烷、乙醇（95%）和乙醚中几乎不溶，但在乙醇和二氯甲烷混合液、甲醇和二氯甲烷混合液以及水和乙醇的混合液中溶解。某些级别的HPMC在丙酮溶液、二氯甲烷和2-丙醇的混合液以及其他有机溶剂中可以溶解。HPMC干燥后有吸潮性，但性质稳定。

根据甲氧基与羟丙氧基的含量的不同将羟丙甲纤维素分为四种取代型，即1828型、2208型、2906型、2910型。按干燥品计算，各取代型甲氧基与羟丙氧基的含量应符合表5-8要求。相对分子量不同的HPMC，其溶液的黏度也不同，相对分子量越大，则黏度也越大。本品在热水中的溶解性不同，HPMC 2208不溶于85℃以上的热水，HPMC 2906不溶于65℃以上的热水，HPMC 2910不溶于60℃以上的热水。

表5-8　《中国药典》收载的4种型号的HPMC的取代基含量

取代型	甲氧基（%）	羟丙氧基（%）
1828	16.5～20.0	23.0～32.0
2208	19.0～24.0	4.0～12.0
2906	27.0～30.0	4.0～7.5
2910	28.0～30.0	7.0～12.0

 知识链接

HPMC 简介

羟丙甲纤维素（HPMC）是纤维素部分甲基化和部分聚羟丙基化的醚。它的甲基取代度为1.0～2.0，羟丙基平均取代摩尔数为0.1～0.34。《中国药典》（2020年版）以及《美国药典》和《日本药典》收载4种型号，其相对分子量在10000～150000间。

【应用】本品的应用与产品的级别和型号有密切关系，可根据剂型的需要确定其型号和用量，然后选择合理的制剂工艺。

1. 包衣材料 根据不同的黏度级别，2% ~ 20%（W/W）的浓度可作为片剂膜包衣溶液。低黏度级别可作为水性薄膜包衣溶液，而高黏度级别可作为有机溶剂系统包衣溶液，使用浓度为 10% ~ 80%（W/W）时可作为片剂和胶囊剂骨架的阻滞剂，有延缓药物释放的作用。

2. 骨架材料 高黏度级别的产品可用作阻滞水溶性药物释放的骨架材料，用量为处方量的 10% ~ 80% 不等。

3. 黏合剂 在口服制剂中，HPMC 主要作为片剂黏合剂。作湿法制粒片剂的黏合剂，使用浓度为 2%，作干法制粒片剂黏合剂的使用浓度为 5%。另外，HPMC 在胶囊剂的工业生产中，可用作塑料绷带的黏合剂。

4. 助悬剂与增稠剂 本品可作为局部制剂特别是眼科制剂的助悬剂和增稠剂。与甲基纤维素相比，HPMC 形成的溶液更加澄明，只有极少量的不分散性纤维状物存在，因此多应用于眼科制剂。通常 0.45% ~ 1.0%（W/W）的羟丙甲纤维素可作为滴眼剂和人工泪液的增稠剂。

5. 乳化剂、混悬剂与稳定剂 HPMC 也可作为局部用凝胶剂和软膏剂的乳化剂，混悬剂和稳定剂使用。HPMC 可形成保护性胶体，可阻止乳滴或颗粒凝聚或集聚，从而抑制沉降物的形成。

6. 其他应用 本品也可作为隐形眼镜的湿润剂。在化妆品和食品中的应用也非常广泛。

【注意事项】 HPMC 和一些氧化剂有配伍禁忌。由于 HPMC 为非离子化合物，因此与金属盐或离子型有机物可形成不溶性沉淀。

HPMC 粉尘对眼睛有刺激性，建议使用护眼镜。应避免过量的粉尘产生，以减少爆炸的危险。HPMC 可燃。

【案例解析】 乌拉地尔缓释片

1. 制法 将乌拉地尔粉碎，过 80 目筛，称取羟丙甲纤维素 – K15M 15g、羟丙甲纤维素 – K4M 10g、乳糖 8g、微晶纤维素 1.6g，过 80 目筛，混匀后加入黏合剂 5% 聚维酮 – K30（80% 乙醇溶解）适量，制软材，20 目筛网制粒，50℃ 干燥 1 小时，整粒，加入硬脂酸镁、滑石粉，混匀，压片，即得。

2. 解析 本品以羟丙甲纤维素 – K15M、羟丙甲纤维素 – K4M 为缓释骨架材料，通过调节二者比例，以获得理想的释药速率，加入乳糖和微晶纤维素，除发挥填充作用外，也可使骨架片后期释药加快，使药物在 12 小时内释放完全。

聚丙烯酸树脂Ⅳ

【来源与标准】 本品为甲基丙烯酸二甲氨基乙酯与甲基丙烯酸酯类的共聚物。本品收载于《中国药典》（2020 年版）四部。

【性质】 丙烯酸树脂又称为聚丙烯酸树脂、聚甲基丙烯酸树脂，为一大类聚合物，由于化学结构及活性基团不同，本品有各种溶解性能类型的产品，如胃溶型、肠溶性及胃肠不溶型。本品为具有特殊臭味的淡黄色粒状或片状固体，溶于甲醇、乙醇、丙酮、醋酸乙酯、二氯甲烷或 1mol/L 的盐酸溶液中。

 知识链接

聚丙烯酸树脂类简介

国产丙烯酸树脂分为Ⅰ、Ⅱ、Ⅲ和Ⅳ型，Ⅰ、Ⅱ和Ⅲ型树脂为肠溶型，而Ⅳ为胃溶型。德国 Rohm 公司生产的聚丙烯酸树脂商品名为 Eudragit，其中 Eudragit E 为胃溶型；Eudragit L 和 Eudragit S 为肠溶型；渗透型包括：Eudragit RL，为高渗透性，Eudragit RS 及 Eudrarit NE30D 则为低渗透性。

【应用】

1. 包衣材料　本品主要用于口服片剂和胶囊的薄膜包衣材料，根据实际需要可选择胃溶型、肠溶型及渗透型的材料。胃溶型树脂薄膜包衣可用于药品防潮、掩味、避光和提高药物稳定性，如国产聚丙烯酸树脂Ⅳ和德国 Eudragit E；肠溶型树脂主要用于易受胃酸破坏药物或对胃刺激性较大的药物的包衣等。

2. 缓控释制剂的骨架材料　渗透型丙烯酸树脂可单独或混合用作缓控释制剂的骨架材料，用量可达处方量的 5% ~20%；用于直接压片，用量可高达处方量的 10% ~50%。

【注意事项】本品配伍变化发生于酸或碱的条件下，随品种不同而定，应避免与酸、碱、强氧化剂共贮运。pH 变化、有机溶剂、特高的温度、色素和强烈的剪切梯度都能使分散液发生凝聚。

【案例解析】富马酸美托洛尔脉冲片

1. 制法　将聚丙烯酸树脂Ⅳ边搅拌边加入乙醇溶解后，加入乙基纤维素和聚乙二醇 6000，继续搅拌 3~4 小时，得包衣液（聚合物质量浓度为 60g/L）。片芯预热 5 分钟，以滚转法包衣，包衣锅转速 50r/min，枪速度为 2ml/min，喷气压力为 0.15MPa。包衣后于 40℃固化 2 小时。

2. 解析　以乙基纤维素和聚丙烯酸树脂Ⅳ为包衣材料，聚乙二醇 6000 为增塑剂，时滞 7 小时后，可以瞬间爆破，实现脉冲释药。

纤维醋法酯

【来源与标准】本品为部分乙酰化的纤维素与苯二甲酸酐缩合制得。按无游离酸和无水物计算，含苯甲酸甲酰基（$C_8H_5O_3$）应为 30.0% ~36.0%，乙酰基（C_2H_3O）应为 21.5% ~26.0%。

【性质】纤维醋法酯（CAP）为白色或类白色流动性好的粉末、颗粒或片状物质，有吸湿性。它无味，无臭，或微有醋酸臭味。在水、乙醇、氯代烷和烷烃中几乎不溶。在大量的酮、酯、醚醇、环醚和某些混合溶剂中可溶。纤维醋法酯可溶于某些 pH 6.0 的缓冲溶液。很多溶剂和混合溶剂都可使纤维醋法酯溶解，但其溶解度都在 10%（W/W）以下。

【应用】

包衣材料　CAP 被用作肠溶包衣材料或片剂和胶囊剂的骨架黏合剂。这种包衣层可以耐受长时间与强酸性胃液的接触，但在弱碱性或中性的肠环境中可以溶解。

在固体制剂中，纤维醋法酯一般用于直接压片或将其溶于有机溶剂中用作包衣剂。常用浓度为片芯重量的 0.5% ~9.0%。添加增塑剂能增加此包衣材料的防水性能，在处方中与增塑剂合用比单用纤维醋法酯更有效。加入酞酸二乙酯作增塑剂，任何与 CAP 合用增加其效果的增塑剂都必须经过筛选。使用混合溶剂时，要先将 CAP 溶于溶解度较大的溶剂，然后再加入第二种溶剂，一定要将 CAP 加入到溶剂中，不能反过来加之。

纤维醋法酯与许多增塑剂相溶，包括单醋酸甘油酯、丁基邻苯二甲酰羟乙酸酯、酒石酸二丁酯、甘油、丙二醇、三醋酸甘油酯、枸橼酸三乙酯和三丙酸甘油酯等。纤维醋法酯与其他包衣剂如乙基纤维素合用，可用于控释给药制剂。

即学即练 5-6

以下肠溶衣处方中""*""符号的辅料具有什么作用？

纤维醋法酯 * 5.4g，酞酸二乙酯 1.34g，二氯甲烷 54ml，丙酮 19ml，乙醇 2.7ml，

答案解析

　　A. 增塑剂　　　　B. 遮光剂　　　　C. 包衣材料　　　　D. 分散介质

【注意事项】纤维醋法酯与硫酸亚铁、三氯化铁、硝酸银、枸橼酸、硫酸铝、氯化钙、氯化汞、硝酸钡、碱式乙醚铅以及强氧化剂、强碱和强酸有配伍禁忌。

纤维醋法酯对眼睛、黏膜和上呼吸道有刺激性。建议使用护目镜和手套。纤维醋法酯应在通风良好的环境下操作，当处理大量材料时建议使用呼吸罩。

【案例解析】肠溶衣

1. 制法　将纤维醋法酯 10.0g 溶于 45.0ml 丙酮中，加入邻苯二甲酸二乙酯 1.0ml，另将十八醇溶于 40.0ml 异丙醇中，然后将两种溶液混合即得。

2. 解析　纤维醋法酯是制备肠溶衣的主要材料；丙酮为溶剂；邻苯二甲酸二乙酯为增塑剂，与十八醇疏水性辅料配合应用，除能增强包衣的韧性外，还能增强包衣层的抗透湿性。

羟丙甲纤维素邻苯二甲酸酯

【来源与标准】本品是将纤维素分子上的一些羟基甲醚化、2 - 羟丙醚化或邻苯二甲酰醚化。不同类型的分子量在 20000 ~ 200000。一般平均的分子量在 80000 ~ 130000。

【性质】羟丙甲纤维素邻苯二甲酸酯（HPMCP）是白色或类白色流动性良好的薄片状或颗粒状粉末。无臭或有微臭，其味几乎不易被察觉。有潮解性。在丙酮和甲醇或乙醇（1：1）、甲醇和二氯甲烷（1：1）的混合溶剂和碱性水溶液中溶解。在水和无水乙醇中几乎不溶。在丙酮中微溶。市售的 HPMCP 有各种不同的级别，取代度及物理性质不同。

HPMCP 在室温至少保存 3 ~ 4 年物理化学性质稳定，在 40℃、相对湿度为 75% 时，可以保持 2 ~ 3 个月稳定。在 25℃、相对湿度为 70% 时，暴露在紫外光下，可以稳定保持 3 个月。应贮藏在圆桶中，并置阴凉干燥处，在开盖之前应将其转移至室温处，以防水分在内壁凝结；60℃、相对湿度为 100% 时放置 10 天，有 8% ~ 9% 的羧基苯甲酰基团水解。HPMCP 比 CAP 更稳定，HPMCP 在室温贮藏条件不易受微生物的侵袭。

【应用】

包衣材料　HPMCP 作为片剂和颗粒剂的肠溶衣包衣材料应用广泛。HPMCP 在胃液中不溶但可溶胀，可以在肠上段快速溶解。一般 HPMCP 使用浓度在 5% ~ 10%，将其溶解在二氯甲烷 - 乙醇（50：50）或乙醇 - 水（80：20）的混合溶剂中。HPMCP 一般应用于片剂或颗粒包衣时，可用已确定的包衣工艺，不需加入增塑剂或其他膜材，但加入少量的增塑剂或水可避免出现膜龟裂现象。许多常用的增塑剂，例如二乙酸甘油酯、三乙酸甘油酯、二乙基或二丁基酞酸酯、蓖麻油、醋酸甘油酯和聚乙二醇，都可以与 HPMCP 配伍。一般用 HPMCP 包衣的片剂比用 CAP 包衣的片剂崩解速度快。

HPMCP 应用于片剂包衣时，可先将微粉化的 HPMCP 分散在加有三乙酸甘油酯，枸橼酸三乙醇或酒石酸二乙酯等增塑剂和润湿剂的溶液中。

HPMCP 可以单独使用，或和其他可溶的或不溶的黏合剂合并用来制备缓释制剂；其缓释速度具有 pH 依赖性。由于 HPMCP 无味，且其在唾液中不溶，因此用其包衣可以掩盖某些片剂的不良味道。

【注意事项】本品与强氧化剂有配伍禁忌。在形成色衣时，在 HPMCP 的包衣溶液中加入超过 10% 的二氧化钛溶液，生成衣膜的弹性会降低，但有耐胃液作用。

 知识链接

常见薄膜衣开裂原因分析

关于 HPMCP 薄膜衣层开裂的报道很少，这种情况大部分是出现在含有微晶纤维素和羧甲纤维素钙的包衣片剂中。薄膜衣层开裂的现象也发生在使用丙酮、2-丙醇混合溶剂，或二氯甲烷、2-丙醇混合溶剂作为包衣溶剂时，或在低温和高湿条件下进行包衣的操作中。但是，衣膜开裂可通过优化处方组成（包括溶剂），使用高分子量级别的聚合物或选择适宜的增塑剂避免。

建议操作时使用护目镜和手套。虽然没有 HPMCP 在空气中极限浓度的规定，但最好是在通风环境下进行操作，并应减少粉尘的产生。

【案例解析】 肠溶阿司匹林片剂

1. **制法** 将常法制得的阿司匹林片芯，用 HPMCP 和乙基纤维素（用量为前者的 15%～75%）溶解在丙酮和乙酸乙酯制得的包衣溶液中包肠溶衣。这种片剂在 pH 4.5 的缓冲液中开始释放阿司匹林，崩解时限仅 1 分钟。

2. **解析** HPMCP 为肠溶包衣材料，乙基纤维素为增塑剂，丙酮与乙酸乙酯为溶剂。

聚甲丙烯酸铵酯 II

【来源与标准】 本品为甲基丙烯酸甲酯、丙烯酸乙酯与甲基丙烯酸氯化三甲铵基乙酯以 65：30：5 的比例共聚而得。本品收载于《中国药典》（2020 年版）四部。

【性质】 本品为甲基丙烯酸甲酯，丙烯酸乙酯与甲基丙烯酸氯化三甲铵基乙酯以 65：30：5 的比例共聚而得，为微白色、半透明或透明的、形状大小不一的固体。在丙酮中略溶，在沸水、异丙醇中几乎不溶。按干燥品计算，其碘值为 12.1～18.3（mg/g）。本品无毒、无刺激性。

【应用】

1. **包衣材料** 本品可用于缓控释包衣材料，pH 非依赖性材料，不溶于胃液、肠液，但可在生物介质中溶胀，是理想的缓释型薄膜包衣材料。聚甲丙烯酸铵酯 II 可与聚甲丙烯酸铵酯 I 混合，以达到所需的释放速度。

2. **骨架材料** 本品可作缓控释片的骨架材料，因聚甲丙烯酸铵酯 II 不溶于水，通过孔道扩散与骨架溶蚀控制药物的释放。也可用于透皮传递系统的骨架层。

【注意事项】 本品宜密闭，在阴凉处保存。干粉状态的聚合物在温度小于 30℃ 时稳定。大于此温度粉末易结块，但这种现象并不影响物料的质量，块状物易粉碎。

聚乙烯醇醋酸苯二甲酸酯

【来源与标准】 本品是邻苯二甲酸酐与部分水解的聚乙烯醋酸酯的反应产物。

【性质】 本品为灰白色或半黄色的粒状物，无毒、无臭、无味。在乙醇和甲醇中可溶，在丙酮和异丙醇中微溶，在三氯甲烷、二氯甲烷和水中不溶。溶解度对 pH 有敏锐的响应性，pH＞5 时，可溶，pH＜5 时，不溶。化学性质稳定，不易水解，对温度和湿度比较稳定，不易老化。

【应用】

包衣材料 聚乙烯醇醋酸苯二甲酸酯（PVAP）用作肠溶包衣材料，亦可用水制成分散体使用。PVAP 包衣时可配成 10%～30% 浓度，喷雾包衣多用 10% 的浓度。可采用甲醇或乙醇/水作溶剂，通常增重 6%～8% 即可。适用于 PVAP 的增塑剂为枸橼酸三乙酯、三醋酸甘油酯、乙酰化枸橼酸三乙酯和 PEG 400。增塑剂用量为 PVAP 的 10% 最佳。

在片剂糖包衣工艺中，PVAP 可用于隔离层（密封层）的包衣，通常包二层衣足以密封大多数药片，含有碱性组分的药片需包到 5 层。对于肠溶包衣，需包 6～12 层。

即学即练 5 – 7

以下肠溶衣处方中"＊"符号的辅料具有什么作用？

10% PVAP ＊，1% 枸橼酸三乙酯，2% 硬脂酸，87% 甲醇

答案解析

A. 润滑剂　　　　B. 增塑剂　　　　C. 包衣材料　　　　D. 溶剂

【注意事项】PVAP 作为水分散体应用时，用含 PVAP、增塑剂和着色剂的固体产品，临用时加水搅拌分散制成混悬剂，混悬颗粒稳定性差，可加入过量氨水，使该系统稳定不聚集，氨与部分 PVAP 形成可溶性盐，包衣时氨可从盐中蒸发除去，PVAP 又恢复酸的形式。

【案例解析】硫酸钡肠溶片的制备

1. 制法　将常法制得的硫酸钡片芯，将聚乙烯醇醋酸苯二甲酸酯溶于 95% 的乙醇中，加入苯二甲酸二乙酯、滑石粉充分搅拌均匀，得 PVAP 包衣溶液包肠溶衣。

2. 解析　聚乙烯醇醋酸苯二甲酸酯为肠溶衣材料，其溶解度对 pH 有敏锐的响应性，这种响应性发生在 pH 4.5 ~ 5.0，故硫酸钡肠溶片胃内不崩解，而一进入十二指肠，则在约 12 ~ 15 分钟内即行崩解，钡粒分散在肠道。

第七节　成膜材料

PPT

一、概述

膜剂指药物与适宜的成膜材料经加工制成的膜状制剂，可供内服、外用、植入及眼部给药、腔道给药等。成膜材料是指物质分散在液体介质中，除去分散介质后，形成一层膜的物质。成膜材料在膜剂中起药物载体、使膜剂成型的作用，在涂膜剂中起到滞留和保持药物缓慢发挥疗效的作用。这就要求成膜材料符合下列要求：①无毒、无刺激性，为生理惰性物质，不影响免疫功能，外用不过敏，不妨碍组织的愈合，长期使用无致癌、致畸作用；②化学性质稳定，无不适臭味，不影响主药疗效，对含量测定无干扰；③成膜、脱膜性能好，载药能力强，成膜之后有足够的柔韧性与强度；④外用膜剂应释药迅速、完全，用于口服、眼用、腔道用膜剂的成膜材料应具有良好的水溶性与生物降解性，并能在用药部位逐渐降解、吸收、代谢或排泄；⑤来源丰富，价格便宜。

成膜材料的选用不但要考虑对膜剂质量的影响，先进的设备和优良的工艺也是提高膜剂质量必不可少的条件。如内服膜剂，所载药物大多药效强、剂量小，含量均匀度直接影响其用药的有效与安全。为了使膜剂质量符合要求，所选成膜材料均匀性好、黏度适宜，并选用适当浓度的成膜材料。

二、常用成膜材料的种类

作膜剂载体用的成膜材料都是高分子聚合物，一般分为两大类。

（一）天然高分子聚合物成膜材料

高分子聚合物是膜剂中成膜材料的主要部分，天然高分子聚合物的成膜材料常见的有虫胶、明胶、阿拉伯胶、海藻酸钠等，作为基质扩散给药系统的成膜材料常与其他成膜材料合用，若单独使用，成

膜、脱膜性能，成膜后的强度与柔韧性皆欠佳，但多数可降解或溶解。

（二）合成高分子成膜材料

根据聚合物单体分子结构不同可将合成高分子成膜材料分为三类。

1. 聚乙烯醇类　聚乙烯醇作为优良的胶凝剂和成膜材料，不但可作为缓释片剂骨架材料，还可作为助悬剂、透皮吸收促进剂、润滑剂和保护剂等。

2. 纤维素衍生物类　如醋酸纤维素、羟丙甲纤维素等。醋酸纤维素主要作为成膜材料和缓释材料，用于制备涂膜剂、膜剂、微囊剂、粘贴片剂和其他缓释制剂，可溶于丙酮－乙醇混合液中，进行喷雾包衣，还用于制备过滤膜、涂料及印刷制备板、玻璃纤维黏结剂等。遇较强酸、碱发生水解被还原成纤维素。

3. 丙烯酸类、丙烯酸乙酯－甲基丙烯酸酯共聚物等　如卡波姆在制剂中用作乳化剂、黏合剂、助悬剂、增稠剂、成膜剂、包衣材料和缓释材料，作黏合剂与包衣材料其一般浓度为 0.2% ~ 2.0%，还可与羟丙纤维素合用作黏膜贴剂的基质。与碱性药物、强酸类及高浓度电解质等有配伍禁忌。

聚乙烯醇

【来源与标准】　本品为聚酸乙烯酯的甲醇溶液中加碱液醇解反应制得品，分子式以 $(CH_2CHOH)_n$ $(CH_2CHOCOCH_3)_m$ 表示，其中 $m + n$ 代表平均聚合度，m/n 应为 0 ~ 0.35。本品的平均分子量应为 20000 ~ 150000。本品收载于《中国药典》（2020 年版）四部。

【性质】　聚乙烯醇（PVA）为无臭、白色至奶油色的颗粒状粉末。熔点：228℃（完全醇解级别）；180 ~ 190℃（部分醇解级别）。折射率：$n_D^{25} = 1.49 ~ 1.53$ 溶解度：水中可溶；有机溶剂中不溶。溶解时首先将固体在室温下分散在水中，然后加热混合物至90℃，加热时间约5分钟，不断搅拌直至溶液冷却至室温。

【应用】

1. 成膜材料　PVA 用于涂膜剂、膜剂中作为成膜材料，如外用避孕膜、口腔用膜、口服膜剂。用于制备透皮吸收膜剂以及水凝胶、压敏胶。一方面使药物易于释放并与皮肤或病灶紧密接触，而另一方面水凝胶基质能促进药物透皮渗透，从而提高疗效。PVA 可作为外用避孕凝胶剂的主要凝胶材料。

2. 黏合剂和缓控释骨架材料　利用热、反复冷冻以及醛化等交联手段制备不溶性 PVA 凝胶，用于药物控制释放、经皮吸收等。将药物分子通过离子键或共价键结合到 PVA 的侧基上，制得高分子或药物结合物，以降低药物的不良反应，并控制药物释放。还可以用于制备微球，作为医用吸附剂载体和缓控释药物载体。

即学即练 5 −8

硝酸甘油膜剂处方中"＊"符号的辅料具有什么作用？

硝酸甘油乙醇溶液（10%）	100ml	PVA17 − 88 ＊	78g
聚山梨酯80	5g	甘油	5g
二氧化钛	3g	纯化水	400ml

A. 成膜材料　　　　B. 崩解剂　　　　C. 稀释剂　　　　D. 黏合剂

答案解析

---

3. 其他应用　PVA 具有助悬、增稠以及在皮肤、毛发表面呈膜等作用，用于糊剂、面霜、软膏、

面膜和发型胶中。在眼用制剂（如滴眼液、隐形眼镜保养液及人工泪液产品）中作增稠剂，具有润滑和保护作用。与表面活性剂合用，还具有辅助增溶、乳化及稳定作用。可用作凝胶膏剂的基质，既作黏着剂，也做骨架材料。

【注意事项】PVA具有仲羟基化合物典型的各种反应，如酯化反应。在强酸中降解，在弱酸和弱碱中软化或溶解，高浓度PVA与无机盐，特别是与硫酸盐和磷酸盐不相容；磷酸盐可使5%（*W/V*）的PVA沉淀。硼砂能与PVA溶液作用形成凝胶。

操作时最好戴手套，注意保护眼睛；PVA粉尘对呼吸道有刺激，应在通风较好的环境中操作。

【案例解析】疏痛安涂膜剂

1. 制法　透骨草143g、伸筋草143g、红花48g，三味药加水适量，用稀醋酸调至pH 4~5，煎煮3次，每次1小时，合并煎液，滤过，滤液于60℃浓缩至相对密度为1.12~1.16，加乙醇使含醇量为60%，放置过夜，滤过，备用。另取PVA（药膜树脂04），加50%乙醇适量使溶解，加入上述备用液，再加薄荷脑及甘油，搅匀，加50%乙醇调整总量至1000ml，即得。

2. 解析　PVA（药膜树脂04）为成膜材料，甘油为增塑剂，50%乙醇为溶剂。

乙烯－醋酸乙烯(酯)共聚物

【来源与标准】本品是由乙烯和乙酸乙烯共聚而制得。

【性质】乙烯－醋酸乙烯（酯）共聚物（EVA）为透明至半透明、略带有弹性无色粉末或颗粒，无臭。其性能与其相对分子质量及醋酸乙烯含量有很大关系。醋酸乙烯比例高的EVA可溶于二氯甲烷、三氯甲烷等；醋酸乙烯比例低的EVA则类似于聚乙烯，只有在熔融状态下才能溶于有机溶剂中。其化学性质稳定，耐强酸和碱。

【应用】EVA与机体组织和黏膜有良好的相容性，适合制备在皮肤、腔道、眼内及植入给药的控释系统，如经皮肤给药制剂、周效眼膜、宫内节育器等。

【注意事项】强氧化剂可使EVA变性，长期高热可使之变色。对油性物质耐受性差，例如，蓖麻油对其有一定的溶蚀作用。

【案例解析】复方阿托品控释眼膜

1. 制法　取乙烯－醋酸乙烯共聚物溶解于三氯甲烷中，加入致孔剂糊精，搅匀涂布于洁净玻璃板上，待三氯甲烷挥发后即得。取阿托品、氯霉素、去氧肾上腺素、可卡因、PVA用温水溶解，涂布于玻璃板上，常温干燥后，用长1.0cm、宽0.3cm的椭圆空心冲冲成药膜1000张。

2. 解析　本品以乙烯－醋酸乙烯共聚物为成膜材料和控制释放材料，使药物缓慢释放。三氯甲烷为溶剂，糊精为致孔剂。PVA为成膜材料。

第八节　栓剂基质 🅔 微课4

PPT

一、概述

将药物与适宜基质制成的供腔道给药的固体制剂称为栓剂。栓剂中的基质是指制备时所用的赋形剂。栓剂能否成型的决定因素与物质基础是基质，栓剂局部或全身作用的发挥与基质理化性质有密切关系。这就要求栓剂的基质应符合以下要求：①对黏膜无毒性、无刺激性、无过敏性；②与药物混合后不起反应，不影响主药的作用与含量测定，释药速度符合医疗要求；③室温下在体外时具有适宜硬度和韧性，进入腔道能融化、软化或溶化；④适合热熔法和冷压法制备栓剂，易于脱模；⑤基质本身稳定，贮存中不发生理化性质变化，不易霉变等；⑥油脂性基质应要求酸价应在0.2以下，皂化值应在200～245之间，碘价低于7；⑦具有润湿或乳化的能力，水值较高。在实际生产中，加入药物后应检查以下项目：①熔点；②固化点（指基质在栓模中冷却固化时的温度）；③皂化值；④酸值；⑤来源及化学组成；⑥碘价；⑦水值。满足以上规定才能满足制备栓剂工艺的需要，确保产品的质量。

二、常用栓剂基质的种类

制备栓剂所用的基质有油脂性基质与水溶性基质两大类。

油脂性基质常用的有半合成脂肪酸甘油酯、天然脂肪酸酯及氢化油。熔点是油脂性基质的一项重要参数，它应与体温接近而又高于室温。半合成脂肪酸甘油酯类多为植物果实中提取的脂肪油经水解、分馏所得脂肪酸与甘油酯化所得，如硬脂酸丙二醇酯，商品名为 Witepsol 的基质（属于饱和脂肪酸的甘油三酸酯）。天然脂肪酸酯如可可脂、巴西棕榈蜡等。氢化油类呈半固体态或固态，有一定熔点，在使用时，常与其他油脂性基质如石蜡（熔点52℃）混合以调整熔点，如氢化棉籽油（熔点40.5～41℃）。

水溶性基质包括亲水性基质和水分散基质，常用的有聚乙二醇类（PEG 类）、甘油明胶（水：明胶：甘油=10：20：70）、非离子型表面活性剂类。PEG 类随分子量、乙二醇基聚合度的不同，物理性状不同，物态随分子量由低到高由液态、半固态到固态，熔点也依次升高，常以不同分子量者混合使用以满足实际生产所需。甘油明胶为栓剂基质，具有弹性，不易折，在体液中能溶解。此基质易吸水，失水及霉变，应密闭贮存，常用作阴道栓剂的基质。溶出速度随三者比例的改变而变化，若水、甘油含量增高，则溶出速度加快。作为栓剂基质的非离子表面活性剂类常用的有聚氧乙烯失水山梨醇脂肪酸酯（吐温类）及氧乙烯—氧丙烯聚合物类（普流罗尼克类），常用的有吐温60、吐温61等，为了得到熔点和稠度范围广的基质，可以单用、混合或与其他基质合用。

聚乙二醇

【来源与标准】本品为环氧乙烷和水缩聚而成的混合物，收载于《中国药典》（2020 年版）四部。

【性质】聚乙二醇（PEG）分子式表示为 $HO(CH_2CH_2O)_n$，其中 n 代表乙烯基的平均数，分子量因聚合物的不同而有差异，不同聚合程度的聚合物被不同国家的药典收录，见表5-9。由于聚合程度不同，故此其性质不尽相同，其性质见表5-10。

表5-9 各国药典收载的不同聚合程度聚乙二醇

种类	各国药典收录情况
PEG 200	被 BP、EP、USP/NF 收录
PEG 300	被 ChP、BP、EP、USP/NF 收录
PEG 400	被 ChP、BP、EP、USP/NF 收录
PEG 600	被 ChP、EP、USP/NF 收录
PEG 1000	被 ChP、BP、EP、USP/NF 收录
PEG 1500	被 ChP、BP、JP、EP、USP/NF 收录
PEG 4000	被 ChP、JP、EP、USP/NF 收录
PEG 6000	被 ChP、JP、EP、USP/NF 收录
PEG 20000	被 BP、JP、EP 收录

表 5 – 10　不同聚合程度 PEG 的性质

种类	状态	溶解性能
PEG 200	无色或近乎无色、澄明黏性液体；微臭	易溶于水、乙醇、丙酮、三氯甲烷及醇类，不溶于乙醚和脂肪族碳氢化合物
PEG 300	无色或近乎无色、澄明黏性液体；微臭	易溶于水、乙醇、乙二醇，不溶于乙醚
PEG 400	无色或近乎无色、澄明黏性液体	易溶于水、乙醇，不溶于乙醚
PEG 600	无色或近乎无色、澄明黏性液体；略有特臭；略有特臭	易溶于水、乙醇，不溶于乙醚
PEG 1000	无色或几乎无色的黏稠液体，或呈半透明蜡状软物	易溶于水、乙醇，不溶于乙醚
PEG 1500	白色蜡状固体薄片或颗粒状粉末；略有特臭	易溶于水、乙醇，不溶于乙醚
PEG 4000	白色蜡状固体薄片或颗粒状粉末；略有特臭	易溶于水、乙醇，不溶于乙醚
PEG 6000	白色蜡状固体薄片或颗粒状粉末；略有特臭	易溶于水、乙醇，不溶于乙醚
PEG 20000	白色坚硬蜡状固体或薄片；略有特臭	微溶于水，可溶于丙酮、三氯甲烷和二氯甲烷

所有级别的 PEG 均溶于水，PEG 相互间可以任意比例混合（必要时，熔化后混合）。高分子量级别的 PEG 的水溶液可以形成凝胶。液态 PEG 能溶解于丙酮、乙醇、苯、甘油和二醇类化合物。固态 PEG 能溶解于丙酮、二氯甲烷、乙醇和甲醇；在脂肪烃和醚中微溶。在脂肪、脂肪油和矿油中不溶。

【应用】

1. 栓剂基质　PEG 的混合物可用作栓剂基质，与脂肪性基质比较具有许多优点。例如，可制备较高熔点的栓剂，能耐受高温天气的影响；药物的释放不受熔点的影响，在贮藏期内，物理稳定性较好；栓剂容易与直肠液混合。同时，PEG 有下列缺点：和脂肪性基质比较，化学性质活跃；制备栓剂易出现孔洞，影响外观；随高分子量的 PEG 加入量增加，水溶性药物的释放率减小。对黏膜的刺激性比脂肪性基质大。

即学即练 5 – 9

甲硝唑栓处方中 " * " 符号的辅料具有什么作用？

答案解析

甲硝唑　　　1g　　　PEG400 *　　　8g　　　PEG4000 *　　　8g

A. 增塑剂　　　B. 栓剂基质　　　C. 黏合剂　　　D. 润滑剂

2. 软膏基质　PEG 是稳定的、亲水性物质，对皮肤基本无刺激；尽管 PEG 是水溶性的，容易被清洗，但它们不易穿透皮肤，常被用作软膏基质。固体级别的 PEG 可以加入液体 PEG 调整稠度，一般被用于局部用软膏。

3. 片剂黏合剂　高分子量的 PEG 可以作为片剂黏合剂，其常用的型号为 PEG 4000，PEG 6000。但当用量大于处方量的 5% （W/W）时，会导致片剂崩解时间变长，故在使用过程中应注意其用量。

4. 固体分散体载体　高分子量的 PEG 可以作为固体分散体的载体，一般适用于在水中不易溶解的药物，如氢化可的松、水杨酸等，从而增加该药物的溶解度和溶出速度，达到提高药物的生物利用度的目的。由于药物从该载体溶出速度是受其分子量的影响，因此分子量增大时，其溶出速度会降低。当药物为油类时，一般选用质量更大的 PEG 作为载体。

5. 修饰材料　本品具有高度的亲水性以及良好的生物和血液相容性，并且不容易被体内的吞噬系统识别，故目前常采用 PEG 对药物、脂质体、纳米粒进行结构修饰。从而达到延长药物在体内作用的时间，增强药效的作用。同时降低蛋白、多肽类药物的免疫原性和不良反应。

6. 增塑剂　在固体制剂中，高分子量的 PEG 能增加片剂黏合剂的有效性，影响颗粒塑性。但单独使用时，黏结作用受限，在用量大于 5%（*W/W*）时，片剂崩解时间延长。当用于热塑性制粒时，粉末状混合物加入 10%～15%（*W/W*）加热至 70～75℃ 的 PEG 6000 中。边冷却边搅拌成糊状，形成颗粒。这项技术可用于如需要延长崩解时间的锭剂类剂型的制备。

7. 其他应用　在薄膜包衣时，固态级别的 PEG 能单独用作薄膜包衣材料或被用作亲水性打光材料。固态级别的 PEG 广泛用作薄膜包衣聚合物的增塑剂。在薄膜包衣时，PEG 特别是液态级别的 PEG 能增加水渗透性，可以减弱肠溶衣膜抵抗低 pH 的作用。在微囊制剂中加入 PEG 作为增塑剂，避免微囊压制成片时包衣薄膜破裂。

分子量为 6000 以上的 PEG 可用作润滑剂，特别在溶液片中。其润滑作用不如硬脂酸镁，在压片过程中如果物料过分发热则黏性增加。此时需加入抗黏剂，避免发热而黏冲。PEG 水溶液可作为助悬剂或用于调整其他混悬介质的黏稠度。PEG 和其他乳化剂合用，增加乳剂稳定性。

液体 PEG 可作为与水相混性的溶剂填装于软明胶胶囊中。但由于它选择性地吸收囊壳的水分可使囊壳变硬。

浓度约 30%（*V/V*）的 PEG 300 和 PEG 400 可用作注射给药制剂的介质。

此外，PEG 作为控释材料已被用来制备氨基甲酸乙酯的水凝胶剂。

【注意事项】 PEG 化学反应主要发生在分子链上两端的羟基上，或被酯化或被醚化。由于产品中存在过氧化物和由于自氧化作用产生的杂质，所有级别的 PEG 都具有氧化性。PEG 可使抗生素的抗菌活性降低，特别是青霉素和杆菌肽。羟苯酯类的防腐剂可因 PEG 的络合使防腐效果减弱。酚、鞣酸、水杨酸可使 PEG 软化和液化。磺胺类和地蒽酚与 PEG 作用可变色，PEG 和山梨醇配伍可生成沉淀。聚乙烯，酚醛、聚氯乙烯和纤维素酯膜（在滤器中）可被软化或被 PEG 溶解。PEG 能从薄膜衣中迁移，导致与片芯产生反应。

液态和固态级别 PEG 和某些色素不能配伍。

PEG 吸湿性较强，在湿度较大和温度较高时，容易发生部分液化。故应放置于密闭容器中，在干燥、阴凉条件下保存。

【案例解析（一）】 聚乙二醇软膏

1. 制法　将 4g PEG 4000 与 6g PEG 400 放瓷皿中，在水浴上加热至约 65℃ 融化，搅拌均匀至冷凝呈膏状，即得。

2. 解析　PEG 4000 与 PEG 400 的用量比例不同，可以调节软膏的软硬度。聚乙二醇具有软膏所需要的物理性质，化学性质稳定，不易水解或分解，不易发霉，无特殊刺激性或不良反应，且不污染衣物，容易用水洗涤。

【案例解析（二）】 浓苯甲酸水杨酸软膏

1. 制法　取水杨酸 60g，苯甲酸 120g，PEG 400 125g，甘油 100g 和二甲基亚砜 50ml 进行混合，在室温下搅拌使其完全溶解至澄清备用；取鲸蜡醇 20g、PEG 4000 525g 加热溶解至澄清，并不断搅拌使其冷却，当冷却到 50℃ 时缓缓加入之前的混合液，不断搅拌至冷即得。

2. 解析　本制剂中二甲基亚砜作为溶解水杨酸和苯甲酸的溶媒。PEG 400 和 PEG 4000 作为水溶性软膏基质，并通过加入一定比例的 PEG 400 和 PEG 4000 来调整软膏的成型性。鲸蜡醇增加基质的吸水量，甘油作为保湿剂。

巴西棕榈蜡

【来源与标准】　本品系从 *Copernicia cerifera* Mart. 叶子中提取纯化而制得的蜡，收载于《中国药典》（2020 年版）四部。

【性质】　巴西棕榈蜡为淡棕色至灰黄色的粉末、薄片或形状不规则且质地硬脆的蜡块，具有温和特臭，但几乎无味。皂化值为 78～95，碘值为 5～14，巴西棕榈蜡不发生酸败。溶于温热的三氯甲烷和温热的甲苯；微溶于沸腾的乙醇（95%）；几乎不溶于水。

【应用】

1. 栓剂基质　本品具有较高的熔点，可按不同药物的要求来选择，抗热性能好，不易酸败，贮藏较稳定。目前半合成基质在国外已代替了天然油脂，使用量达处方量的 80%～90%，是较理想的一类油脂性栓剂基质，其中以半合成脂肪酸酯和混合脂肪酸甘油酯应用最多，也可作为栓剂添加剂中的硬化剂。

2. 打光剂　在药物制剂常用的各种蜡中，巴西棕榈蜡硬度最大且熔点最高，主要以 10%（*W/V*）水性乳液的形式用于糖衣片打光。水性乳液可由巴西棕榈蜡与一种乙醇胺化合物以及油酸混合而成。用巴西棕榈蜡包衣的片剂具有良好的光泽而且不起皱。巴西棕榈蜡也可以以粉末的形式用于糖衣片打光。

3. 其他应用　巴西棕榈蜡 10%～50%（*W/W*）也可单独或与羟丙纤维素、海藻酸盐/果胶－明胶、丙烯酸树脂和硬脂醇合用于制备缓释固体制剂。

此外，巴西棕榈蜡曾被用于制备耐胃内酸性作用的微球。

【注意事项】　遵守材料操作环境相关的注意事项；注意材料用量，如在食品中最大使用量为 0.6g/kg。

【案例解析】　盐酸地尔硫䓬脉冲片

1. 制法　将处方量的盐酸地尔硫䓬与淀粉、交联聚维酮混合过 100 目筛 3 次，加适量黏合剂制成软材，过 20 目筛制粒，50～60℃干燥 30 分钟，过 18 目筛整粒，加入润滑剂混匀、压片，即得每片含地尔硫䓬 30mg 的片芯。

将巴西棕榈蜡、蜂蜡与致孔剂等按处方比例混合，致沸水浴上加热至熔融，再于室温下冷却，研磨粉碎、过筛，得到包衣颗粒。取单片处方量的包衣颗粒，平整地填入冲模中，加入片芯，压制成片。

2. 解析　在包衣层处方中，选择疏水性的巴西棕榈蜡与蜂蜡为主要包衣材料，阻滞水分向包衣层内部和片芯渗透，且其可压性较好，适于压制包衣，包衣层加入水溶性材料交联聚维酮为致孔剂，可调整脉冲释放时间与速度，加入适量润滑剂以消除黏冲现象。影响本品脉冲释放时间的首要因素是巴西棕榈蜡与蜂蜡的配比，比值越大，药物脉冲释放时间越提前。

可可脂

【来源与标准】　本品系由梧桐科可可属植物 *Theobroma cacao* L. 的种子提炼制成的固体脂肪，收载于《中国药典》（2020 年版）四部。

【性质】　本品为白色或淡黄白色，微具脆性的固体，有轻微的可可香味（压榨品）或味平淡（溶剂提取品）。热至 25℃即可变软，在 100℃ 和 25℃ 时相对密度分别为 0.858 和 0.864。熔程 31～34℃；碘值 35～40；皂化值 188～195，在 40℃ 时折光率为 1.454～1.458。本品微溶于乙酸，可溶于沸无水乙醇，易溶于乙醚、三氯甲烷和石油醚。本品无毒、安全，对皮肤、黏膜无刺激性。置于密闭、避光容器中，阴凉、干燥处保存。注意室内温度不得超过 25℃。

【应用】

1. 栓剂基质　可可脂在人体正常温度下能迅速熔化，无刺激性。与药物的水溶液不相混合，但可加适量乳化剂制成乳剂基质（乳剂基质对药物释放较快）。可可脂是较理想的基质，但由于国内产量少，价格昂贵，因此应用不多。由于本品熔点低，又具有在刚低于熔点就变成固体的优点，是栓剂有价值的基质。

2. 其他应用　本品还是发炎皮肤极好的润滑剂和透皮促进剂；也是软膏和霜剂的优良基质。用本品制造的护肤霜，有"皮肤食物"之美称。气温较高时，可加入白蜂蜡，以提高其熔点。

【注意事项】本品遇水合氯醛、樟脑、薄荷脑、麝香草酚、水杨酸苯酯会软化。遇碱会分解。

【案例解析】阿司匹林栓

1. 制法　将可可脂 5.63g 与羊毛脂 1g 至于洁净的容器中，加入水合氯醛 1.2g 加热熔融，加入阿司匹林 3g 搅拌均匀，倒入栓剂模具中，待放凉，取出即得。

2. 解析　阿司匹林为主药，水合氯醛能够降低基质的熔点，羊毛脂和可可脂作基质，具有释药快的特点。

混合脂肪酸甘油酯

【来源与标准】本品为 $C_8 \sim C_{18}$ 饱和脂肪酸的甘油一酯、甘油二酯与甘油三酯的混合物，收载于《中国药典》（2020 年版）四部。

【性质】本品是由甘油和脂肪酸所形成的酯。根据脂肪酸种类及甘油结合的脂肪分子数不同，所形成的甘油酯形态也不同，一般为白色或类白色的蜡状固体，具有油脂臭，触摸时有滑腻感。在水或乙醇中几乎不溶，在三氯甲烷或乙醚中易溶，在石油醚（60～90℃）中溶解。本品的熔点 34 型为 33～35℃；36 型为 35～37℃；38 型为 37～39℃，40 型为 39～41℃。

【应用】

1. 栓剂基质　本品作为栓剂基质时，在体温下易融化，无刺激性。便于药物从基质中转移到直肠液中，有利于药物的释放和吸收。

2. 其他应用　甘油单酯和甘油二酯与水一起震荡可以乳化，而甘油三酯却无乳化能力。因此脂肪酸单甘油酯和二甘油酯，可用作 W/O 型乳化剂，能与碳水化合物、油脂、蛋白质等发生作用，且在酸碱的作用下可水解，生成脂肪酸和甘油。

【注意事项】要避免本品遇酸、碱发生水解生成脂肪酸和甘油。同时避免脂肪酸在高温下发生分解生成羧酸和烯烃，本品应于密闭、阴凉处储存。

【案例解析】盐酸克仑特罗栓

1. 制法　将混合脂肪酸甘油酯 39g 置于洁净的容器中，加入羟苯甲酯水溶液（0.1%）1～2 滴加热熔融，加入盐酸克仑特罗 1g 搅拌均匀，倒入栓剂模具中，待放凉，取出制得。

2. 解析　盐酸克仑特罗为主药，混合脂肪酸甘油酯为脂溶性基质，以此为基质有利于水溶性药物盐酸克仑特罗从基质中释放到直肠水溶液中。

目标检测

答案解析

一、填空题

1. 蔗糖的应用主要有＿＿＿、＿＿＿＿、＿＿＿＿、＿＿＿＿等。

2. 微晶纤维素常作＿＿＿、＿＿＿＿、＿＿＿＿三合剂使用。

3. 广泛用作维生素类和其他对水分敏感药物稀释剂的是＿＿＿＿＿、＿＿＿。

4. CMS – Na 作为崩解剂广泛应用于口服胶囊剂和片剂中，通常在片剂中用量为处方量的＿＿＿。

5. CCMC – Na 用作崩解剂时，常用浓度可达＿＿＿＿＿，通常直接压片工艺中的用量为处方量的＿＿＿＿＿。湿法制粒压片时为＿＿＿＿＿。

6. 常用的润湿剂有＿＿＿、＿＿＿＿＿、＿＿＿＿＿、＿＿＿＿＿等。

7. 根据材料不同，包衣可分为＿＿＿＿＿、＿＿＿＿＿和＿＿＿＿＿。

8. 渗透型丙烯酸树脂可单独或混合用作缓控释制剂的骨架材料，用量可达处方量的＿＿＿＿＿。

9. 巴西棕榈蜡不但可以做栓剂的基质，也可作为栓剂添加剂中的＿＿＿＿＿。

二、单选题

1. 以下不是水不溶性稀释剂的是（　　　）。
   A. 乳糖　　　　　　　　B. 淀粉　　　　　　　　C. 微晶纤维素　　　　　　D. 甘油磷酸钙

2. 蔗糖制成单糖浆或芳香性糖浆用作矫味剂的浓度是（　　　）。
   A. 64.7% g/ml　　　　B. 75% g/ml　　　　　　C. 85% g/ml　　　　　　D. 95% g/ml

3. 甘露醇在下列哪种溶剂中不溶（　　　）。
   A. 乙醇（95%）　　　　B. 醚　　　　　　　　　C. 异丙醇　　　　　　　D. 碱

4. 衡量崩解剂的性能除用崩解时限外，还应加上（　　　）。
   A. 脆碎度　　　　　　　B. 溶出度指标　　　　　C. 硬度　　　　　　　　D. 片重差异

5. 遇酸会析出沉淀，遇多价金属盐则产生不溶于水的金属盐沉淀的辅料是（　　　）。
   A. CMS – Na　　　　　B. L – HPC　　　　　　C. PVPP　　　　　　　D. PEG – 4000

6. 特别适宜油类、浸膏类药物的制粒的润滑剂是（　　　）。
   A. 二氧化硅　　　　　　B. 苯甲酸钠　　　　　　C. 聚乙二醇　　　　　　D. 月桂醇硫酸钠

7. 制备固体制剂，因主药含量太低，不利于分剂量时，应加入哪种附加剂（　　　）。
   A. 稀释剂　　　　　　　B. 崩解剂　　　　　　　C. 吸收剂　　　　　　　D. 润滑剂

8. 羟丙甲纤维素作为片剂膜包衣溶液的常用浓度是（　　　）。
   A. 2% ～20%　　　　　B. 2% ～10%　　　　　C. 5% ～15%　　　　　D. 10% ～20%

9. 羟丙甲纤维素邻苯二甲酸酯的英文缩写为（　　　）。
   A. CAP　　　　　　　　B. HPMC　　　　　　　C. HPMCP　　　　　　D. CMC – Na

10. 乙烯 – 醋酸乙烯（酯）共聚物的英文缩写为（　　　）。
    A. HPMCP　　　　　　B. HPMC　　　　　　　C. CAP　　　　　　　　D. EVA

11. PVAP 用作为包衣材料时，常用浓度是（　　　）。
    A. 10% ～30%　　　　B. 20% ～50%　　　　　C. 30% ～60%　　　　　D. 60% ～90%

12. 高分子量的 PEG 可以作为片剂黏合剂，其常用的型号为 PEG 4000、PEG 6000。但当用量大于处方量的（　　　），会导致片剂崩解时间变长。
    A. 5%　　　　　　　　B. 10%　　　　　　　　C. 15%　　　　　　　　D. 20%

13. 巴西棕榈蜡可单独或与羟丙纤维素、海藻酸盐/果胶 – 明胶、丙烯酸树脂和硬脂醇合用于制备缓释固体制剂的浓度是（　　　）。
    A. 10% ～50%　　　　B. 20% ～50%　　　　　C. 10% ～40%　　　　　D. 20% ～40%

三、多选题

1. 崩解剂按其结构和性质可分为（　　　）。

A. 淀粉及其衍生物   B. 纤维素类   C. 表面活性剂

D. 泡腾混合物   E. 高分子聚合物类

2. 以下有关玉米淀粉的性质说法正确的有（ ）。

A. 白色粉末，无臭，无味   B. 2%玉米淀粉水溶液的 pH 为 5.5～6.5

C. 具有黏附性，且流动性好   D. 淀粉均吸湿

E. 淀粉在 95%冷乙醇和冷水中溶解

3. 以下属于粉状纤维素的应用的有（ ）。

A. 黏合剂   B. 崩解剂   C. 助流剂   D. 润湿剂   E. 矫味剂

4. 以下哪些是片剂中润滑剂的作用（ ）。

A. 增加颗粒流动性   B. 促进片剂在胃中湿润 C. 防止颗粒黏冲

D. 减少对冲头的磨损   E. 促进药物的溶出

5. 以下属于微晶纤维素的应用的有（ ）。

A. 稀释剂   B. 崩解剂   C. 抗黏着剂   D. 润湿剂   E. 矫味剂

6. 润滑剂可分为（ ）。

A. 界面润滑剂 B. 流体薄膜润滑剂 C. 液体润滑剂   D. 助流剂   E. 抗结块剂

7. 下列属于 PVA 应用的是（ ）。

A. 成膜材料   B. 黏合剂   C. 缓控释骨架材料 D. 助悬剂   E. 增稠剂

8. 下列属于 HPMC 应用的是（ ）。

A. 包衣材料   B. 骨架材料   C. 黏合剂   D. 助悬剂与增稠剂 E. 乳化剂

四、处方分析题（请指出各成分在处方中的作用）

1. 薄膜包衣溶液

【处方】玉米朊   0.5g（ ）   乙醇（95%以上）   10ml（ ）

    邻苯二甲酸二乙酯 0.15g（ ）

2. 阿德福韦酯片

【处方】阿德福韦酯 10g（ ）   预胶化淀粉   10g（ ）

    微晶纤维素   50g（ ）   乳糖   25g（ ）

    硬脂酸镁   0.5g（ ）   微粉硅胶   2g（ ）

    PVP   5g（ ）   共压制   1000 片

书网融合……

知识回顾   微课1   微课2   微课3   微课4   习题

第六章　半固体制剂辅料

学习引导

半固体制剂在我国具有悠久的历史，是一种古老的剂型。随着科学的发展，新的基质、新型吸收促进剂、新型药物载体不断涌现，推动了半固体制剂的进一步发展，很多药物制成了软膏剂及凝胶剂，有些硬膏剂逐渐被取代。软膏剂、凝胶剂的基质有什么优势？硬膏剂还能不能继续发展？同一种药物，我们应该如何选择适合自己的半固体制剂？

本章主要介绍软膏剂、凝胶剂及硬膏剂的常用基质。

学习目标

1. 掌握　半固体制剂常用基质选用原则。
2. 熟悉　半固体制剂常用基质的种类、性质和特点。
3. 了解　半固体制剂基质的应用。

第一节　软膏剂基质 微课1

PPT

一、概述

软膏剂基质是药物的载体，同时也起到赋形的作用，其性能不仅直接影响软膏剂的外观、流变学性质，而且对软膏剂的质量及药物的释放和吸收有着重大影响。故此在选用软膏剂基质时，常需综合考虑各类基质的性质、药物性质、皮肤状况、治疗目的等多方面因素。软膏剂的基质主要包括三类：油脂性基质、水溶性基质和乳剂型基质。

一般情况下，起到局部治疗作用的软膏剂，基质宜选择使用穿透性较差的基质，如油脂性基质；起到全身治疗作用的软膏剂，基质宜选择使用容易释放并且较易穿透的基质，如乳剂型基质；治疗急性且有多量渗出液的皮肤患处，不宜使用封闭性基质，如凡士林，故宜使用水溶性基质。

二、常用软膏剂基质种类

1. 油脂性基质　油脂性基质主要包括油脂类、烃类、类脂类及硅酮类物质。这类基质的优点是润滑且无刺激性，涂于皮肤后能够在皮肤上形成封闭性的油膜，起到促进皮肤水合作用，软化皮肤的作用；能与大部分药物配伍使用，且不易长菌。缺点主要包括：其吸水性较差，对药物的释放、穿透作用较差。常用的油脂性基质包括：植物油（芝麻油、棉籽油、大豆油、花生油、橄榄油等）、白凡士林、石蜡、羊毛脂、蜂蜡、鲸蜡、二甲硅油等。

2. 水溶性基质 水溶性基质主要是由天然或合成高分子水溶性物质组成。这类基质的优点主要包括：易涂展，能吸收组织渗出液，并且其药物释放较快；对皮肤、黏膜刺激性小，可用于糜烂创面及腔道黏膜；无油腻性，较易清洗。缺点主要是润滑性太差。常用水溶性基质包括聚乙二醇、甘油明胶、纤维素衍生物等。

3. 乳剂型基质 乳剂型基质是由水相、油相在乳化剂的作用下乳化形成半固体基质，分为水包油型（O/W）和油包水型（W/O）两种类型基质。常用油相包括硬脂酸、石蜡、蜂蜡、高级脂肪醇、凡士林等；常用乳化剂及稳定剂包括皂类（一价皂、二价皂、三价皂等）、脂肪醇硫酸（酯）钠类（十二烷基硫酸钠等）、高级脂肪酸及多元醇酯类（鲸蜡醇、十八醇、硬脂酸甘油酯、脂肪酸山梨坦、聚山梨酯）等。

水包油型基质的优点为：能与水混合，无油腻性，较易清除；其缺点为：易干燥、霉变，故需加入保湿剂和防腐剂共同使用；在制备过程中，常易受酸、碱及钙离子或电解质破坏，故一般使用蒸馏水及离子交换水，并且注意 pH 的调节；油包水型基质的优点：能吸收部分水分，油腻性较小；其缺点为遇水不稳定的药物不宜选用此基质。

花生油

【来源与标准】 本品系由豆科植物落花生 *Arachis hypogaea* L. 或其变种植物的成熟种子中提炼精制而成的脂肪油，收载于《中国药典》（2020 年版）四部。

【性质】 本品为无色或淡黄色的澄清油状液体，可与乙醚、三氯甲烷、二硫化碳或石油醚混溶，在乙醇中极微溶解。相对密度为 0.914～0.917，折光率为 1.462～1.464，酸值应不大于 0.5 或 0.2（供注射用），碘值应为 84～103，过氧化值应不大于 5.0，皂化值应为 188～196。

【应用】

1. 软膏剂基质 本品在药物制剂中作为油脂性基质，用于制备软膏剂。常与熔点较高的蜡类合用制成稠度合适的基质，如单软膏即是蜂蜡与花生油（33∶67）熔合而成的。本品也可作为油相，用于制备乳剂或乳膏剂。

2. 其他应用 本品是常用的非极性溶剂，能溶解如激素、挥发油、游离生物碱、芳香族药物。本品有润肤及保护皮肤的作用，因而多作外用制剂如洗剂、擦剂、滴鼻剂的溶剂。内服可作脂溶性药物的溶剂，如维生素 AD 滴剂。注射用花生油可作为注射剂的溶剂，比如二巯丙醇注射剂。

【注意事项】 本品易变质，易酸败，易与碱性药物发生皂化反应。由于分子结构中存在不饱和键，易氧化，需添加抗氧剂。本品应置于密闭、避光容器中，储存于阴凉、干燥处。远离火源，勿与氧化物接触。

【案例解析】 顽癣敌软膏

1. 制法 取柳蘑粉 320g 碎成细粉，过筛、备用，另取花生油 1200g 置锅内加热，加入蜂蜡 400g 溶化，待温降至 100～80℃时，加入上述柳蘑粉末，搅拌均匀，待凉，即得。

2. 解析 花生油在该处方中作为油脂性基质，与蜂蜡合用调节基质的稠度。

白凡士林

【来源与标准】 本品系从石油中得到的经脱色处理的多种烃的半固体混合物，收载于《中国药典》

（2020 年版）四部。

【性质】白凡士林为白色至微黄色均匀的半固体状物质，无臭或几乎无臭，几乎不溶于水、乙醇、丙酮，微溶于乙醚，可溶于苯、三氯甲烷。熔点为 45～60℃。化学性质稳定，不易酸败，刺激性较小，有适宜的黏稠性和涂展性。

【应用】

1. 软膏剂基质　本品为油脂性基质，有时也作为油相和一些具有乳化作用的基质形成乳膏剂基质。本品性质稳定，刺激性较小，故能与大多数药物进行配伍使用，尤其适合作为抗生素等不稳定性药物的基质。同时由于本品所含杂质较少，纯度极高，故对人体几乎无过敏反应，在制备过程中一般首选本品作为软膏剂基质。

由于本品仅能吸收约 5% 的水分，不能与较大量的水性药物溶液混合均匀，并且不适用于有大量渗出液的患处，故此常加入适量羊毛脂、胆固醇和一些高级脂肪醇来增加其吸水性和药物的渗透性，一般常用羊毛脂与本品混合使用，其比例一般为 1：9。

2. 其他应用　本品根据其浓度的不同也可以作为其他剂型的辅料。例如其浓度为 10%～30%，其可作为局部用润滑乳膏的辅料；浓度为 4%～25%，其可作为局部用乳剂的辅料。

【注意事项】本品作为惰性材料，性质极其稳定，但是少量杂质的存在很可能会影响其稳定性，这些杂质在经过光照后容易发生氧化，会导致其发生变质产生不良臭味，故可以加入一些抗氧化剂抑制氧化，但不能和强氧化剂混合使用，否则将发生配伍反应。

本品有各种熔点，易受气温变化的影响，例如在夏季时低熔点的本品易发生软化和液化现象，而在冬季黏度容易过大，因此应该加入一些辅料进行改善。

本品可采用干热灭菌法或辐射灭菌法进行灭菌，但在此过程可能会影响其物理性质，如颜色、气味、流变学性质等发生改变。

【案例解析】复方樟脑冻疮软膏

1. 制法　取樟脑、薄荷脑置于研钵中研磨液化，加入硼酸和液状石蜡，研成细腻糊状；另将羊毛脂和白凡士林共同加热熔化，待温度降至 50℃ 时，以等量递加法分次加入以上混合物中，边加边研磨，至冷凝。

2. 解析　本制剂中采用白凡士林作为油脂性基质，其中羊毛脂的加入是为了改善白凡士林的吸水性，达到促进药物渗透，提高药物吸收的目的。而处方中的樟脑和薄荷脑都易溶于液状石蜡，故加入少量液状石蜡有助于分散均匀，使得软膏更为细腻。

即学即练 6-1

在油脂性基质中有适宜的稠度和涂展性的基质是（　　　）。

答案解析　A. 羊毛脂　　　B. 凡士林　　　C. 蜂蜡　　　D. 液状石蜡

石蜡

【来源与标准】本品系自石油或页岩油中得到的各种固形烃的混合物，收载于《中国药典》（2020年版）四部。

【性质】本品为无色或白色半透明块状物质，常显结晶状的构造。无臭、无味。几乎不溶于水、乙醇，可溶解于三氯甲烷或乙醚；熔点为 50～65℃；熔融并冷却后能够与大多数蜡相互混合。对大多数药物性质稳定。

【应用】

1. 软膏剂基质 本品主要作为软膏组分之一。在软膏制备中，本品常被用来提高软膏基质稠度，常和凡士林混合使用，以达到调节基质稠度的作用。

2. 其他应用 本品除作为软膏基质外，还可以作为包衣材料。

【注意事项】 本品外用对皮肤无刺激性，内服安全，但长期口服可降低食欲及干扰脂溶性维生素的吸收。本品性质极其稳定，但是反复熔融和凝固会改变其物理性质，故注意贮存温度，一般40℃以下密闭保存，遇光和热时容易产生氧化反应，并且伴有不良臭味，故可加入稳定剂来延迟氧化，但与氧化剂一起使用时应该注意配伍变化，故需注明加入的成分及浓度。

【案例解析】 W/O型软膏剂基质

1. 制法 将单硬脂酸甘油酯、蜂蜡、石蜡、硬脂酸置于蒸发皿中，于水浴上熔化，再加入白凡士林、液状石蜡、司盘80，加热至80℃左右。另将氢氧化钙、羟苯乙酯溶于蒸馏水中，并于水浴上加热至80℃，加入上述油相溶液中，边加边向同一方向搅拌，保持80℃搅拌1～2分钟，然后在冷水浴中搅拌至室温，可见液体逐渐变成乳白色半固体状，即是所要制备的软膏剂基质。

2. 解析 硬脂酸与氢氧化钙形成二价皂，作为乳化剂，石蜡、液状石蜡调节稠度，羟苯乙酯作为防腐剂。

羊毛脂

【来源与标准】 本品系采用羊毛经加工精制而得，收载于《中国药典》（2020年版）四部。

【性质】 本品为淡黄色至棕黄色的蜡状物；有黏性而滑腻，有微弱臭味。不溶于水，但是与约2倍量的水均匀混合，可溶于三氯甲烷、乙醚、丙酮和二硫化碳。

【应用】

软膏剂基质 本品可作为油脂性基质用于软膏剂中。其具有强烈的吸水性，故此特别适用于制备含水的软膏剂。本品性质稳定，能够使软膏均匀稳定并且不容易发生腐败。

【注意事项】 本品黏性较大，故能够牢固吸附于皮肤上，难以清除，故常和凡士林混合进行使用。羊毛脂能够改善凡士林的吸水性。

本品在贮藏过程中，会自发氧化，为了抑制氧化过程，可以加入抗氧化剂。但不能与强酸、氧化剂相接触，容易发生水解、氧化等反应，最终影响产品的稳定性。

【案例解析】 复方苯甲酸软膏

1. 制法 取苯甲酸与水杨酸研细过筛，另取羊毛脂与白凡士林加热熔化，等到基质冷却后，取少量加入过筛的药品中，研磨均匀后，再逐渐加入全部基质中，研匀即得。

2. 解析 本制剂中若单用羊毛脂，会导致黏度太大，故加入白凡士林混用，以降低本制剂的稠度。

白蜂蜡

【来源与标准】 本品系由蜂蜡（蜜蜂分泌物的蜡）经氧化漂白精制而得。因蜜蜂的种类不同，由中华蜜蜂分泌的蜂蜡俗称中蜂蜡（酸值为5.0～8.0），由西方蜂种（主要指意蜂）分泌的蜂蜡俗称西蜂蜡（酸值为16.0～23.0）。本品收载于《中国药典》（2020年版）四部。

【性质】 本品为不规则，大小不一的固体，呈淡黄色或白色，不透明或微透明，无结晶。无味，但具有特异性气味。不溶于水，可溶于三氯甲烷、微溶于乙醚、丙酮和二硫化碳。

【应用】

1. 软膏剂基质 本品可作为软膏剂、乳膏剂基质组成成分之一，主要在软膏剂和乳膏剂起到增稠作用，使用浓度一般在5%～20%。同时本品含有少量游离的高级脂肪醇，因而具有弱的表面活性，属于W/O型乳化剂，故常在O/W乳膏基质中增加基质的稳定性。

2. 助悬剂 本品可以作为助悬剂，主要是通过增加体系黏度起到助悬作用；同时本品中含有少量游离高级醇而具有乳化性，因此具有降低表面张力的作用，使得混悬剂稳定不易发生沉降。

3. 其他应用 本品还可以应用作糖衣片的抛光剂、固体制剂的缓释材料，用其包衣后可以控制药物从离子交换树脂小球中释放出来。

【注意事项】 本品遇氧化物质、酸、碱可发生氧化分解反应。

【案例解析】 尿素软膏

1. 制法 将64g白蜂蜡、100g羊毛脂及536g凡士林加热熔化，滤过，置于50℃水浴锅中；另取100g尿素与200g甘油，加热使尿素溶解后，缓缓加入基质中，随加随搅拌至冷却，分装，即得。

2. 解析 本制剂用于治疗鱼鳞癣，皲裂性湿疹，皮肤皲裂、干燥等疾病。本品选用的基质为油脂性基质，其中白蜂蜡在基质中起到增加黏稠度的作用。

硬脂醇

【来源与标准】 本品为以十八醇为主的固体醇混合物，含十八醇（$C_{18}H_{38}O$）不得少于95.0%。又名十八醇。

【性质】 本品为白色粉末、颗粒、片状或块状物，有油脂味，熔化后为透明的油状液体。在乙醚中易溶，在乙醇中溶解，在水中几乎不溶。熔点为57～60℃，酸值不大于1.0，羟值为197～217，碘值不大于2.0，皂化值不大于1.0。

【应用】

1. 软膏剂基质 本品在基质中有一定的吸水能力，吸水后可形成W/O型乳剂型基质的油相，可增加乳剂的稳定性和稠度。常与十二烷基硫酸钠（月桂醇硫酸钠）合用，可以增加其亲水性，形成O/W型乳剂。

2. 其他应用 本品除用于软膏剂基质外，也被用于透皮穿透促进剂。

【注意事项】 本品无毒，对皮肤和黏膜无刺激性，公认是安全的。应保存于密闭容器中，置阴凉、干燥处，温度不得超过40℃，与强氧化剂有配伍禁忌。

【案例解析】 醋酸氟轻松乳膏

1. 制法 将月桂醇硫酸钠、羟苯乙酯、甘油及蒸馏水混合加热至80℃，缓缓加入至预先加热至同温度的硬脂醇、白凡士林、液状石蜡等的混合物中，快速搅拌，冷凝。另将醋酸氟轻松溶于二甲基亚砜中，然后与基质混匀即得。

2. 解析 本处方中月桂醇硫酸钠为主要乳化剂，能形成O/W型乳剂基质。硬脂醇、白凡士林、液状石蜡为油相，硬脂醇还起辅助乳化及稳定作用，并可增加基质的稠度，羟苯乙酯为防腐剂，甘油为保湿剂。

第二节 凝胶剂基质 📱 微课2

PPT

一、概述

凝胶剂是指药物与能形成凝胶的辅料制备成的溶液、混悬剂或乳状液的稠厚液体或半固体制剂。凝胶剂作为新型药物制剂，可分为局部用凝胶剂和全身凝胶剂，其中局部用凝胶剂一般为单相凝胶，单相凝胶又可分为水性凝胶和油性凝胶。临床上使用较多的为水性凝胶。

凝胶剂制备时所需的常用辅料有凝胶剂基质、溶剂、pH 调节剂、保湿剂、防腐剂、稳定剂、助溶剂、增溶剂以及透皮吸收剂等等。其中以凝胶剂基质的选择最为重要。一般情况下，凝胶剂基质的选择原则：外观光滑，透明细腻；稠度、黏度都较适宜，并且容易涂布；自身性质稳定，不与主药发生化学反应；不影响皮肤及黏膜的正常功能，同时具有良好的释药作用；具备良好的安全性，并且局部不会产生刺激性等；应该有适宜的 pH，一般在 5.0~8.0 之间。

二、常用凝胶剂基质的种类

凝胶基质包括水性凝胶基质和油性凝胶基质。水性凝胶基质主要是由高分子材料组成，一般分为天然高分子、半合成高分子和全合成高分子三类。其中天然高分子材料主要有：明胶、西黄蓍胶、琼脂、海藻酸钠、桃胶、黄原胶等；半合成高分子材料主要有羟丙甲纤维素、甲基纤维素、羟甲纤维素等；合成高分子材料主要有卡波姆、聚丙烯酰胺、聚丙烯酸钠等。油性凝胶基质主要由聚氧乙烯、胶体硅、铝皂、锌皂、脂肪油和液状石蜡组成。

黄原胶

【来源与标准】 本品系淀粉经甘蓝黑腐病黄单胞杆菌 *Xanthomonas Campestris* 发酵后生成的多糖类高分子聚合物经处理精制而得，又称苦苷胶、汉生胶或黄单孢菌多糖，其基本骨架似纤维素，侧链含酸性基团，且反向缠绕主链，分子以氢链构成双螺旋，双螺旋又以共价链结合成整齐的螺旋聚合体，具有优越的生物胶性能和独特的理化性质。本品收载于《中国药典》（2020 年版）四部。

【性质】 本品为类白色至淡黄色、无臭、自由流动的微细粉末。在水中溶胀成胶体溶液，在乙醇、乙醚和丙酮中几乎不溶。本品在冷、热水中均能溶解，且在低浓度时则有较高的黏度，1% 的水溶液在静置时几乎成凝胶状，具有几乎不受温度和 pH 影响的高黏度，水溶液在较宽的 pH 范围内（pH 3~12）稳定，在 pH 4~10 和温度 10~60℃ 范围内具有最佳的稳定性。溶液在酸、碱、盐以及酶存在的条件下均保持稳定，在强碱性条件下，多价金属离子（如钙离子）可导致胶凝或沉淀。

【应用】

1. 水凝胶基质　目前用于制备水凝胶的材料主要是人工合成高分子材料，用它们合成出来的水凝胶生物相容性不好，在生物领域中的应用受到限制。黄原胶是一种性能优良的生物高分子酸性杂多糖，以其为原料制备的水凝胶亲水性强、无毒、可降解、生物相容性好，在生物领域具有广阔的应用前景。

2. 增稠剂　在液体制剂中，黄原胶常作为增稠剂，常用浓度为 200~2000mg/100ml。黄原胶与某些无机助悬剂（如硅酸镁铝，按 1∶2~1∶9 配比）或某些有机胺类（如瓜尔胶，按 3∶7~1∶9 配比）混合应用，能形成流变学性质更理想的溶胶。

3. 助悬剂　本品作为一种高分子多聚糖的亲水胶，在液体制剂的多相体系中可作为有效的助悬剂。复方甘草合剂等胶体型和悬浮型液体制剂，放置后容易分层，产生沉淀，既影响产品外观，服用时还需摇匀，加入本品 0.1%~0.25%，可使产品在较长时间内不分层，不沉淀，且疗效不减。

4. 黏合剂　本品作为黏合剂制片，黏合力强，且药片不会过于坚硬，在压片时和贮存过程中均不易出现裂片现象。

5. 崩解剂　本品具有良好的膨胀作用、润湿作用和毛细管作用，常以 200 目的细粉与淀粉或微晶纤维配伍，作干法、湿法压片的崩解剂。

6. 其他应用 本品适用于水溶性药物、水难溶性药物，亦适用于制备速效制剂和缓释制剂。本品也是制造咀嚼片和吸吮片的良好亲水胶体赋形剂。本品还可作为乳化剂和稳定剂，将本品加入任何类型的乳液中，可使乳剂在 pH 1~13 和较高电解质浓度下，具有极好的稳定性。

> **知识链接**
>
> **"胶水粥"是什么"鬼"？有害吗？合法吗？**
>
> "胶水粥"是指在煮粥时加入黄原胶，能让稀粥瞬间变成黏稠的粥。
>
> 根据国家《食品添加剂使用标准 GB2760－2014》的规定，黄原胶是国家规定的可以添加的食品添加剂，功能是增稠剂，在使用范围内无毒无害。
>
> 黄原胶虽属于"可在各类食品中按生产需要适量使用的食品添加剂"。但同时大米及其制品属于"按生产需要适量使用的食品添加剂所例外的食品类别"。因此大米粥中是不允许添加黄原胶的，特别是早餐中不允许添加。胶水粥是商家的一种不良行为，也是一种欺诈行为。

7. 亲水性缓释片骨架材料 黄原胶可作为亲水性骨架型，其优异的胶凝特性对亲水性骨架片的性能具有重要作用，表现为：快速而良好的水化作用，溶液中离子浓度增加，水化速度变慢；高度的假塑性和在不同浓度下的高弹性模具；无热胶凝作用，其流变学性质与温度和离子浓度无关，在不同浓度下都能凝结；用量不同，药物释放速率不同，用量较高（处方量的 30%~50%）时可实现接近零级的药物释放特征，且在胃液和肠液中释放模式相同。对于疏水性药物，黄原胶的用量要比亲水性药物低，前者主要通过骨架缓慢溶蚀的机制释放，而后者主要通过扩散机制释放。

8. 其他应用 本品可作为丙烯酸树脂类薄膜衣材料的致孔剂。

【注意事项】 本品在药物制剂的常规用量范围内无毒、无刺激性。世界卫生组织允许的黄原胶日摄入量为 10mg/kg。狗口服 $LD_{50} > 20g/kg$，大鼠口服 $LD_{50} > 45g/kg$。

本品是一种阴离子聚电解质，通常与阳离子表面活性剂、聚合物或防腐剂产生沉淀，制剂时禁止配伍。如果与纤维素衍生物合用，应使用不含纤维素酶的黄原酸胶，以防止纤维素衍生物发生解聚。

【案例解析】 魔芋－黄原胶复合水凝胶

1. 制法 在一定浓度和共混比例下，将魔芋精粉和黄原胶分别慢慢加入搅拌的蒸馏水中，使其分散均匀后，放入水浴中恒温到指定温度后进行共混，保温一定时间后得到共混溶胶，室温放置可得复合水凝胶。

2. 解析 魔芋精粉与黄原胶均为非凝胶多糖，本身均不会形成凝胶，但二者共混可以得到凝胶。当魔芋精粉与黄原胶的共混比例为 30/70、多糖总浓度为 1%，可达到协同相互作用的最大值。

【案例解析】 氢溴酸右美沙芬口服缓释混悬液

1. 制法

①氢溴酸右美沙芬含药树脂的制备 将离子交换树脂粉碎筛得细粉备用。称取右美沙芬氢溴酸盐置烧杯中，用去离子水溶解后，加入离子交换树脂细粉，进行离子交换反应，过滤。滤饼用去离子水洗去树脂表面的游离药物，干燥，即得氢溴酸右美沙芬树脂微粒。

②树脂的微囊包衣 将含药树脂置三角烧瓶中，加入乙基纤维素、环己烷后，置水浴中搅拌加热，当水浴温度升至 85℃时，停止加热，继续搅拌至包衣液温度降至室温，停止搅拌，过滤，干燥，过 100

目筛，得包衣微粒。

③口服缓释混悬液的制备　将包衣树脂微粒混悬于丙二醇形成混悬液，另将吐温80与黄原胶先行混合，用煮沸的去离子水将其溶解后，加入丙二醇混悬液中，搅拌下加入单糖浆、香料和羟苯乙酯乙醇液，混匀后即得。

2. 解析　乙基纤维素为半合成高分子囊材，环己烷为溶剂，单糖浆和香料为矫味剂，羟苯乙酯为防腐剂。丙二醇、吐温80和黄原胶在该处方中作为助悬剂。

卡波姆

【来源与标准】本品为丙烯酸键合蔗糖（或季戊四醇）的烯丙基醚的聚合物，其中丙烯酸羧酸基团含量约为56% ~68%，商品名为Carbopol。根据聚合时使用的材料不同和聚合度的不同，卡波姆有多种类型和品种，常用的有卡波姆934、卡波姆934P、卡波姆940、卡波姆941以及卡波姆1342等，其中P代表口服级。本品收载于《中国药典》（2020年版）四部。

【性质】本品为白色疏松粉末，具有酸性、特征性微臭；具有一定吸湿性，一般情况，水分含量为2%（W/W），由于有吸水性，在25℃和相对湿度50%条件下，其平衡含水量为8% ~10%（W/V）。含水量的增加不会影响其增黏的性能，只是增加分散难度。本品溶于水，中和之后能溶于95%的乙醇和甘油中，具有胶体溶液的特征。

【应用】

1. 凝胶剂基质　本品作为形成水性凝胶剂基质常用材料，能与水溶液混合并能吸收组织渗出液，有利于分泌物的排除。在制备过程中，具有操作简便、质量稳定、不需明火加热等优点，尤其适合易挥发、热稳定性差、临床小量急用药物的配制。本品除了作为外用凝胶剂的基质外，眼用凝胶剂、齿科用凝胶剂也常用本品作为基质材料。使用本品作为基质制成的眼用凝胶剂，不仅能延长药物在角膜的滞留时间，增加药物的吸收，还能达到耐高温、高压、保持释药速度和外观不变的目的，从而改善普通滴眼剂因为药物在眼中滞留时间短而导致吸收较差的状况。由于本品同时具有良好的成膜性和黏和性，能够使药物在牙齿局部停留时间延长，达到增强药效的作用，所以也常作为齿科用凝胶剂的基质材料。

2. 缓控释骨架材料　本品可以作为缓控释材料骨架材料，主要是因为链间的共价交联而形成了独特的网状结构，通过水化作用膨胀后形成凝胶，最终通过形成的凝胶层控制药物的释放。本品作为缓释材料用量较少，一般为处方量的6% ~10%，具备良好的可压性，一般能使药物呈零级或近似零级释放。

3. 助悬剂　本品也作为混悬剂的助悬剂，主要是由于其具备增稠、改善体系流变性、悬浮性。本品能吸附于药物表面形成保护膜，阻碍微粒凝集成块，产生架桥絮凝，使得微粒沉降缓慢，并且振摇后能迅速再均匀分散，最终让混悬剂保持稳定状态。

4. 生物黏附制剂的黏附材料　本品具有生物黏附性，故常用于生物黏附制剂中的黏附材料。主要是由于它能与黏膜中的糖蛋白相互作用，形成物理性缠结，然后与糖蛋白寡糖链上的糖残基形成氢键，产生较强的黏液凝胶网状结构，使得黏膜黏附系统保持较长的黏附时间，其中形成氢键是生物黏附作用的重要因素，氢键的断裂将会极大程度地减弱黏附强度。

5. 酶抑制剂　本品具有抑制蛋白酶的活性，故此口服蛋白类制剂可以用其作为酶抑制剂。其主要是通过络合辅酶中Ca^{2+}和Zn^{2+}，使得酶自身活性被抑制，同时其本身结构中含有56.0% ~68.0%的羧基，在肠道内可释放出质子，形成局部酸性的环境，最终起到抑制微生物蛋白酶活性的作用。

【注意事项】本品遇间二苯酚容易变色，并且和苯酚、阳离子聚合物、强酸以及高浓度的电解质都不相溶。本品干粉状时不长霉，但分散于水中极易长菌，故此适当加入抑菌剂，但应注意加入抑菌剂的浓度，如加入高浓度的苯扎氯铵或苯甲酸钠时会使本品的分散液黏度降低并且发生浑浊。过渡金属和痕量的铁都能催化降解本品分散液，故制备过程应该注意。

本品能与某些含氨基官能团药物形成水溶性的络合物，通常这种情况可用适当的醇或多元醇调节液体的溶解度参数。本品也能与某些聚合物辅料形成 pH 依赖型的络合物，调节溶解度参数的方法也可以起到一定作用。

本品粉末对眼、黏膜、呼吸道有一定刺激性。本品与眼接触时，会形成凝胶状的膜，难以用水除去，需要用生理盐水冲洗。在操作过程中，建议使用手套和护目镜。

【案例解析】 利培酮鼻用凝胶剂

1. 制法　称取 350mg 卡波姆 940，分散于约 40ml 的蒸馏水中，使之充分溶胀，溶胀完全后，用三乙醇胺将 pH 调节至 6.0，即得到空白凝胶基质，备用；另精密称取利培酮 500mg、三氯叔丁醇 500mg、置 100ml 量瓶中，加入丙二醇 20ml，加热使药物及防腐剂完全溶解，放冷至室温；精密称量二甲基 - β - 环糊精 15g，加入约 25ml 蒸馏水，溶解后加入到上述药物溶液中，二者混合均匀后，加入空白凝胶基质中，搅拌，最后加蒸馏水至处方量 100g，搅拌均匀，即得。

2. 解析　利培酮作为主药，卡波姆 940 作为基质材料，丙二醇作为增溶剂与保湿剂；二甲基 - β - 环糊精是鼻黏膜给药制剂的重要吸收促进剂之一，同时也能对利培酮起增溶作用；三乙醇胺作为 pH 调节剂；三氯叔丁醇作为防腐剂。

即学即练 6 - 2

答案解析

　　　酮康唑凝胶剂处方如下：酮康唑 20g，亚硫酸钠 2g，羟苯乙酯 1g，乙醇 350ml，丙二醇 100ml，卡波姆 940 10g，三乙醇胺 18g，纯化水至 1000g。问处方中卡波姆 940 的作用是（　　　）。

　　　A. 保湿剂　　　　B. 防腐剂　　　　C. pH 调节剂　　　　D. 凝胶基质

羧甲纤维素钠

【来源与标准】 本品为纤维素在碱性条件下与一氯醋酸钠作用生成的羧甲纤维素钠盐。按干燥品计算，含 Na 应为 6.5% ~9.5%。本品收载于《中国药典》（2020 年版）四部。

【性质】 羧甲纤维素钠（CMC - Na）为白色至微黄色纤维状或颗粒状粉末，无臭，有一定的引湿性。本品在水中溶胀成胶状溶液，在乙醇、乙醚或三氯甲烷中不溶。

【应用】

1. 凝胶剂基质　本品作为水性凝胶剂基质常用材料，通常使用较高浓度，浓度范围约为 3% ~6%。由于本品涂布于皮肤时附着性较强，较容易发生失水，使得皮肤干燥且不适，故常在此类凝胶中常加入二醇类以防止干燥。

2. 黏合剂　本品可作为湿法制粒的黏合剂，一般使用浓度范围为 1% ~3%。本品对片剂崩解度有较好的效果，同时能够螯合微量金属离子，防止或延缓贮存期变色。

3. 助悬剂　本品作为混悬剂的助悬剂，主要是由于其水溶液具备一定黏性，能增加分散介质的黏度，同时能够吸附在药物微粒周围，从而形成机械的保护性薄膜，阻止混悬微粒的沉降和结块，保持混悬剂的稳定状态。

【注意事项】本品有一定的吸湿性，但自身比较稳定。在高湿条件下，可以吸收大量的水分（>50%），这一性质会导致片剂的硬度降低以及崩解时间变长。

本品水溶液一般在 pH 2～10 内稳定，如果 pH 小于 2 时，会产生沉淀；当 pH 大于 10 时，溶液的黏度会急剧下降，故当 pH 为 7～9 的时候，其黏度最大并且稳定。

本品与强酸溶液、可溶性铁盐以及其他金属如铝、汞和锌等都有配伍禁忌，而当 pH < 2 以及与 95% 的乙醇混合时，会产生一定的沉淀。本品与明胶及果胶能够形成凝聚物，使其可以和胶原形成复合物，能沉淀某些带有正电荷的蛋白。

【案例解析】盐酸川芎嗪凝胶剂

1. 制法　取 CMC - Na 充分溶胀后形成空白凝胶基质，取一定量盐酸川芎嗪加蒸馏水溶解，分别加入月桂氮酮和薄荷油，充分搅拌混合，最后加入羧甲纤维素钠水溶液中，搅匀即得，其处方为：5% 月桂氮酮 +5% 薄荷油 +8% 羧甲纤维素钠 +8% 盐酸川芎嗪。

2. 解析　本处方以 CMC - Na 为凝胶基质。研究表明，天然类与化学类促进剂合用能够增加促渗效果，其中以月桂氮酮与其他促进剂合用多见，并且月桂氮酮对皮肤的刺激性小，较为安全。故该处方中以 5% 薄荷油和 5% 月桂氮酮联合应用作为经皮吸收促进剂。

第三节　硬膏剂基质 微课 3

PPT

一、概述

硬膏剂的基质是硬膏剂中作为药物载体与赋形剂的物质，种类较多，应该根据不同药物的性质以及临床应用选择不同的基质。

二、常用硬膏剂基质的种类

硬膏剂基质根据其组成不同分为以下四类：

（一）铅肥皂基质

铅肥皂基质是由高级脂肪酸的铅盐所形成的基质。其是通过含铅化合物与植物油发生化学反应而形成的。用此基质制备成的硬膏剂，在传统中药剂型中被称为膏药。根据含铅化合物种类的不同，又分为以下三种。

1. 铅硬膏基质　这类基质是由密陀僧（PbO）与植物油或豚脂相互反应而生成。由这种基质制备的硬膏药称为铅硬膏。

📱 知识链接 --

黑膏药与铅丹

黑膏药是最早的膏药，其首次使用记载可追溯到西晋时期，是我国内病外治方面具有突出疗效的制剂精华，具有治疗范围广、药效时间长、可局部或全身治疗、疗效显著等优点，其制备主要包括药料的提取、炼油、下丹成膏、去火毒、摊涂等步骤。

铅丹是黑膏药的主要基质，又名红丹、黄丹、章丹、陶丹，主要成分为四氧化三铅（Pb_3O_4），含量应在 95% 以上，红色为佳。铅丹含水分易聚成颗粒，下丹时易沉于锅底，不易与油充分反应，使用前应炒除水分，过五号筛。

2. 黑膏药基质　这类基质是由铅丹（Pb_3O_4）与植物油相互反应而生成。由这种基质制备的硬膏药称为黑膏药。

3. 白膏药基质　这类基质是由铅白（碱式碳酸铅）与植物油相互反应而生成。由这种基质制备的硬膏药称为白膏药。

（二）橡胶基质

该类基质是由橡胶与增塑剂、软化剂、填充剂等混合而制成的基质。用这种基质制备而得的硬膏剂被称为橡胶硬膏。该类基质在和药物进行混合时，温度较低，故可以防止挥发性成分的损失，保证不耐热成分的稳定性，并且该基质在室温下具备一定黏性，不脏衣服，使用和清洗都较容易。

（三）树脂类基质

该类基质是以树脂，主要由松香和植物油加热熔合而制成的基质。用这种基质制备的硬膏剂又称为无丹膏药。

（四）动物胶基质

该类基质是用动物胶熬制而成的基质，常用的动物胶如骨胶。

松节油

【来源与标准】本品为松科松属数种植物中渗出的油树脂，经蒸馏或提取得到的挥发油，收载于《中国药典》（2020 年版）四部。

【性质】本品为无色至微黄色的澄清液体，臭特异。久贮或暴露于空气中，臭渐增强，色渐变黄。本品易燃，燃烧时会产生浓烟。本品不溶于水，在乙醇中易溶，能与三氯甲烷、乙醚或冰醋酸任意混溶。其相对密度为 0.850~0.870。本品中主要含有 α-蒎烯和 β-蒎烯及少量 1-莰烯。

【应用】

1. 硬膏剂基质　本品作为硬膏剂基质组分之一。在整个制备过程中要求有一定的碘价和皂化价，分别以 100~130 和 180~206 为宜。

2. 透皮促进剂　本品可以作为透皮促进剂。研究表明植物芳香精油的主要成分单萜和倍半萜能够起到透皮促进作用。其主要作用机制是萜类物质对角质层细胞间的磷脂排列的扰乱，改变角质层细胞类脂双分子层结构，增加角质层细胞的流动性，但所造成的磷脂排列的扰乱是可恢复性的。本品对亲水性和亲脂性药物都具有促透作用，达到加速药物的经皮吸收目的。

3. 其他应用　本品除作为辅料外，还可用于治疗肌肉痛、关节痛、软组织损伤等。

【注意事项】本品遇到氯和溴将会发生剧烈反应，甚至引起燃烧。遇其他氧化剂或久置空气中会发生氧化反应。遇碱可使其中所含氧化松香及其他聚合物变成不挥发物。

【案例解析】复方南星止痛膏

1. 制法　由松香、石蜡、松节油、液状石蜡经加热溶解混合制成基质后，将肉桂、丁香、附片等中药材粉碎后与基质混合，经碾压成膜，再与胶布复合而成，每 15g 药膜中含 5g 生药材。

2. 解析　松香为增黏剂，石蜡和液状石蜡增加基质稠度，松节油除了作为基质外，还起到透皮促进剂的作用，达到增加药物吸收的目的。

松香

【来源与标准】 本品系由松科松属植物 *Pinaceae* 的树干中取得的油树脂，经蒸馏除去松节油后制得。本品收载于《中国药典》（2020 年版）四部。

【性质】 本品为淡黄色至淡棕色不规则块状，断面呈壳状，有玻璃样光泽，质脆，易碎，燃烧时产生浅黄色到棕色烟雾，在乙醇、乙醚或冰醋酸中易溶，酸值为 150～177。

【应用】

1. 硬膏药基质 本品一是作为橡胶膏剂常用的增黏剂使用（因松香中含有的松香酸可加速橡胶膏剂的老化），选择软化点 70～75℃（最高不超过 77℃），酸价 170～175 者。二是作为树脂基质与植物油加热融合，用于制备无丹膏药，比如翠玉膏等。

2. 其他应用 本品可在药剂中起黏合、缓释、增稠等作用，主要用作黏合剂、缓释剂和压敏胶，用于制造片剂、丸剂等固体制剂。本品也可用作透皮促进剂。

【注意事项】 本品内服、外用一般是安全的，但外用偶尔出现皮肤过敏现象。可与氧化剂、碱类发生氧化、分解等反应。应密闭储存于阴凉通风处，远离火源。

【案例解析】 复方牵正膏

1. 制法 以上 14 味，除樟脑、冰片、薄荷和麝香草酚外，其余白附子等 10 味粉碎成粗粉，用85% 乙醇作溶剂，浸渍，渗漉，渗漉液回收乙醇并浓缩至相对密度约为 1.05，与樟脑、冰片、薄荷脑和麝香草酚混匀，加入约 4 倍量重的由橡胶、松香、氧化锌、凡士林和羊毛脂制成的基质，制成涂料，进行涂膏，切段，盖衬，切成小块，即得。

2. 解析 本品为橡胶硬膏。橡胶为主要基质；松香为增黏剂；凡士林和羊毛脂为软化剂，增加可塑性；氧化锌为填充剂，具有缓和的收敛作用，同时与松香酸生成松香酸锌盐，能降低松香酸对皮肤的刺激性。

即学即练 6-3

下列辅料在橡胶膏剂基质中可以起到增黏剂的作用的基质是（　　　）。

A. 橡胶　　　　B. 羊毛脂　　　　C. 立德粉　　　　D. 松香

答案解析

目标检测

答案解析

一、填空题

1. 凡士林属于＿＿＿＿类，液状石蜡属于＿＿＿＿类，羊毛脂属于＿＿＿＿类，羧甲纤维素钠属于＿＿＿＿类。

2. 植物油、羊毛脂、蜂蜡用于制备＿＿＿＿，橡胶、松香、凡士林用于制备＿＿＿＿，植物油和铅丹用于制备＿＿＿＿。

3. 油脂性基质凡士林吸水性较小，故不能与＿＿＿＿配伍，常加入＿＿＿＿可提高吸水性。

4. 单软膏是以＿＿＿＿与＿＿＿＿加热熔合制成。

5. 硬脂醇又名＿＿＿＿，常与＿＿＿＿合用，可以增加其亲水性，形成 O/W 型乳剂。

6. 常用的水性凝胶高分子材料分为_____、_____和_____三类。

7. 铅丹的主要成分是_____，密陀僧的主要成分是_____。

8. 松香在橡胶膏药中常用作_____。

二、单选题

1. 油脂性基质凡士林吸水性较低，故此常常和下面哪种物质混合使用，用来增加其吸水性（　　）。

    A. PEG　　　　　　　B. 蜂蜡　　　　　　　C. 羊毛脂　　　　　　　D. 硬脂酸

2. 下面对于软膏剂基质羊毛脂叙述是正确的是（　　）。

    A. 其化学组成主要是脂肪酸类成分　　　　B. 白色黏稠半固体

    C. 因过于黏稠常单独使用　　　　　　　　D. 可吸水150%

3. 属于油脂性基质为（　　）。

    A. 聚乙二醇　　　　　B. 凡士林　　　　　　C. 明胶　　　　　　　　D. 卡波姆

4. 甘油常作为乳剂型软膏基质的（　　）。

    A. 保湿剂　　　　　　B. 防腐剂　　　　　　C. 助悬剂　　　　　　　D. 润湿剂

5. 以下软膏基质中，适用于大量渗出性的患处的基质是（　　）。

    A. 凡士林　　　　　　B. 羊毛脂　　　　　　C. 乳剂型基质　　　　　D. 水溶性基质

6. 以下哪个是常用亲水凝胶基质（　　）。

    A. 卡波普940　　　　B. 丙二醇　　　　　　C. 尼泊金甲酯　　　　　D. 氢氧化钠

7. 下列辅料在橡胶膏剂基质中可以起到填充剂的作用的基质是（　　）。

    A. 橡胶　　　　　　　B. 凡士林　　　　　　C. 氧化锌　　　　　　　D. 液状石蜡

8. 常用于O/W型乳剂型基质乳化剂（　　）。

    A. 硬脂酸钙　　　　　B. 羊毛脂　　　　　　C. 月桂醇硫酸钠　　　　D. 十八醇

9. 以下属于水溶性软膏基质的是（　　）。

    A. 十八醇　　　　　　B. 硅酮　　　　　　　C. 硬脂酸　　　　　　　D. 聚乙二醇

10. 植物油和章丹用于制备（　　）。

    A. 橡皮膏　　　　　　B. 黑膏药　　　　　　C. 白膏药　　　　　　　D. 软膏

11. 丙烯酸与丙烯基蔗糖交联的高分子聚合物（　　）。

    A. 凡士林　　　　　　B. 羊毛脂　　　　　　C. 卡波姆　　　　　　　D. 黄原胶

12. 下列属于天然高分子凝胶材料的是（　　）。

    A. 黄原胶　　　　　　B. 甲基纤维素　　　　C. 卡波姆　　　　　　　D. 液状石蜡

三、多选题

1. 以下对于软膏剂基质叙述正确的是（　　）。

    A. 软膏剂基质是药物的助悬剂　　　　　　B. 基质在软膏剂中起到赋形作用

    C. 基质在软膏剂中起到载体作用　　　　　D. 基质自身应该不和主药发生相互作用

    E. 基质应该具备一定的黏度和适宜的涂展性

2. 以下哪些因素影响软膏剂的吸收（　　）。

    A. 软膏剂使用的部位　　　　　　　　　　B. 使用过程中皮肤是否发生病变

    C. 软膏剂基质的选择　　　　　　　　　　D. 药物自身性质

    E. 使用过程中皮肤的温度

3. 下面属于软膏剂中油脂性基质有哪些（　　）。

    A. 凡士林　　　　B. 羊毛脂　　　　C. 石蜡　　　　D. 蜂蜡　　　　E. 聚乙二醇

4. 下列叙述中正确的为（　　）。

    A. 卡波普在水中溶胀后，加碱中和后即成为黏稠物，可作凝胶基质

    B. 十二烷基硫酸钠为 W/O 型乳化剂，常与其他 O/W 型乳化剂合用调节 HLB 值

    C. O/W 型乳剂基质含较多的水分，无须加入保湿剂

    D. 凡士林中加入羊毛脂可增加吸水性

    E. 硬脂醇是 W/O 型乳化剂，但常用于 O/W 型乳剂基质中起稳定、增稠作用

5. 具有吸水作用的软膏基质有（　　）。

    A. 羊毛脂　　　B. 聚乙二醇　　　　C. 蜂蜡　　　　D. 凡士林　　　　E. 液状石蜡

6. 下列有关水性凝胶基质错误的是（　　）。

    A. 水性凝胶基质一般释药较快　　　　　　　　B. 易清洗，润滑作用好，且无需加保湿剂

    C. 吸水性强，不可用于糜烂创面　　　　　　　D. 易长霉，故需添加防腐剂

    E. 能吸收组织渗出物

7. 下列属于水性凝胶基质的是（　　）。

    A. 卡波姆　　　B. 甲基纤维素　　　C. 果胶　　　　D. 吐温 80

8. 黑膏药基质原料有（　　）。

    A. 植物油　　　B. 宫粉　　　　C. 红丹　　　　D. 红升丹　　　　E. 水银

四、处方分析题（请指出各成分在处方中的作用）

1. 徐长卿软膏

    【处方】丹皮酚　　　1g（　　）　　　　硬脂酸　　　15g（　　）

             三乙醇胺　　2g（　　）　　　　甘油　　　4g（　　）

             羊毛脂　　　2g（　　）　　　　液状石蜡　25ml（　　）

             蒸馏水　　　50ml

2. 盐酸达克宁软膏

    【处方】盐酸达克宁　10g（　　）　　　　鲸蜡醇　　120g（　　）

             白凡士林　　50g（　　）　　　　液状石蜡　100g（　　）

             甘油　　　100g（　　）　　　　吐温 80　　35g（　　）

             司盘 80　　　15g（　　）　　　　羟苯乙酯　1g（　　）

             蒸馏水　　539ml（　　）

书网融合……

    知识回顾　　　 微课 1　　　 微课 2　　　 微课 3　　　 习题

学习引导

气雾剂是常用剂型中的一种，这种剂型主要依靠气雾剂中的抛射剂将药物喷射出去，因此抛射剂非常重要。什么样性能的辅料能够作为抛射剂？它们的发展趋势如何？

本章主要介绍具有抛射作用的辅料。

📖 学习目标

1. **掌握**　抛射剂选用原则。
2. **熟悉**　抛射剂常用辅料的种类、性质和特点。
3. **了解**　抛射剂的应用。

第一节　概　述

PPT

一、概述

气雾剂系指原料药物或原料药物和附加剂与适宜的抛射剂共同装封于具有特制阀门系统的耐压容器中，使用时借助抛射剂的压力将内容物呈细雾状喷出的制剂，其中在气雾剂中起到抛射作用的辅料称为抛射剂。抛射剂是作为气雾剂中提供推动力的组成部分，也可以作为药物与附加剂的溶剂或分散介质。由于在常温常压下抛射剂的蒸气压高于大气压，因此须将抛射剂密封于耐压容器内，并由特制的阀门系统控制释放。当开启容器阀门时，压力骤降的瞬间，抛射剂能急剧气化，产生的蒸气压克服外界阻力和药液分子间的引力，使内容物呈现雾状喷出，最终到达作用部位或吸收部位。抛射剂的种类、用量将决定药物喷出的雾滴大小、喷射距离、干湿程度等性质，并直接影响药物的疗效。

二、抛射剂的要求

抛射剂常温下沸点应低于室温，常温的蒸气压应大于大气压；无毒、无致敏反应和刺激性；无色、无臭、无味；性质稳定，不易燃易爆，不与药物、容器发生相互作用；不会破坏臭氧层，造成环境污染；廉价易得。

三、抛射剂选用原则

1. 根据抛射剂的性质选用 抛射剂在选用过程中应考虑抛射剂自身的性质，包括溶解度参数、介电常数、密度、压力等因素。在气雾剂制备过程中，为了得到较好的抛射性能，常将抛射剂混合使用，但选择混合抛射剂时需考虑其相容性、压力等。

抛射剂的溶解度参数是作为气雾剂处方设计过程中需考虑的一个因素。溶解度参数代表分子间的结合，对于非电解质来说，其值越大，极性越大，而其值越接近，相容性越好。大多数液化气体抛射剂的极性低，因此使用混合抛射剂或加入其他溶剂的时候，应考虑其相容性。抛射剂密度是作为气雾剂处方设计过程中需考虑的另外一个因素，由于气雾剂处方设计时往往按照重量比例进行配制，而释药剂量却按体积进行定量，因此抛射剂密度将影响释放药物的剂量。同时抛射剂密度在一定程度上影响混悬型气雾剂的物理稳定性。

2. 根据用药目的选择抛射剂 抛射剂是气雾剂喷射药物的主要动力，抛射剂用量大，蒸气压高，喷射能力强，反之则弱，因此根据不同用药目的，抛射剂的选择也略有不同，如吸入气雾剂因要求喷出雾滴细微故需要喷射能力较强，而皮肤用气雾剂及泡沫型气雾剂常要求喷射能力较弱。由于单一抛射剂不能满足不同类型气雾剂所需雾滴大小要求，因此在处方设计时常使用混合抛射剂。若使用混合抛射剂，则应按照每种抛射剂的蒸气压及所占的摩尔分数计算混合后的蒸气压，并通过调节抛射剂的比例来满足不同类型气雾剂所需要的蒸气压。

3. 抛射剂的毒性及可燃性 由于吸入性气雾剂需进入人体内，因此选用抛射剂时应注意其毒性。为了保障制备及使用的安全性，新型抛射剂应至少有两种动物 3 年以上的毒理数据，并按防爆要求进行火焰喷射等测试。

即学即练 7 - 1

气雾剂中为药物喷射提供推动力的是（ ）。

答案解析

A. 阀门　　　　　B. 耐压容器　　　　　C. 抛射剂　　　　　D. 手动泵

第二节 常用抛射剂的种类

PPT

按照抛射剂的性质，可将抛射剂分为液化气体抛射剂和压缩气体抛射剂两种类型。

一、液化气体抛射剂

液化气体抛射剂包括氢氟烷烃类、碳氢化合物类。

1. 氢氟烷烃类 由于曾经作为抛射剂的氟利昂会破坏臭氧层而被禁止使用，氢氟烷烃类抛射剂成为目前作为最适合的氟利昂替代品，其理化性质与氟利昂基本一致，但由于分子中不含氯，故不破坏大气臭氧层，同时在人体内残留少，毒性小，在一般条件下化学性质稳定，几乎不与任何物质产生化学反应，不易燃、不易爆，因此可用于不同种类的气雾剂，尤其适用于药物定量吸入式气雾剂。该类抛射剂主要品种有四氟乙烷（HFA-134a）、七氟丙烷（HFA-227）。

2. 碳氢化合物　碳氢化合物类抛射剂是饱和烃，由于该类抛射剂中不含卤原子，因此不破坏臭氧层，没有生态毒性。此类抛射剂性质稳定、密度低、沸点较低、价格低廉，同时溶解性能较好。但其易燃易爆，取用不便，安全性低。一般仅用作化妆品类的泡沫气雾剂的抛射剂，可取代一部分常用的抛射剂以降低成本。该类抛射剂的主要品种有丙烷、二甲醚、正丁烷和异丁烷等。

二、压缩气体抛射剂

压缩气体与液化气体作抛射剂的主要区别在于压力的特性。用液化气体作抛射剂，容器中压力保持恒定直至药液全部喷完。而压缩气体在使用过程中，压力不断下降，后期可能动力不足，雾滴大小性质改变，进而影响疗效。

压缩气体抛射剂主要有二氧化碳、氮气等，该类抛射剂的特点为价廉、无毒、不易燃、化学性质稳定，其中二氧化碳使用最为普遍。但该类抛射剂存在常温下蒸气压过高，对容器要求较高，压力不持久的缺点。

 知识链接

液化气体抛射剂与压缩气体抛射剂比较

液化气体抛射剂压力稳定，释药性较好，其空罐效果好，但压力容易随环境温度变化大，部分碳氢类抛射剂有易燃现象；压缩气体抛射剂价格便宜，化学性质稳定，不易燃，压力受环境温度影响小，但因随罐内气体的耗用导致压力下降，使雾化效果受到影响，最终影响药物的定量释放。

 即学即练 7-2

液化气体与压缩气体作为抛射剂最大的区别是（　　　）。

答案解析　A. 是否破坏大气臭氧层　　B. 压力的特性　　C. 是否易燃易爆　　D. 毒性大小

四氟乙烷

【来源与标准】 四氟乙烷（HFC-134a）可由以下两种方法制得，1,1,2-三氯-1,2,2-三氯代乙烷（CFC-113）通过异构化/氢氟化作用成为1,1-二氯1,2,2,2-四氟乙烷（CFC-114a），然后氢化脱氯可得，或由三氯乙烯经1-氯-1,1,1-三氟乙烷（HCFC-133a）氢氟化制得。本品收载于《中国药典》（2020年版）四部。

【性质】 本品是一种无色、无臭、不易燃气体，加压下为液体。其无光化学活性，故常被视作惰性有机化合物。四氟乙烷抛射剂的物理性状详见表7-1。

表7-1　四氟乙烷（HFA-134a）的物理性质

物理性质	数值	物理性质	数值
分子量	102.03	临界密度，kg/m^3	515.3
沸点（1atm，℃）	-26.1	密度（液体，25℃，kg/cm^3）	1206
冰点（℃）	-103.0	密度（饱和蒸气，沸点下，kg/cm^3）	5.25
临界温度（℃）	101.1	热容[液体，25℃，$kJ/(kg \cdot K)$]	1.44
临界压力（kPa）	4060	热容[恒压蒸气，25℃，1atm，$kJ/(kg \cdot K)$]	0.852
临界体积（m^3/kg）	0.00194	蒸气压力（25℃，kPa）	666.1

【应用】

1. 抛射剂　四氟乙烷不含氯，不破坏臭氧层，毒性低，可作为定量吸入式气雾剂、鼻用气雾剂、泡沫气雾剂、口腔气雾剂及其他局部气雾剂的抛射剂。但由于四氟乙烷的大气生存期较长，有温室效应潜能（2250 倍于 CO_2），且价格较贵，使其使用受到一定的限制。

2. 萃取溶剂　四氟乙烷的临界温度和临界压力比较低，而且介电常数较高（$Tc = 101.1℃$，$Pc = 4.06 MPa$，介电常数 $e = 9.5$，偶极距 $DM = 2.05$），分子极性较 CO_2 大，有较好的溶剂性能，适合作为超临界流体和亚临界流体应用于萃取方面。

 知识链接

亚临界流体萃取

亚临界是指流体的压力、温度这两项决定性工艺参数之一处于临界点之上，而另一参数处于临界点之下的状态。亚临界流体指在亚临界状态下以流体形式存在的物质。亚临界流体萃取与超临界流体萃取原理相似，利用物质在亚临界状态下对溶质有很高的溶解能力，而在低于亚临界状态的条件下对溶质的溶解能力又很低这一特性，来实现对目标成分的提取和分离。在一定的条件下（萃取压力、萃取时间、萃取温度、料溶比、共溶剂的加入），亚临界流体和物料在萃取釜中依据有机物相似相溶的原理，通过萃取物料与萃取剂在浸泡过程中的分子扩散过程，达到固体物料中的脂溶性成分转移到液态的萃取剂中，再通过减压蒸发的过程将萃取剂与目的产物分离。

【注意事项】本品作为抛射剂在说明书指示下正常使用应无毒、无刺激，但是在火焰或高温下分解，产生有毒和刺激性化合物，如氟化氢，刺激鼻、喉。因此应避免高温下使用。

本品可以接受的暴露限度为 8 至 12 小时（0.1%），在该限度下几乎所有工作人员均能承受且无不良反应。但当吸入高浓度四氟乙烷时，会导致吸入毒性，引起暂时性的神经系统抑制和麻醉，出现头晕、头疼、精神错乱，甚至失去意识的现象。更高浓度的四氟乙烷吸入，会引起暂时性的心电活力改变，脉搏不规则，滥用甚至有致死的可能。若吸入 7.5% 蒸气，可能会使心搏停止。在室温下，四氟乙烷蒸气对皮肤或眼睛影响很小或没有影响。但接触其液体时，会引起冻伤，应即将伤处浸入温水中并就医治疗。

【案例解析】沙丁胺醇气雾剂

1. 处方　沙丁胺醇 26.4g，油酸适量，丙二醇适量，四氟乙烷适量，共制 1000 支。

2. 制法　用气流粉碎机将沙丁胺醇微粉化后，将沙丁胺醇与油酸、丙二醇混合均匀，装入耐压容器中，插阀、封阀，在低温下灌装四氟乙烷。

3. 解析　本品为混悬型气雾剂，油酸作为稳定剂，防止药物凝聚与重结晶，并可增加阀门系统的润滑和封闭性能。但是油酸在四氟乙烷中不溶解，因此需加入适量的丙二醇作为共溶剂，以解决其溶解度问题。四氟乙烷作为抛射剂。本品用于治疗哮喘。

七氟丙烷

【来源与标准】七氟丙烷（HFC-227）由六氟丙烯（HFE）和氟化氢在催化剂作用下加成制得。本品收载于《中国药典》（2020 年版）四部。

【性质】本品在其本身蒸气压下密封于容器中，在室温下呈现液态，且无色、无臭。若暴露在大气压下，室温呈气态，气体在高浓度时微有醚臭。无腐蚀性，无刺激性，不易燃。其物理性质详见表 7-2。

表 7 - 2　七氟丙烷（HFA - 227）的物理性质

物理性质	数值	物理性质	数值
沸点（1atm,℃）	- 16.5	密度（液体，20℃，kg/cm³）	1415
冰点（℃）	- 131.0	密度（饱和液体，25℃，kg/cm³）	1395
临界温度（℃）	101.7	蒸气压力（21℃，MPa）	666.1
临界压力（MPa）	2.912	蒸发热（沸点下，kJ/kg）	132.73
临界体积（ml/mol）	274	在水中溶解度（20℃，1atm）	1:1725
临界密度（kg/m³）	621		

【应用】

1. 抛射剂　七氟丙烷性质与四氟乙烷相似，主要作为定量吸入式气雾剂的抛射剂，但对一些定量吸入气雾剂处方组成中的活性药物或一些常用的表面活性剂或分散剂的溶解性不良。

2. 灭火剂　七氟丙烷除用作药用气雾剂抛射剂外，亦用作灭火剂。

【注意事项】本品在火焰或高温下分解，产生有毒和刺激性化合物，如氟化氢和一氧化碳，因此应避免高温下使用。

本品在正常使用时，无急性或慢性危害；吸入高浓度七氟丙烷有一定危害，甚至导致死亡。

【案例解析】丙酸倍氯米松气雾剂

1. 制法　用气流粉碎机将丙酸倍氯米松微粉化后，将丙酸倍氯米松与油酸混合均匀，装入耐压容器中，插阀、封阀，在低温下灌装七氟丙烷。

2. 解析　本品为混悬型气雾剂，油酸作为稳定剂，七氟丙烷作为抛射剂。

<h2 style="text-align:center">丙烷</h2>

【来源与标准】本品主要是由天然品经过纯化而得，通常采用分馏法得到。

【性质】本品为无色、无臭气体，微有类醚的气味。本品在其本身蒸气压下的容器中，在室温下呈现液态，若暴露在大气压下，在室温下呈气态。其物理性质详见下表 7 - 3。

表 7 - 3　丙烷的物理性质

物理性质	数值	物理性质	数值
自然温度（℃）	468	临界压力（MPa）	4.26
沸点（℃）	- 42.1	密度（液体，20℃，kg/cm³）	0.50
冰点（℃）	- 187.7	蒸气压力（21℃，kPa）	758.4
闪点（℃）	- 104.5	蒸气压力（54.5℃，kPa）	1765.1
临界温度（℃）	96.8		

【应用】

抛射剂　丙烷作为碳氢化合物抛射剂一种，可单独作为气雾剂抛射剂，也可以和其他非氟利昂抛射剂混合使用，主要作为局部用药气雾剂的抛射剂。本品也可作为化妆品和食品气雾剂的抛射剂进行使用。

【注意事项】本品直接与皮肤接触，可能导致严重冻伤，故在操作时应穿防护衣、戴橡胶手套和护目镜。同时本品是窒息剂，操作时应在通风环境中进行，并对环境的氧浓度进行监控。

【案例解析】参柏克霉泡沫气雾剂

1. 处方　苦参、黄柏等中药的混合提取液460g，吐温80 50g，3%两性甜菜碱30g，丙/丁烷混合气

（密度为 0.6mg/ml）460g

2. 制法　分别称取中药提取液、吐温 80，3% 两性甜菜碱于耐压容器中，采用压入法充填一定量丙/丁烷混合气。

3. 解析　丙/丁烷混合气为抛射剂，吐温 80 为助溶剂，以 3% 两性甜菜碱为发泡剂。

二甲醚

【来源与标准】　本品可用细镍粉作催化剂，用烟煤或褐煤与水煤气反应生成甲醛，然后甲醛被还原成甲醇和二甲醚。也可用甲醇脱水制得。分子式 C_2H_6O，分子量 46.07。本品收载于《中国药典》（2020 年版）四部。

【性质】　本品在其自身蒸气压的室温条件下呈液态，是一种液化气体，透明、无色、基本无臭。常温常压下呈气态，高浓度气体有类似乙醚臭。本品溶于丙酮、三氯甲烷、乙醇、乙醚和水（1∶3）。可与水、非极性物质及一些半极性物质相混。在药用气雾剂中，乙醇是最常用的共溶剂。乙二醇类、油类和其他类似物与二甲醚表现出不同程度的混溶性。纯品可燃，空气中可燃限是 3.4% ~ 18.2%（V/V）。与水的混合物不可燃。二甲醚抛射剂的物理性质详见表 7 - 4。

表 7 - 4　二甲醚的物理性质

物理性质	数值	物理性质	数值
分子量	46.07	燃烧热（kJ/g）	28.9
沸点（℃）	- 23.6	临界温度（℃）	126.9
冰点（℃）	- 138.5	密度（25℃，液态，g/cm^3）	0.66
闪点（℃）	- 41	贝壳杉脂丁醇值	60

【应用】

抛射剂　本品与烃类及其他抛射剂合用可作局部用药气雾剂的抛射剂。因本品蒸气压很高，不单独使用。二甲醚具有特异性溶解性，与其他抛射剂相比，有较高的水溶性，常被用于制备水性气雾剂。使用二甲醚作抛射剂时，能形成可润湿性的粗雾滴。二甲醚也可用于其他气雾剂产品如发胶喷雾剂、空气清新剂及杀虫喷雾剂。

【注意事项】　本品为侵蚀性溶剂，可以影响气雾剂包装的密封垫，且氧化剂、乙酸、有机酸和醋酐不能与其合用。

【案例解析】　利多卡因氯己定气雾剂

1. 处方　利多卡因 20g，醋酸氯己定 5g，苯扎溴铵 1g，异丙醇 4g，乙醇 70g，蒸馏水 500g，二甲醚 400g，全量 1000g。

2. 制法　将利多卡因加入乙醇中溶解，再加醋酸氯己定和苯扎溴铵，再加异丙醇，搅拌溶解，将上述溶液装入耐压铝罐，加入蒸馏水，用充气机将二甲醚压入即得。

3. 解析　本品为溶液型气雾剂。处方中水与二甲醚的比例很重要，可以将二甲醚的可燃性降低，符合安全要求。同时乙醇可起到增溶作用。

二氧化碳

【来源与标准】　本品可由碳酸钙加热分解，焦炭或其他含碳物质发生燃烧，酸作用于石灰石、大理石等作用而得到。本品收载于《中国药典》（2020 年版）四部。

【性质】　本品为无色、无臭，有淡酸味，不易燃的气体。固态二氧化碳即为干冰，为白色小球或块状。本品物理性质详见表7-5。

表7-5 二氧化碳的物理性质

物理性质	数值	物理性质	数值
沸点（℃）	-56.6	蒸气密度（绝对，g/cm^3）	1.964
临界压力（MPa）	7.39	蒸气密度（相对，g/cm^3）	1.53（空气=1）
临界温度（℃）	31.3	蒸气压（25℃，MPa）	5.436
密度（25℃，液态，g/cm^3）	0.714	运动黏度（-17.8℃，mm^2/s）	0.14
在水中溶解度（常温常压下，V/V）	1:1		

【应用】

1. 抛射剂 本品可作局部用药气雾剂的抛射剂。也可用于其他气雾剂产品如家具上光和玻璃清洁剂。同其他压缩气体用作气雾剂一样，会随着产品的使用，压力下降，从而改变雾滴的性状。

2. 食品添加剂 本品常用于碳酸饮料和保存面包等食品，如将本品注入产品和包装之间，以防食物腐败。

【注意事项】本品能够与多种金属氧化物或还原性金属发生剧烈的反应，与钠和钾混合物受震时发生爆炸。固态二氧化碳与皮肤接触时能造成严重的灼伤。

目标检测

答案解析

一、单选题

1. 关于抛射剂的要求叙述不正确的是（　　）。

    A. 无色、无臭、无味

    B. 无毒、无致敏反应和刺激性

    C. 常温下的大气压小于蒸气压

    D. 具有惰性，不与药物等发生反应

2. 制备以下哪种气雾剂抛射剂用量最多（　　）。

    A. 吸入式气雾剂　　　B. 皮肤用气雾剂　　　C. 鼻腔给药气雾剂　　　D. 空间消毒气雾剂

3. 氟氯烷烃类抛射剂被禁用的原因是（　　）。

    A. 毒性大　　　　　　B. 易燃易爆　　　　　C. 破坏大气臭氧层　　　D. 蒸气压太高

4. 液化气体与压缩气体作为抛射剂最大的区别是（　　）。

    A. 是否破坏大气臭氧层　B. 压力的特性　　　　C. 是否易燃易爆　　　　D. 毒性大小

5. 下列哪些抛射剂不属于压缩气体抛射剂（　　）。

    A. 二氧化碳　　　　　B. 一氧化二氮　　　　C. 二甲醚　　　　　　　D. 氮气

二、多选题

1. 气雾剂中抛射剂的作用是（　　）。

    A. 动力来源　　　　　B. 溶剂　　　　　　　C. 活性成分　　　　　　D. 芳香剂

2. 对气雾剂中抛射剂用量描述正确的是（　　）。

    A. 抛射剂用量越大，蒸气压越高

    B. 抛射剂用量越大，喷射能力越强

    C. 抛射剂用量越大，喷出的雾滴越小

    D. 抛射剂用量越小，喷出的雾滴越小

3. 对氢氯烷烃类抛射剂描述正确的是（　　）。

A. 不含氯，不破坏大气层　　　　　　　B. 毒性小，可替代氟氯烷烃

C. 蒸气压较高，抛射能力强　　　　　　D. 自身蒸气压下，室温是气体

4. 对二氧化碳抛射剂描述正确的是（　　　　）。

A. 是一种压缩气体　　　　　　　　　　B. 可作为局部用药气雾剂抛射剂

C. 随着使用，压力逐渐降低　　　　　　D. 可燃

三、处方分析题（请指出各成分在处方中的作用）

1. 硫酸沙丁胺醇气雾剂

【处方】硫酸沙丁胺醇　　24.4g（　　）　　　　卵磷脂　　　4.8g（　　）

无水乙醇　　1200g（　　）　　　　四氟乙烷　　16500g（　　）

共压制　　　1000 支

2. 芦荟气雾剂

【处方】芦荟提取液　　2kg（　　）　　　　乙醇　　　1.2kg（　　）

甘油　　　0.2kg（　　）　　　　二甲醚　　0.8kg（　　）

共压制　　　1000 支

书网融合……

知识回顾　　　　　微课　　　　　习题

第八章　制剂新技术常用辅料

学习引导

现代药剂一直向高效、速效、服用量小，不良反应小的方向不断发展，缓释、控释、靶向、定量等各种递药系统应运而生。要实现这样的递药效果，适当的辅料必不可少，什么样性能的辅料能够控制药物释放速度？哪些辅料又能携带药物精准靶向于病灶部位？它们的发展趋势如何？

本章主要介绍具有缓控释、高度分散、包裹、靶向等特殊性能的辅料。

学习目标

1. **掌握**　制剂新技术常用辅料选用原则。
2. **熟悉**　制剂新技术常用辅料的种类、性质和特点。
3. **了解**　制剂新技术辅料的应用。

第一节　缓控释制剂辅料 微课 I

PPT

一、概述

缓控释制剂中药物释放主要依靠溶出、扩散、溶蚀、渗透压、离子交换等机制，处方中的辅料种类、型号、配比是影响药物释放行为的重要因素。因此，选择、优化处方组成是缓控释制剂研制成功与否的关键。通常，将具有延缓药物溶出和扩散作用的辅料称为缓释材料，将控制药物释放速率、部位和起到延时释放作用的辅料称为控释材料，二者统称为缓控释材料。

制备缓控释制剂时，材料的选择除了要考虑其对药物释放的影响外，还要根据药物的理化性质、给药途径及临床需要，充分考虑缓控释制剂的影响因素和使用范围，从安全性、有效性、稳定性等多方面综合考虑，筛选适当的辅料。

二、常用缓控释制剂辅料的种类

（一）骨架型缓控释材料

骨架型缓释制剂是指药物分散在多孔或无孔的一种或多种惰性骨架材料中，使药物通过不同机制缓慢释放的制剂。骨架型缓释材料有不溶性骨架材料、溶蚀性骨架材料和亲水凝胶骨架材料。

1. 不溶性骨架材料　不溶性骨架材料大部分为不溶于水或水溶性极小的高分子聚合物、无毒塑料等，如乙基纤维素、聚乙烯、聚丙烯、聚硅氧烷和聚氧乙烯等。通常用于水溶性药物，水难溶性药物因释放很慢，一般不采用此类材料。但根据实验结果，缓释制剂的药物缓慢释放作用除了受骨架材料控制外，还与其他辅料的作用有关，是几种辅料共同作用的结果，因此难溶性药物采用不溶性骨架材料，亲水性填充剂（如乳糖）同样可以调整药物释放速度，也可达到很好释药结果。

即学即练 8-1

以下不是不溶性骨架材料的是（　　　）。

答案解析　　A. 乙基纤维素　　　　B. 聚乙烯　　　　C. 硬脂酸　　　　D. 聚丙烯

2. 溶蚀性骨架材料　溶蚀性骨架材料一般是作为水溶性药物的骨架材料，主要为惰性脂肪或蜡类物质等。常用的溶蚀性骨架材料有硬脂酸、巴西棕榈蜡、蜂蜡、氢化植物油、合成蜡、硬脂酸丁酯、甘油硬脂酸酯、丙二醇-硬脂酸酯和十八烷醇等。常用的骨架致孔剂有聚维酮、微晶纤维素、聚乙二醇（1500、1400、600）和水溶性表面活性剂。溶蚀性骨架缓释制剂制备方法主要有溶剂蒸发技术、熔融技术和高温制粒法等。

3. 亲水凝胶骨架材料　亲水凝胶骨架材料可以应用于水溶性与水难溶性两种类型的药物，是目前应用最多的一种缓释材料类型，主要材料如下。①纤维素衍生物：甲基纤维素、羟乙基纤维素、羟乙甲纤维素、羟丙纤维素、羟丙甲纤维素、羟甲纤维素和羟甲纤维素钠等；②非纤维素多糖：壳多糖、脱乙酰壳多糖和半乳糖甘露聚糖等。③天然胶：果胶、海藻酸钠、海藻酸钾、琼脂、爪尔胶和西黄蓍胶等；④乙烯基聚合物或丙烯酸聚合物等：聚乙烯醇和聚羟乙烯934等。

（二）膜控型缓控释材料

膜控型缓控释制剂主要有微孔膜包衣片、膜控释小片、肠溶膜控释片及膜控释小丸，适用于水溶性药物。用适宜的包衣材料，根据材料具体情况，加入增塑剂和溶剂（或分散介质）、致孔剂、着色剂、抗黏剂和遮光剂等，采用一定工艺制成均一的包衣膜，达到缓控释目的。包衣膜阻滞材料主要有不溶性高分子材料、肠溶性高分子材料。

1. 不溶性高分子材料　不溶性高分子材料可应用于微孔膜包衣片、膜控释小片、膜控释小丸的制备。如醋酸纤维素、乙基纤维素、乙烯-醋酸乙烯共聚物、聚丙烯酸树脂等作为衣膜材料，再在包衣液中加入少量致孔剂，如聚乙二醇类、聚乙烯醇、十二烷基硫酸钠、糖和盐等水溶性物质，亦可加入一些水不溶性的粉末，如滑石粉、二氧化硅等，甚至将药物加在包衣膜内，既作致孔剂又是速释部分，用这样的包衣液包在普通片剂上即成微孔膜包衣片。

2. 肠溶性高分子材料　肠溶性高分子材料可应用于肠溶膜控释片、膜控释小丸的制备。邻苯二甲酸醋酸纤维素（CAP）、丙烯酸树脂L型、S型、羟丙甲纤维素邻苯二甲酸酯（HPMCP）和醋酸羟丙甲纤维素琥珀酸酯（HPMCAS）等均为常见肠溶性高分子材料。如将60%普萘洛尔原料药以羟丙甲纤维素为骨架制成核心片，其余40%药物掺在外层糖衣中，在片芯与糖衣之间隔以肠溶衣。肠溶衣材料可用羟丙甲纤维素邻苯二甲酸酯，也可与不溶于胃肠液的膜材料，如乙基纤维素混合包衣制成在肠道中释药的微孔膜包衣片，其在肠道中肠溶衣溶解，在包衣膜上形成微孔，纤维素微孔膜控制片芯内药物的释放。

（三）增稠型材料

增稠剂是一类水溶性高分子材料，溶于水后，其溶液黏度随浓度而增大，根据药物被动扩散吸收规律，增加黏度可以减慢扩散速度，延缓其吸收，主要用于液体药剂。常用的有明胶、PVP、CMC、PVA、右旋糖酐等。

乙基纤维素

【性质】 乙基纤维素（EC）为白色或类白色的颗粒或粉末，无臭，无味，无毒，无致敏性，无刺激性，口服不吸收、不代谢，不易吸湿，但在较高温度及受光照射时易发生氧化降解，须密封保存，软化点为135～155℃。EC用作膜衣材料或作微囊囊材时，软化温度具有重要参考价值。本品收载于《中国药典》（2020年版）四部。

 知识链接 ··

软化点

软化点即物质软化的温度，主要指的是无定型聚合物开始变软时的温度。它不仅与高聚物的结构有关，而且还与其分子量的大小有关。测定方法较多，方法不同测定结果往往也不一致。较常用的有维卡法和环球法等。

··

EC不溶于水、甘油和聚乙二醇，易溶于甲苯和乙醚，取代度不同溶解性不同，见表8-1。平均分子量越大，黏度越大；浓度升高，黏性增加。

表8-1 不同取代度EC溶解性

取代度	乙氧基含量（%）	溶解性
0.5	12.8	溶于4%～8%的氢氧化钠溶液
0.8～1.3	19.5～29.5	分散于水
1.4～1.8	31.3～38.1	溶胀
1.8～2.2	38.1～44.3	在极性或非极性溶剂中溶解度增加
2.2～2.4	44.3～47.1	在非极性溶剂中溶解度增加
2.4～2.5	47.1～48.5	易溶于非极性溶剂
2.5～3.0	48.5～54.9	只溶于非极性溶剂

【应用】

1. 骨架材料 EC作为水不溶性骨架材料时，药物溶解于穿透进入骨架内部的溶液中，从沟槽中扩散出来，骨架在胃肠中不崩解，药物释放后整体随粪便排出。不同黏度的EC制得的骨架型缓控释制剂的药物释放速度不同，黏度越大，药物释放就越慢，调节EC或水溶性黏合剂的用量，可改变药物释放速度。

2. 包衣材料 EC是良好的疏水性包衣材料，成膜性好，常用于片剂、微丸等的包衣，形成水不溶的包衣膜，目前多采用水分散体技术。为改善药物溶出速度，经常与HPMC、MC等同时使用，加入菌群、pH敏感的其他材料还可以实现结肠等的定位释药。如使用瓜尔胶/乙基纤维素混合材料包衣，既可以达到保护药物顺利通过上消化道，到达结肠后再释放的目的，又可以使药物在结肠微菌群的酶解作用下加速释放，实现结肠定位释药的目的。

3. 微囊材料 高黏度EC可作微囊囊材，控制水溶性药物的释放。如采用EC为囊材制备维生素C

微囊，既可以提高药物制剂的稳定性，又可以延缓药物释放，改善维生素 C 对胃部的刺激性。

4. 其他应用 EC 可作为片剂制备过程中的黏合剂，可直接应用或溶解于乙醇应用；可作为软膏、洗剂或凝胶剂的增稠剂，口腔贴片的基膜等。

【注意事项】本品与石蜡和微晶石蜡有配伍禁忌。单独使用本品作黏合剂所压制的片剂，溶出速度与药物吸收均不理想。

本品不参与人体代谢，不能用于注射用制剂，注射使用可能对肾有毒害作用。

【案例解析】长效盐酸去氧肾上腺素

1. 制法 取盐酸去氧肾上腺素 10g 与硬脂酸镁 50g 混合均匀，加入甲基硅树脂的甲苯溶液适量，制软材，30 目制粒，50℃干燥；另取乙基纤维素（粒度为 30 ~ 80 目）115g、羟丙纤维素（粒度为 30 ~ 100 目）53g，与上述含药颗粒，加入硬脂酸镁 1.2g，充分混合均匀后压片。

2. 解析 本制剂中药物水溶性较好。硬脂酸镁作润滑剂；乙基纤维素为骨架控释材料；羟丙纤维素为凝胶骨架，调控药物的释放速度。

硬脂酸

【性质】硬脂酸又名十八烷酸，主要成分为硬脂酸（$C_{18}H_{36}O_2$）与棕榈酸（$C_{16}H_{32}O_2$），为白色或本品为白色或类白色有滑腻感的粉末或结晶性硬块，其剖面有微带光泽的细针状结晶，有类似油脂的微臭，主要成分为硬脂酸与棕榈酸，含硬脂酸不得少于 40.0%，含硬脂酸与棕榈酸总量不得少于 90.0%，见表 8-2。本品在三氯甲烷或乙醚中易溶，在乙醇中溶解，在水中几乎不溶。本品的凝点不低于 54℃，碘值不大于 4，酸值为 203 ~ 210。本品收载于《中国药典》（2020 年版）四部。

表 8-2 三种型号硬脂酸主要成分含量要求

型号	含硬脂酸量	含硬脂酸与棕榈酸总量
硬脂酸 50	40.0% ~ 60.0%	不少于 90.0%
硬脂酸 70	60.0% ~ 80.0%	不少于 90.0%
硬脂酸 95	不少于 90.0%	不少于 96.0%

 知识链接

凝点

凝点系指一种物质照下述方法测定，由液体凝结为固体时，在短时间内停留不变的最高温度。某些药品具有一定的凝点，纯度变更，凝点亦随之改变。测定凝点可以区别或检查药品的纯杂程度。

【应用】

1. 骨架材料 本品可作溶蚀骨架材料，不溶于水却在体液中逐渐降解，通过孔道扩散与骨架蚀解，控制药物的释放。药物释放速度取决于硬脂酸的用量及其溶性，与脂肪的消化或水解难易有关。

2. 包衣材料 硬脂酸可与虫胶合用，用于片剂包衣。文献报道，采用水性薄膜包衣技术包衣时能引起衣层膜麻面，硬脂酸熔点是形成此缺陷的原因。

3. 润滑剂 硬脂酸可作水不溶性润滑剂，广泛应用于片剂制备过程中。常用量为处方量的 1% ~ 3%，使用时需制成微小粉末。由于其为酸性，不能用于有机化合物碱性盐类如苯巴比妥钠、糖精钠和碳酸氢钠。硬脂酸与苯巴比妥钠共同压片时将引起起黏冲，贮藏时发生化学变化生成硬脂酸钠和苯巴比妥。

4. 其他应用 硬脂酸可作消泡剂和乳膏基质等，常用于丸剂、胶囊剂、乳膏剂和气雾剂的制备。

在局部用制剂中，硬脂酸用作乳化剂常用量为处方量的 1%～20%，或加到甘油栓剂中作为硬化剂。

【注意事项】 本品与金属氢氧化物、氧化剂有配伍禁忌。与许多金属形成水不溶性的硬脂酸盐；用硬脂酸制得的软膏基质与锌盐或钙盐反应可变成黏稠的胶块。硬脂酸细粉对皮肤、眼睛、黏膜有刺激性，操作时应使用护目镜、防尘口罩。

【案例解析1】 苯巴比妥钠片

1. 制法 将苯巴比妥钠 305.9g 与微晶纤维素 305.9g 混合，再加入喷雾干燥乳糖混合。最后加入胶态二氧化硅 13.3g 和硬脂酸 13.3g，混合得均一混合物，用浅凹冲压片。

2. 解析 本制剂中微晶纤维素作稀释剂和黏合剂；喷雾干燥乳糖作稀释剂；胶态二氧化硅和硬脂酸作润滑剂。

【案例解析2】 氢溴酸右美沙芬骨架缓释微丸

1. 制法 取过 80 目筛的氢溴酸右美沙芬，加入占处方总量 6% 的微晶纤维素，以硬脂酸∶乙基纤维素 =1∶1 加入上述混合物中，配比混匀，加入与固体粉末总量同样多的蒸馏水作为润湿剂制备湿物料，经挤出机筛板（孔径 0.9mm）挤出，条状物料置滚圆机内滚圆，筛分出 16～20 目微丸。

2. 解析 本制剂中药物略溶于水。微晶纤维素为微丸的主要赋形剂，硬脂酸与乙基纤维素为微丸的骨架材料。

 知识链接

亲水凝胶骨架材料——聚氧化乙烯（PEO）

聚氧化乙烯为水溶性高分子聚合物，可应用于双层渗透泵、凝胶骨架片及生物黏附制剂等各类药物传递系统的研究中，目前已被美国药典收载。国内有文献报道，以 PEO 作为高分子阻滞材料制备亲水凝胶骨架片，比 HPMC 具有更强的调节释药速度的能力。

聚氧乙烯

【性质】 本品为环氧乙烷（或称氧化乙烯）在高温高压下，并在引发剂和催化剂存在下聚合制得的非离子均聚物，分子式以 HO（CH$_2$CH$_2$O）$_n$H 表示，其中 n 为氧乙烯基的平均数，n =2000～200000。聚氧乙烯可根据标示平均分子量分为不同规格。本品为白色至类白色易流动的粉末。本品收载于《中国药典》（2020 年版）四部。

【应用】

1. 黏合剂 本品浓度为 5%～85% 的聚氧乙烯可作为片剂的黏合剂。

2. 骨架材料 大分子量的聚氧乙烯通过亲水性骨架溶胀而延缓药物释放，其控制释放药物的速度与其溶胀能力密切相关。可应用于双层渗透泵、凝胶骨架片及生物黏附制剂等各类药物传递系统的研究中，目前已被美国药典收载。国内有文献报道，以 PEO 作为高分子阻滞材料制备亲水凝胶骨架片，比HPMC 具有更强的调节释药速度的能力。

3. 其他应用 低浓度的聚氧乙烯是有效的增稠剂，此外，聚氧乙烯薄膜在润湿时有优良的润滑性，这种特性已应用在改进医药设备涂层上。在溶液中用辐射法可使聚氧乙烯交联形成凝胶用于外伤护理。此外，聚氧乙烯也可作为黏膜黏附剂、片剂阻滞剂等。

【注意事项】 聚氧乙烯需避免与强氧化剂配伍使用。聚氧乙烯应贮存在阴凉、干燥处，在密封的容器中保存。高温环境会导致其黏度降低，故在储存和运输过程中需要避免高温条件。

📱 **知识链接**

聚氧乙烯（PEO）与阿片类药物防滥用

阿片类镇痛药是一类常见的镇痛药物，近年来，随着该类药物种类和处方的增多，其非医疗用途的应用也越来越多。阿片类镇痛药可通过粉碎后吞服、经鼻吸入或溶解后注射，过量使用阿片类药物造成的死亡率已经超过美国交通事故死亡率。聚氧乙烯防滥用制剂主要针对已知或者预期的滥用途径，通过形成物理或化学屏障，通过改变口服药物的固体形态使得该类药物无法滥用。

第二节　固体分散介质 📱微课2

PPT

一、概述

固体分散技术是将难溶性药物高度分散在另一种固体载体中的新技术，所制备得到的产品称为固体分散体或固体分散物。在固体分散体中药物通常是以分子、胶粒、微晶或无定型等呈高度分散状态。

根据 Noyes – whitney 方程，溶出速率随分散度的增加而提高，因此，以往多采用机械粉碎法、微粉化等技术，使药物微粒变小，比表面积增加，以加速药物溶出。采用固体分散技术是获得药物微粉的一种简单、方便和有效的途径，因在固体分散体中药物高度分散状态。制成固体分散体可提高难溶性药物的溶出速率和溶解度，以提高药物的吸收和生物利用度，且可降低药物不良反应。制成的固体分散体可看作是中间体，用以制备药物的速释或缓释制剂，也可制备肠溶制剂。

固体分散体的溶出速率在很大程度上取决于所用固体分散介质，即载体材料的特性。载体材料应具备下列条件：无毒，无致癌性，不与药物发生化学变化，不影响主药的化学稳定性，不影响药物的疗效与含量检测，能使药物得到最佳分散状态或缓释效果，价廉易得。

固体分散体可根据临床治疗要求及药物性质选择载体材料。如为提高难溶性药物的溶解速率和溶解度，可选用水溶性载体材料，载体材料用量不能太少；此外，可充分利用载体材料对药物的抑晶作用，即抑制药物晶核的形成及成长，使药物具有非结晶性无定型的特点，提高药物的溶出速率。

 实例分析

　　实例　选用聚乙二醇6000、泊洛沙姆、聚维酮为载体材料，与布渣叶总黄酮提取物按质量比1∶4混合，制备固体分散体，检测发现聚乙烯醇6000与泊洛沙姆407为载体制备的固体分散体累积溶出百分率更高。

　　问题　不同的载体材料对固体分散体溶出速率有较大影响，不同固体分散介质的应用可达到速释或缓释的效果，具体应作怎样选择？

答案解析

二、常用固体分散介质

常用固体分散介质可分为水溶性、难溶性和肠溶性三大类，也可几种类型的材料联合应用，以达到要求的速释或缓释效果。

（一）水溶性材料

水溶性材料主要作为难溶性药物的载体材料，可提高难溶性药物的生物利用度。常用的有高分子聚合物、表面活性剂、有机酸类、纤维素衍生物、糖类及醇类等。

1. 高分子聚合物　高分子聚合物主要包括聚乙二醇与聚维酮。①聚乙二醇类（PEG）最常用的是PEG 4000 和 PEG 6000。药物从 PEG 载体中溶出的快慢主要受 PEG 分子质量的影响，一般随着 PEG 分子质量增大，药物溶出速率会降低。当药物为油脂性时，可用分子质量更大的 PEG 类作为载体。以PEG 为载体，可采用熔融法或溶剂法制备固体分散体。②聚维酮（PVP）类，常采用溶剂蒸发（共沉淀）技术制备固体分散体。

2. 表面活性剂　表面活性剂常用泊洛沙姆 188、聚氧乙烯（PEO）、聚羧乙烯（CP）等，其载药量大，在蒸发过程中可阻滞药物产生结晶；增加溶出速率效果大于 PEG，可用熔融法或溶剂法制备固体分散体。

3. 有机酸类及纤维素衍生物　有机酸类常用的有枸橼酸、酒石酸、琥珀酸、胆酸及脱氧胆酸等，本类不适用于对酸敏感的药物。纤维素衍生物制备固体分散体，常用羟丙纤维素（HPC）、羟丙甲纤维素（HPMC）等

4. 糖、醇类　常用的糖类载体材料有右旋糖酐、半乳糖和蔗糖等，多与 PEG 类载体材料联合作用，其溶解迅速，可克服 PEG 溶解时因形成富含药物的表面层阻碍基质进一步被溶解的缺点；常用的醇类载体材料有甘露醇、山梨醇和木糖醇等。

（二）难溶性材料与肠溶性材料

难溶性或肠溶性材料可作为缓控释制剂的载体，可降低药物与溶出介质的接触机会，增加药物扩散的难度或延缓药物溶出的时间，达到缓释目的，延长药物作用时间。

1. 难溶性材料

（1）纤维素类　常用乙基纤维素，可采用溶剂蒸发技术制备固体分散体。EC 的黏度和用量影响释药速度，加入少量的 HPC、PVP、PEG 等水溶性聚合物作致孔剂，可调节释药速度。

（2）聚丙烯酸树脂类　常用的主要有 Eudragit E、Eudragit RL、Eudragit RS 等，可采用溶剂法制备固体分散体。为了调节释放速率，有时可适当加入水溶性载体材料，如 PEG 或 PVP 等。

（3）其他　胆固醇、β-谷甾醇、棕榈酸甘油酯、胆固醇硬脂酸酯、蜂蜡、巴西棕榈蜡及氢化蓖麻油、蓖麻油蜡等脂质材料，可制成缓释固体分散体，亦可加入表面活性剂、糖类、PVP 等水溶性材料，适当提高其释放速率；水微溶或缓慢溶解的表面活性剂，如硬脂酸钠、硬脂酸铝、三乙醇胺和十二烷基硫代琥珀酸钠等，具有中等缓释效果。

2. 肠溶性材料

（1）纤维素类　常用的有邻苯二甲酸醋酸纤维素（CAP）、邻苯二甲酸羟丙甲纤维素（HPMCP，其商品有两种规格，分别为 HP-50、HP-55）以及羧甲乙纤维素（CMEC）等，可用于胃中不稳定的药物制备固体分散体。纤维素类化学结构不同，黏度有差异，释放速率也不相同。CAP 可与 PEG 联用制成固体分散体，可控制释放速率。

（2）聚丙烯酸树脂类　聚丙烯酸树脂类常用 Eudragit L100 和 Eudragit S100，分别相当于国产聚丙烯酸树脂Ⅱ及Ⅲ。

聚维酮

来源与收载标准

聚维酮（PVP）又名聚乙烯吡咯烷酮，聚 N – 乙烯基丁内酰胺。本品是纯化的 1 – 乙烯 –2 吡咯烷酮的 30% ~60% 水溶液，在氨或胺存在条件下，以过氧化氢为催化剂，在 50℃ 温度下进行交联聚合后提纯而得。欧洲准许其作为食品添加剂，收载于 FDA《非活性组分指南》。

【性质】 聚维酮（PVP）又名聚乙烯吡咯烷酮、聚 N – 乙烯基丁内酰胺，为白色或乳白色的粉末，微有特臭气味，流动性好，有吸湿性，化学性质稳定，溶于水、乙醇和三氯甲烷，不溶于乙醚和丙酮，150℃ 发生软化。由于为合成聚合物，其不同的聚合度导致聚合物不同的分子量。分子量可用聚维酮相对于水的黏度来表征，以 K 值表示，K 值在 10 ~ 120 之间。当 PVP 浓度大于 10% 时，其黏度随浓度增加而增加，黏度高低与分子量成正比。另外，PVP 吸湿性很强，在较低的相对湿度下，吸湿量也增加，且易生霉，须加入防腐剂。不同类型聚维酮的分子量见表 8 – 3.

表 8 –3 不同类型聚维酮的近似分子量

K 值	分子量	K 值	分子量
12	2500	30	50000
15	8000	60	400000
17	10000	90	1000000
25	30000	120	3000000

【应用】

1. 固体分散介质 PVP 可作固体分散体水溶性载体材料。本品为无定型高分子聚合物，熔点较高、对热稳定（150℃变色），易溶于水和多种有机溶剂，对许多药物有较强的抑晶作用，但贮存过程中易吸湿而析出药物结晶。PVP 类的规格有：PVP K15、PVP K30 及 PVP K90 等。

2. 包衣材料 作为包衣材料使用的 PVP 主要为 K25 和 K30 两个型号，其高黏结力可增加包衣对药物基料的黏着力；优良的分散性使包衣悬浮液稳定性增加，能避免色素的重聚和迁移。

3. 控释膜材料 PVP 常作为透皮吸收膜剂的控释膜组分。一般透皮给药系统可分为裱背层、药物储库、控释膜、黏附层和保护膜五层。控释膜是一层微孔性或无孔性多聚物膜，对药物有一定的渗透性，可通过控制控释膜中聚合物（PVP 为常用聚合物之一）、黏度等控制药物释放。

4. 致孔剂 PVP 用作骨架的致孔剂，可制备不溶性骨架缓释片和溶蚀性骨架缓释片。PVP 用量可影响骨架缓释片的释放。

5. 黏合剂 本品广泛应用于片剂、颗粒剂中作黏合剂，通常使用的类型为 K25 或 K30。用量为处方量的 3% ~15%（W/W），溶液浓度为 0.5% ~5%（W/V）。由于本品既溶于水，又溶于乙醇，因此对水与热敏感的药物用乙醇液制粒，可降低颗粒干燥温度并缩短时间。制备胶囊剂时，如主药质轻，用 1% ~2% 乙醇液制粒，可改善流动性，便于填充。对于疏水性药物，适宜用 PVP 的水溶液作黏合剂，不但易于均匀湿润，并且能使疏水性药物表面变为亲水性，有利于药物的溶出和片剂的崩解。PVP 干粉还可用作直接压片的干燥黏合剂。

6. 其他应用 PVP可在一些局部用和口服的混悬剂以及溶液中作助悬剂、稳定剂，可作为注射剂的助溶剂、分散剂及延效剂，滴眼剂的增稠剂等。

【注意事项】 本品与许多物质在溶液中都是相容的。如无机盐、天然树脂或合成树脂等以及其他化学物质。但它与磺酸噻唑、水杨酸钠、水杨酸、苯巴比妥、鞣酸等化合物在溶液中易形成分子加合物。一些抑菌剂，如硫柳汞可与聚维酮形成复合物，从而使其抑菌能力减弱。

在含有聚维酮的注射剂肌内注射时，在注射部位可形成皮下肉芽肿。注射后聚维酮可在身体器官中蓄积。

【案例解析】 硝苯地平－聚维酮（PVP）固体分散体

1. 制法 以PVP为载体材料，采用溶剂蒸发技术来制备。按照不同比例称取硝苯地平与PVP，硝苯地平与PVP的比例为1∶3、1∶5、1∶7、1∶10，加适量无水乙醇，搅拌使完全溶解，置80℃水浴中加热，搅拌至混合物成黏稠状，迅速冷却，置干燥器中至干燥完全，粉碎备用。

2. 解析 本制剂中药物溶解性差。聚维酮为固体分散介质，其比例大小影响药物的释放。

木糖醇

【性质】 木糖醇又称戊五醇，为白色结晶或结晶性粉末，无臭，味甜，有引湿性。在水中极易溶解，在乙醇中微溶。熔点为91.0℃～94.5℃，相对密度为1.52。10%水溶液pH为5.0～7.0，水溶液在pH 5.0～8.0稳定。与氨基酸或蛋白质不易发生反应，甜度为蔗糖的65%～100%。精制木糖醇可食用并易被人体吸收，故具有广泛的用途。本品无毒、无刺激性。本品收载于《中国药典》（2020年版）四部。

【应用】

1. 固体分散介质 本品可作为水溶性固体分散介质，适用于剂量小、熔点高的药物，若与PEG作复合载体，分散状态更佳。

2. 矫味剂 木糖醇甜度与蔗糖相当，味质好，安全性好，但用量大，成本高。木糖醇的血糖指数极低，且其代谢不依赖于胰岛素。摄入木糖醇后的血液葡萄糖和血清胰岛素反应显著低于葡萄糖或蔗糖。这些因素使木糖醇成为糖尿病患者或需要控制糖摄入量的患者饮食中适宜的甜味剂。

3. 其他应用 本品可用作增塑剂、保湿剂、固体制剂的稀释剂及抗氧剂、抗氧增效剂等。

📱 **知识链接** ─────────────────────────────

木糖醇应用于工业领域

木糖醇可制得耐热的增塑剂，用于鞋底、农用薄膜、人造合成革和电缆料等；可代替甘油生产防龋齿特效牙膏；作为烟草的调香和保湿剂；作香精的稀释剂，以减少香精的挥发，起定香的作用；在造纸工业中作塑化剂生产铜版纸、羊皮纸、玻璃纸等。

───

【注意事项】 本品忌与氧化剂配伍。

【案例解析】 尼莫地平固体分散体

1. 制法 以PEG 6000∶木糖醇∶尼莫地平（药物）为4.5∶4.5∶1的比例称取药物与辅料。先将PEG 6000单独加热至100℃，待熔化澄明后，加入木糖醇及药物，继续升温至140～150℃，不断搅拌，使受热均匀，至澄明为均相体系时停止加热，在不断搅拌下使温度降至60～70℃，倾入预冷的铝盒。迅

速送入 -25℃低温冰箱中冷却，24 小时后取出，放入硅胶干燥器干燥即得。

2. 解析 加入木糖醇可以提高熔融状态时的固体分散体的黏度，从而抑制冷却时药物从载体中析出结晶，且木糖醇的水溶性优于 PEG 6000，可以加快固体分散体的溶出。

氢化蓖麻油

【性质】 本品系由蓖麻油氢化制得，主要成分为 12 - 羟基硬脂酸甘油三酯。本品为白色至淡黄色的粉末、块状物或片状物。本品在二氯甲烷中微溶，在乙醇中极微溶解，在水或石油醚中不溶。本品的熔点为 85 ~ 88℃，本品的酸值 ≤4，本品的羟值应为 150 ~ 165。本品的碘值应不大于 5.0。本品的皂化值为 176 ~ 182。本品收载于《中国药典》（2020 年版）四部。

【应用】

1. 固体分散介质 本品为高熔点的蜡状固体，可作为固体分散体难溶性载体材料，通常与表面活性剂联合使用，可用于制备缓释制剂。

2. 软膏基质 在外用制剂中，氢化蓖麻油也可作为软膏和乳膏剂的基质。

3. 其余应用 口服制剂中，本品用于制备缓释片剂的涂层剂和胶囊剂，在食品制造或压片过程中可起到冲模润滑作用。此外，氢化蓖麻油也是常用的乳化剂之一。

【注意事项】 本品可与多数天然植物蜡和动物蜡相容。

【案例解析】 长效氯化钾片

1. 制法 取处方量氯化钾结晶悬浮于熔融的鲸蜡醇、氢化蓖麻油和硬脂酸中，搅拌至将近凝固时通过 20 目筛制成颗粒，颗粒再与明胶液拌后通过 10 目筛，制粒。室温干燥后加润滑剂压成片芯，最后包糖衣即得。

2. 解析 氢化蓖麻油为难溶性载体材料，用于实现氯化钾的长效释放。

醋酸羟丙甲纤维素琥珀酸酯

【性质】 醋酸羟丙甲纤维素琥珀酸酯（HPMCAS）为白色或淡黄色粉末或颗粒，无臭，无味。本品在乙醇、水中不溶，在甲醇、丙酮中溶解，冷水中溶胀成澄清或微浑浊的胶体溶液。在 20℃ ±0.1℃ 依法测定黏度为标示值的 80% ~ 120%。为 pH 依赖型的纤维素类衍生物，玻璃化转变温度约为 120℃，较羟丙甲纤维素更易受热软化和塑化成膜。本品收载于《中国药典》（2020 年版）四部。

HPMCAS 具有两亲性，其中乙酰基提供疏水性，琥珀酰基提供亲水性。随着乙酰基含量的增加、琥珀酰基含量的降低，主要有三种型号：L、M 和 H，每个型号又可细分为粗粒径 G 和细粒径 F 两个小规格，其疏水性依次增强，溶解 pH 依次升高。各个规格的基本性质见表 8 - 4。

表 8 - 4 不同类型醋酸羟丙甲纤维素琥珀酸酯的基本性质

规格	甲氧基（%）	羟丙氧基（%）	乙酰基（%）	琥珀酰基（%）	溶解 pH
LF/LG	20 ~ 24	5 ~ 9	5 ~ 9	14 ~ 18	5.8
MF/MG	21 ~ 25	5 ~ 9	7 ~ 11	10 ~ 14	6.0
HF/HG	22 ~ 26	6 ~ 10	10 ~ 14	4 ~ 8	6.8
LF/LG	20 ~ 24	5 ~ 9	5 ~ 9	14 ~ 18	5.8

【应用】

1. 固体分散介质 HPMCAS 可作为难溶性药物制备固体分散体的载体材料，由于其玻璃化温度较低，浓度为 5% ~ 10% 时在常用有机溶剂中的黏度大多低于 30 Pa·s，因此适宜用热熔挤出法和喷雾干燥法制备固体分散体,此两种方法均适合大量生产。有文献报道,在制备固体分散体时,HPMCAS 的疏水基团与疏水性药物能产生疏水相互作用,同时亲水基团能与水性介质形成稳定胶束;琥珀酰基能与弱碱性药物产生离子相互作用;HPMCAS 作为氢键供体还可与氢键受体药物产生氢键相互作用,从而使其抑制药物重结晶的能力较强,优于 HPMC 与 PVP。HPMCAS 引湿性较小,更利于提高固体分散体的稳定性。

2. 包衣材料 HPMCAS 是近些年开发出来的肠溶和缓释包衣材料。HPMCAS 在 pH 为 5.5 ~ 7.1 的缓冲溶液中能很快溶解,其作为肠溶材料的特殊优点是在小肠上部溶解性好,对于增加药物的小肠吸收比现行的一些肠溶材料理想。此外,HPMCAS 薄膜包衣可实现结肠靶向药物释放。

3. 其他应用 HPMCAS 可作为缓控释骨架材料,制备控释微丸、骨架片等;有文献报道,其可作为自乳化微球的乳化稳定剂。

【注意事项】HPMCAS 是 pH 依赖型聚合物,在胃液环境下不溶解,不适用于吸收窗口在胃部或肠道上端的药物。

【案例解析】人参皂苷 Rg_3 固体分散体

1. 制法 称取人参皂苷 Rg_3 10mg,加入 10ml 二甲基乙酰胺,磁力搅拌器搅拌使其充分溶解后加入 0.5g HPMCAS,室温搅拌 3 小时。取盐酸溶液(pH 2.0)适量,加入上述混合溶液,冰水浴搅拌 10 分钟,抽滤,得到固体分别以预冷的盐酸、纯净水洗涤,抽滤后 40℃烘干,得到的干燥样品以研钵研磨,过 80 目筛,即得人参皂苷 Rg_3 固体分散体。

2. 解析 本制剂中药物为脂、水难溶药物,且在胃液的酸性环境中可能会发生水解,严重影响其体内生物利用度,因此以 HPMCAS 为肠溶性载体材料,制备 G – Rg_3 肠溶型固体分散体。

微晶纤维素胶态二氧化硅共处理物

【性质】本品为白色或类白色微细颗粒或粉末。在 2015 版药典中曾用名为硅化微晶纤维素。本品由微晶纤维素和胶态二氧化硅在水中共混干燥制得。本品在水、稀酸、5% 氢氧化钠溶液、丙酮、乙醇或甲苯中不溶。在产品中应标明粒度分布和堆密度的标示值。该辅料早期主要采用先制备混悬液再喷雾干燥的方法得到,国内新发展的制备方法为原位溶胶法。2016 年原国家食品药品监督管理总局发布的《关联审评药用辅料申报资料要求》中明确其为共混辅料(共处理辅料),主要用于直接压片工艺。本品收载于《中国药典》(2020 年版)四部。

【应用】

1. 稀释剂 该辅料具有良好的流动性和可压性、良好的抗吸湿性、大比表面积带来的高负载能力和高崩解特性等独特性能,因而可用作直接压片的功能稀释剂,解决大剂量片剂体积大、小剂量片剂中活性成分分布不均等工艺难题,并能够满足片芯、丸芯以及口腔崩解片、分散片的制剂要求。

2. 其他应用 该辅料拥有的大比表面积特性赋予其优良的分散性能,使其在小剂量片剂的制备时可使用较少的量来进行压片,从而在保证药物含量均匀的情况下解决片剂体积大、吞咽困难问题。此外,该辅料也可用于片芯或丸芯的制备以及快速崩解药物。与微晶纤维素相比,该辅料可有效缩短崩解时间及改善口感。

【案例解析】微晶纤维素胶态二氧化硅共处理物直接压片制备血塞通分散片

德国 JRS 公司研究了血塞通分散片,通过微晶纤维素胶态二氧化硅共处理物直接压片制得血塞通分散片,显著改善了片剂的外观、崩解时间及含量均匀度。

解析 本制剂中微晶纤维素胶态二氧化硅共处理物作为稀释剂,与微晶纤维素相比,其流动性、可压性、崩解性及抗湿性均具有显著优势。

第三节　包载技术辅料 微课 3

PPT

一、概述

本节包载技术辅料主要介绍包合物技术、微囊与微球制备技术以及脂质体制备技术涉及的辅料。

(一) 包合技术

包合技术系指一种分子被包嵌于另一种分子的空穴结构内，形成包合物的技术。包合物是一种特殊的分子复合物，包合材料分子是其两大主要组成部分之一，称为主分子。主分子应具有较大的空穴结构，可以将药物分子容纳在内，形成分子囊。制成包合物能增加药物的稳定性和溶解度、掩盖药物的恶臭、降低药物的刺激性和不良反应、使液体药物固体化及提高药物的生物利用度等。

要制备包合物，首先需要合理选择包合材料。选择包合物材料时，首先要明确包合目的，然后再根据所包载的药物的性质来有针对性地选择。

(二) 微囊与微球制备技术

微囊是指用天然或合成的高分子材料（囊材）将固体或液体药物（囊心物）包裹成粒径为 1～250μm 的药库型微小胶囊，简称微囊，其制备过程通称微型包囊术，简称微囊化；粒径为 10～1000nm 的称纳米囊。微球是指将药物溶解或分散在高分子材料中形成的骨架型微小球状实体，同样粒径为 1～250μm 的称微球，粒径为 10～1000nm 的称纳米球。制成微囊或微球后，能掩盖药物的不良味道，提高药物的稳定性、靶向性，降低药物的不良反应及对胃部的刺激性等。

制备微囊需要成膜材料，而制备微球需要分散材料，除此之外还需加入附加剂，如稳定剂、稀释剂、控制释放速度的阻滞剂、促进剂、改善囊膜可塑性的增塑剂。

囊材选择的前提必须明确制成微囊的目的是，提高稳定性，掩盖不良气味，以及使液体固体化，或者是缓释或靶向控释。在此基础上，筛选合适囊材。成囊一般要经过以下过程：囊材的溶解分散或者乳化成微乳，然后沉降成囊，最后固化。微球的制备与微囊相似，都要分散融合，固化成球，如明胶微球、白蛋白微球、淀粉微球、聚酯类微球。一般采用乳化法进行，油相用蓖麻油、橄榄油、液状石蜡。固化剂多用甲醛、环氧丙烷等。

(三) 脂质体制备技术

脂质体是将药物包封于类脂质双分子层形成的脂质膜中所得的超微型球状载体制剂，其粒径在 0.01～10μm 之间。其具有包裹脂溶性药物或水溶性药物的特性。药物被脂质体包裹后称为载药脂质体，可具有靶向性、缓释性，能降低药物毒性，提高药物稳定性。

制备脂质体的材料主要由磷脂与胆固醇构成，这两种成分是形成脂质体双分子层的基础物质，由它们所形成的"人工生物膜"易被机体消化分解。选用脂质体载体材料时，首先应关注被载药物的性质及治疗需求，然后有针对性地根据载体材料的结构、性质及制备方法进行选择。具体考虑以下几种因素。

1. 载体材料的结构特性 如磷脂分子有棒状、锥状和反锥状三种形状，其亲水亲油平衡值各不相同，选用时应考虑是单独使用还是与其他品种混合使用。

2. 载体材料的理化性质 如相变、氧化、水解及 pH 对载体材料的影响。可利用相变温度下药物通透性增强的现象制成热敏型靶向脂质体。还可利用不同 pH 对脂质体质量的影响制成 pH 敏感型靶向脂质体。

3. 可对脂质体表面进行修饰 修饰后可提高其靶向性，满足不同的治疗需求。如需要制备缓释型脂质体，可用聚乙二醇进行表面修饰，延长体内停留时间。还可以在表面接上某种抗体，从而提高靶向性。

实例分析

实例 比较盐酸阿糖胞苷和盐酸阿糖胞苷脂质体在结膜下注射的眼内动力学，发现组织半衰期分别为 0.2 小时和 52.5 小时，盐酸阿糖胞苷经 8 小时后剩余量<1%，而其脂质体经 72 小时后还剩余 30% 药物。

问题 根据给出的数据，说明制备成盐酸阿糖胞苷脂质体后有了什么样的变化？结合药物制剂技术课程的学习，你了解脂质体制备的方法及材料的性质吗？

答案解析

二、常用载药辅料

（一）包合材料

常用的包合材料有环糊精、胆酸、淀粉、纤维素、蛋白质、核酸等。目前在制剂中常用的有环糊精及其衍生物。

1. 环糊精 环糊精（CYD）结构为中空圆筒形，其孔穴的开口处呈亲水性，空穴的内部呈疏水性。对酸不太稳定，易发生酸解而破坏圆筒形结构。常见有 α-CYD、β-CYD、γ-CYD 三种，它们空穴内径与物理性质都有较大的差别。

2. 环糊精衍生物 CYD 衍生物更有利于容纳药物，可改善 CYD 的某些性质。

（1）水溶性环糊精衍生物 水溶性环糊精衍生物常用的是葡萄糖衍生物、羟丙基衍生物及甲基衍生物等。在 CYD 分子中引入葡糖基（用 G 表示）后其水溶性显著提高，如 β-CYD、G-β-CYD、2G-β-CYD 溶解度（25℃）分别为 18.5、970、1400g/L。葡糖基-β-CYD 为常用的包合材料，包合后可提高难溶性药物的溶解度，促进药物的吸收，降低溶血活性，还可作为注射用药物的包合材料。

甲基-β-CYD 的水溶性较 β-CYD 大，如二甲基-β-CYD（DM-β-CYD）是将 β-CYD 分子中 C_2 和 C_4 位上两个羟基的 H 都甲基化，产物既溶于水，又溶于有机溶剂。25℃水中溶解度为 570g/L，随温度升高，溶解度降低。在加热或灭菌时出现沉淀，浊点为 80℃，冷却后又可再溶解。在乙醇中溶解度为 β-CYD 的 15 倍。

（2）疏水性环糊精衍生物　疏水性环糊精衍生物常用做水溶性药物的包合材料，以降低水溶性药物的溶解度，使具有缓释性。常用的有β-CYD分子中羟基的H被乙基取代的衍生物，取代程度愈高，产物在水中的溶解度愈低。乙基-β-CYD微溶于水，比β-CYD的吸湿性小，具有表面活性，在酸性条件下比β-CYD更稳定。

倍他环糊精

【性质】倍他环糊精，即β-CYD，为白色结晶或结晶性粉末，无臭，味微甜。本品在水中略溶，在甲醇、乙醇、丙酮或乙醚中几乎不溶。经X线衍射和核磁共振检测证实其立体结构为环状空心圆柱体。对酸不稳定，对碱、热和机械作用都相对稳定。口服无毒，注射用有肾毒性。熔点300~305℃，比旋光度+159°至+164°，压缩性21.0%~44.0%，松密度0.523g/cm³，轻敲密度0.754g/cm³，真密度0.754g/cm³，水分含量13.0%~15.0%（W/W），颗粒尺寸分布7.0~45.0μm。本品收载于《中国药典》（2020年版）四部。

【应用】

包合材料　倍他环糊精是最常用的包合材料，也是最廉价的环糊精。可用来制备多种药物分子的包合物，以提高药物的溶出度、生物利用度。口服无毒，但注射给药后，在体内不代谢，有肾毒性，主要用于片剂和胶囊剂，不能用于注射剂。药物被包合后溶解度增加，化学和物理稳定性提高，同时还可以掩盖药物的不良臭味，将液体药物固体化。

【案例解析】尼群地平倍他环糊精片

1. 制法

称取尼群地平适量，用少量丙酮溶解；称取适量的倍他环糊精，置研钵中，加入足量水，边研磨边缓缓加入尼群地平溶液，在陶瓷研钵中研磨70分钟后，置冰箱中冷藏12小时，抽滤，用少量丙酮快速洗去未包合的尼群地平，滤渣于60℃的烘箱中干燥，研细即得。

取制得的尼群地平倍他环糊精包合物加少量蒸馏水润湿，用乳糖吸收，稀释，随后加微晶纤维素混合均匀，加适量淀粉浆制软材，过筛制粒，湿颗粒在适当温度下干燥，过筛整粒，加入硬脂酸镁混匀，压片即可

2. 解析　本制剂中主药尼群地平在水中几乎不溶解，生物利用度差，应用倍他环糊精作为包合载体材料将其制成尼群地平倍他环糊精包合物，再作为主药制备片剂，可大大提高药物的溶出度，促进药物的吸收。其中乳糖为填充剂，微晶纤维素为崩解剂，淀粉浆为黏合剂，硬脂酸镁为润滑剂。

羟丙基倍他环糊精

【性质】本品为白色或类白色无定型或结晶性粉末，无臭，味微甜，引湿性强，极易溶于水，室温下溶解度>50%（W/V），甚至可高达75%（W/V）以上。易溶于甲醇或乙醇，几乎不溶于丙酮或三氯甲烷。当其浓度<40%，流动性好，不黏稠。对碱、热和光稳定，可耐受80℃和4500lx光照10天，水溶液可热压灭菌。对强酸不稳定。肾毒性小，安全性较好，但高浓度时有溶血反应。羟丙基倍他环糊精水溶性好，安全性好，局部刺激性小。羟丙基倍他环糊精具有水溶性和亲水性的性质，亲水性是其最大的优点，与生物环境相容，其表面活性较小，不易引起在动物体内的溶血。本品收载于《中国药典》（2020年版）四部。

【应用】

1. 包合材料　本品用途与倍他环糊精类似，由于羟丙基的引入打破了倍他环糊精的分子内环状氢

键，在保持环糊精空腔的同时克服了倍他环糊精水溶性差的主要缺点。相对表面活性和溶血活性比较低、对肌肉没有刺激性，所以本品是一种理想的注射剂增溶剂和药物赋形剂。应用本品将药物包合后，可以提高难溶性药物的水溶性，增加药物稳定性、提高药物生物利用度，使药剂的疗效增加或服用量减少，可以调整或控制药物的释放速度，降低药物不良反应。本品可用于口服药物、注射剂、黏膜给药系统（包括鼻黏膜、直肠、角膜等）、透皮吸收给药系统、亲脂性靶向药物的载体，还可用作蛋白质的保护剂和稳定剂。

2. 其他应用 本品用作增溶剂、稳定剂和促透剂等。

【注意事项】 文献报道，本品高浓度时有溶血反应。

【案例解析】 伏立康唑羟丙基倍他环糊精包合物

1. 制法 将定量的伏立康唑 150mg 加入到含有 120g/L 的 HP - β - CD 的蒸馏水溶液中，于 25℃ ± 2℃、400 r/min 条件下磁力搅拌 5 小时，用 0.45μm 微孔滤膜过滤，制得伏立康唑羟丙基倍他环糊精包合物溶液。

2. 解析 本制剂中主药伏立康唑为难溶性药物，应用 HP - β - CD 作为包合载体材料将其制成包合物，提高药物生物利用度。

（二）微囊与微球载体材料

微囊与微球的载体材料一般要求：性质稳定；有适宜的释放速率；无毒、无刺激性，能与药物配伍，不影响药物的药理作用及含量测定；有一定的强度及可塑性；具有符合要求的黏度、穿透性、亲水性、溶解性、降解性等特性。其主要包括天然高分子材料、半合成高分子材料与合成高分子材料。

1. 天然高分子材料 常见的主要有明胶、阿拉伯胶、海藻酸盐及壳聚糖等。其中，酸法明胶与碱法明胶成囊性无明显差别，作囊材的用量一般为 20 ~ 100g/L。阿拉伯胶作囊材使用时，常与明胶或白蛋白配合使用。海藻酸钠作囊材时，可用氯化钙固化成囊。

2. 半合成高分子材料 常用的包括羧甲纤维素钠、CAP、乙基纤维素、甲基纤维素、羟丙甲纤维素等，其整体特点表现为毒性小、黏度大、成盐后溶解度增大等。羧甲纤维素钠与明胶配合作复合囊材；CAP 用作囊材时，可单独使用或与明胶配合使用，用量在 30g/L 左右作囊材的半合成高分子材料多系纤维素衍生物。

3. 合成高分子材料 合成高分子材料分为生物不降解的和生物降解的两类。生物不降解且不受 pH 影响的囊材有聚酰胺、硅橡胶等；生物不降解、但可在一定 pH 条件下溶解的囊材有聚丙烯酸树脂类、聚乙烯醇等。生物降解的材料主要包括聚碳酸酯、聚氨基酸、聚乳酸（PLA）、聚丙交酯乙交酯共聚物（PLGA）、聚乳酸 - 聚乙二醇嵌段共聚物（PLA - PEG）ε - 己内酯与丙交酯共聚物等。

明胶

【性质】 本品用酸法制得的明胶为 A 型，用碱法制得的明胶为 B 型，为白色、淡黄色或琥珀色、半透明微带光泽的、易碎的薄片或粉粒。颗粒大的颜色较深、颗粒小的颜色较浅，微有特殊臭味，在干燥空气中稳定，但受潮或溶解后，易被微生物分解。在冷水中不溶，浸没水中则软化膨胀，可吸收本身重量 5 ~ 10 倍的水。能溶于热水形成澄明溶液，冷后则成为凝胶。溶于醋酸、甘油和水的热混合液，不溶于醋酸、三氯甲烷、乙醚、不挥发油和挥发油。一般明胶含水 5% ~ 10%，相对密度为 1.37。甲醛溶液、重铬酸盐、三价铝盐、三硝基苯酚和三氯醋酸等能使明胶自溶液中凝聚析出。明胶溶液冷却凝结成的胶坚韧而富有弹性，能承受一定的压力，加热后又成为溶液。用直火加热明胶，则变软、胀大，同时炭化发出一种类似羽毛燃烧的味道。碱法明胶的等电点为 pH 4.7 ~ 5.2，酸法明胶明胶的等电点为 pH 7 ~ 9。在等电点时明胶的许多物理性质如黏度、渗透压、表面活性、溶解度、透明度、膨胀度等均最小，而明胶胶冻的熔点却最高。本品收载于《中国药典》（2020 年版）二部。

【应用】

1. **载体材料**   明胶可作为制备微囊、微球、纳米球等的材料。聚合度不同的明胶具有不同的分子量，其平均分子量在 15000 ~ 25000 之间。A 型明胶 10g/L 溶液 25℃时的 pH 为 3.8 ~ 6.0；B 型明胶稳定而不易长菌，10g/L 溶液 25℃的 pH 为 5.0 ~ 7.4。两者的成囊性无明显差别，溶液的黏度均在 0.2 ~ 0.75mPa·s 之间，可生物降解，几乎无抗原性。通常可根据药物对酸碱性的要求选用 A 型或 B 型。

制备微囊时，明胶用量为 20 ~ 100 g/L，通常其应在 37℃以上凝聚成凝聚囊，然后在较低温度下黏度增大而胶凝。明胶单凝聚成囊时的温度在 40、45、50、55、60℃时其产率、粒径大小和分布均不相同。采用复凝聚法制备微囊，可选用明胶与阿拉伯胶作为复合囊材。

制备微球时，可选用明胶等天然高分子材料，以乳化交联法进行制备；亦可用两步法制备明胶微球，即先采用本法（或其他方法）制备空白微球，再选择既能溶解药物、又能浸入空白明胶微球的适当溶剂系统，用药物溶液浸泡空白微球后干燥即得。两步法适用于对水相和油相都有一定溶解度的药物。

2. **包衣材料**   本品可作硬胶囊、软胶囊及片剂、丸剂的包衣材料。制备胶囊或包衣用的明胶，可以是着色的明胶，可含 ≤0.15% 二氧化碳、适量月桂醇硫酸钠及适量的抑菌剂。明胶含铁量应 < 0.0015%，因铁与食品、药品、化妆品所使用的色素有相互作用，并能与某些有机化合物发生显色反应。配制明胶溶液时，应先将其浸于冷水中数小时或放置过夜，然后再加热至沸。

3. **黏合剂**   本品可作片剂的黏合剂。明胶浆的浓度为 10% ~ 20%。如用 60% ~ 70% 乙醇作溶剂配制成 5% ~ 10% 的明胶溶液，对于疏水性药物的片剂有较好的黏合效果。明胶浆制成的颗粒较硬，它的缺点与糖浆相似，存放时间过长会变硬，故近年来已较少采用。

4. **其他应用**   本品可作栓剂基质

【注意事项】明胶是两性物质，与酸和碱都发生反应。它也是蛋白质，因此也具有此类物质的化学性质；如明胶可被大多数蛋白水解系统水解而生成氨基酸。明胶还可以和以下物质发生反应：醛和醛糖、阴离子和阳离子聚合物、电解质、金属离子等。明胶可被以下物质沉淀：乙醇、三氯甲烷、乙醚、汞盐、鞣酸。如果不加抑菌剂妥善保存，凝胶会被细菌作用变成液体。

【案例解析】对乙酰氨基酚明胶微囊

1. **制法**   混悬液的制备：取明胶 2g，用 40ml 水先溶胀，再 50℃±1℃水浴加热溶解。称取对乙酰氨基酚 2g 于乳钵中，以明胶液加液研磨，尽量使混悬液的颗粒细小、均匀。在显微镜下观察混悬液颗粒并记录。

成囊：将对乙酰氨基酚混悬液转入 500ml 烧杯中，加适量水使总量为 60ml，用 10% 盐酸溶液调 pH 为 3.5 ~ 3.8，于 50℃±1℃恒温搅拌，滴加 40% 硫酸钠溶液适量，至显微镜下观察微囊形成并绘图，记录所需硫酸钠溶液的体积，冲入计算浓度（较成囊浓度大 1.5%）的硫酸钠溶液 300ml，搅拌使分散。

制备沉降囊：将上述微囊混悬液静置，沉降，倾去上清液，用硫酸钠溶液适量倾洗 2 次，即得沉降囊。

囊膜固化：将上述沉降囊搅拌下加入 37% 甲醛溶液 3ml，搅拌 15 分钟，加 20% 氢氧化钠溶液调节 pH 至 8 ~ 9，继续搅拌 1 小时，加入 10% 淀粉混悬液 7ml，抽滤，用蒸馏水抽洗至洗出液无甲醛味为止，抽干，加入淀粉制粒，过一号筛，于50℃烘干，即得。

2. **解析** 本制剂中药物在水中微溶。明胶为成囊材料，10%盐酸溶液为pH调节剂，硫酸钠溶液为稳定剂，甲醛为固化剂。

<h2 style="text-align:center">壳聚糖</h2>

【性质】本品又名脱乙酰甲壳质、可溶性甲壳素、聚氨基葡萄糖，为类白色粉末，无臭，无味。本品微溶于水，几乎不溶于乙醇。壳聚糖是一种阳离子聚胺，在pH<6.5时电荷密度高（因此可吸附于阴离子表面并可与金属离子螯合）。它是一种带有活泼羟基与氨基的线型聚电解质（可进行化学反应和成盐）。壳聚糖的性质与它的聚电解质和聚糖的性质有关。大量氨基的存在允许壳聚糖与阴离子系统发生化学反应，因此这两种物质合用会引起理化性质的改变。壳聚糖作为溶液被存放和使用时，需处于酸性环境中，但由于其缩醛结构的存在，使其在酸性溶液中发生降解，溶液黏度随之下降。如果加入乙醇、甲醇、丙酮等可延缓壳聚糖溶液黏度降低，以乙醇作用最明显。本品收载于《中国药典》（2020年版）四部。

【应用】

1. **载体材料** 用壳聚糖作为药物载体可以稳定药物中的成分，促进药物吸收，延缓或控制药物的溶解速度，帮助药物达到靶器官，并且抗酸、抗溃疡，防止药物对胃的刺激。

壳聚糖可用于制备微球，制成的微球黏附性好，比较适于口、鼻、胃肠等黏膜给药；壳聚糖微球表面富有多糖链。能被特异性细胞或组织所识别，可靶向投递药物至病灶部位贮存、释放；壳聚糖微球表面可接功能基团，以吸附或包裹的方式灵活负载不同药物。壳聚糖载药微球药物释放与壳聚糖分子量有关，一般药物的释放速率随壳聚糖的分子量增大而减小；且壳聚糖浓度越高，药物从壳聚糖中扩散进入生物介质的速率越低。

2. **成膜材料** 壳聚糖可用作膜剂的成膜材料，制备口腔用膜剂、中药膜剂等。其相对分子量的大小对成膜性和膜的性质影响较为突出，通常分子量越低，膜的抗拉强度越低，通透性越强，可选择适宜的交联剂改善膜的强度、改变膜的阻隔性能。

3. **增稠剂** 壳聚糖作增稠剂时，随着浓度增加，溶液黏度增大；当浓度较高时，浓溶液的黏度表现出触变性。当温度升高时，其黏度减小，规律和一般高聚物浓溶液的流动规律一致。

4. **靶向制剂材料** 壳聚糖及其衍生物可用作靶向制剂材料。其结构单元含有羟基、氨基等官能团，可用于连接细胞外或细胞内的靶向配体，从而构建靶向药物载体用于靶向给药治疗。以壳聚糖为载体材料的靶向制剂的剂型有很多，主要以纳米粒和微球为主。

5. **其他应用** 壳聚糖可作为片剂填充剂及矫味剂使用。壳聚糖生物相溶性和生物可降解性良好，降解产物可被人体吸收，在体内不蓄积，无免疫原性，可制成吸收型外科手术缝合线。

【注意事项】与强氧化剂有配伍禁忌。

【案例解析】5-氟尿嘧啶壳聚糖微球

1. **制法** 将2g壳聚糖溶于100ml 0.2mol/L醋酸溶液中配制成质量浓度为20g/L的壳聚糖溶液。按5-氟尿嘧啶:壳聚糖为1:6称取相应质量的5-氟尿嘧啶投放到25g上述壳聚糖醋酸溶液中，搅拌使其完全溶解后，慢慢加入到盛有200ml含15g/L司盘80和5g/L硬脂酸镁的混合油中（真空泵油:液状石蜡=1:4），充分搅拌至体系呈乳液状，维持0.5小时，向乳液分散体系中加入相应量的戊二醛溶液，在40℃反应2小时，用氢氧化钠溶液调节pH约为7，继续反应1小时。离心分离产物，先用汽油洗涤，再用无水乙醇洗涤。最后在50℃真空干燥，得到产品。

2. 解析 本制剂中药物 5 - 氟尿嘧啶略溶于水。壳聚糖为载体，戊二醛为交联剂，司盘 80 和硬脂酸镁为复合乳化剂，真空泵油和液状石蜡混合为油相。

📱 **知识链接** --

微球载体材料——聚丙交酯乙交酯共聚物

聚丙交酯乙交酯共聚物（PLGA）又称为聚乳酸 - 羟基乙酸共聚物，是由两种单体——乳酸和羟基乙酸聚合而成，具有理想的生物相容性及可降解性。不同的单体比例可以制备出不同类型的 PLGA，调整单体比例，可改变 PLGA 的降解时间。

PLGA 微球作为蛋白质、酶类药物的载体，是目前研究的焦点之一。文献报道，制备的 PLGA 微球的载药量、包封率主要由 PLGA 的构成、药物的理化性质以及微球制备方法决定。以乳化溶剂挥发法为例，有研究者发现，PLGA 分子量降低，包封率和载药量将有所提高。

（三）脂质体膜材

制备脂质体的膜材料主要包含磷脂类与胆固醇类。

1. 磷脂类 磷脂类包括卵磷脂、脑磷脂、大豆磷脂以及其他合成磷脂，如合成二棕榈酰 - DL - α 磷脂酰胆碱、合成磷脂酰丝氨酸等都可作为脂质体的双分子层的基础物质。采用蛋黄卵磷脂为原料，以三氯甲烷为溶剂提取，即得卵磷脂，但产品中三氯甲烷难除尽，卵磷脂的成本也比豆磷脂高。

豆磷脂的组成为卵磷脂与少量脑磷脂的混合物。磷脂可在体内合成，还可相互转化，如脑磷脂可转化为卵磷脂和丝氨酸磷脂，丝氨酸磷脂也可转化为脑磷脂。

2. 胆固醇类 胆固醇具有调节膜流动性的作用，故可称为脂质体"流动性缓冲剂"。当低于相变温度时，胆固醇可使膜减少有序排列，而增加流动性；高于相变温度时，可增加膜的有序排列而减少膜的流动性。

胆固醇

【性质】本品为白色片状结晶，无臭。在三氯甲烷中易溶，在乙醚中溶解，在丙酮、乙酸乙酯或石油醚中略溶，在乙醇中微溶，在水中不溶。本品的熔点为 147～150℃。本品收载于《中国药典》（2020 年版）四部。

【应用】

1. 脂质体膜材 脂质体的主要组成成分是磷脂和胆固醇。胆固醇属于两亲物质，其结构中具有疏水与亲水两种基团，其疏水性较亲水性强。用磷脂与胆固醇作脂质体的膜材时，必须用有机溶剂先将其配成溶液，然后蒸发除去有机溶剂，在器壁上形成均匀的薄膜，此薄膜是由磷脂与胆固醇混合分子相互间隔定向排列的双分子层所组成。胆固醇可调节磷脂双分子层膜的流动性，使膜通透性降低，减少药物渗漏，同时可使脂膜维持一定柔韧性，增强脂质体囊泡抗击外部条件变化的能力，并对磷脂的氧化有一定保护作用，制备普通载药脂质体，胆固醇是必需的添加物。

在一定范围内，脂质体的粒径、氧化稳定性、物理稳定性与胆固醇添加量成正相关，超出范围时，超过膜负荷，会造成部分脂质体破裂。另外，胆固醇的添加会对膜相变温度有一定影响，临界值以内使相变温度降低，超出临界值，相变温度升高。

2. 乳化剂 胆固醇作为乳化剂可用于化妆品和局部用药制剂中，常用浓度为 0.3%～5.0%（W/W），用以增加软膏的吸水能力。并且具有润肤功能。

3. **其他应用**　胆固醇可作软膏基质。

【注意事项】胆固醇与洋地黄皂苷能发生沉淀反应。长期使用胆固醇是有害的，可能是由于胆固醇会造成动脉粥样硬化或胆结石，胆固醇也可刺激眼睛。

【案例解析】β-桉油醇脂质体

1. **制法**　将β-桉油醇与脂质体（$m_{磷脂} : m_{胆固醇} = 3 : 1$，$m_{药物} : m_{膜材} = 1 : 20$）混合，溶解于乙醇中，采用超临界二氧化碳沉析法制备脂质体混悬液，经微孔滤膜除去未包合的磷脂块，加入适量甘露醇，真空冷冻干燥即得冻干脂质体。

2. **解析**　本制剂中药物为难溶性药物，普通制剂生物利用度低。胆固醇为脂质体膜材，甘露醇为冻干保护剂。

知识链接

脂质体膜材——二棕榈酰磷脂酰胆碱

二棕榈酰磷脂酰胆碱（DPPC）易溶于三氯甲烷，难溶于甲醇和乙醇，极微溶解于丙酮，其相变温度 $T_m = 41.5℃$，接近于人体正常体温，故被选作热敏脂质体的主要热敏材料。当 DPPC 处于相变温度时，其制备的脂质体膜通透性提高。同时，可以加入少量二棕榈酰磷脂酰甘油、二硬脂酰磷脂酰胆碱等调节相变温度。

目标检测

答案解析

一、填空题

1. 包合技术系指一种分子被包嵌于另一种分子的____，形成____的技术。药物被包合后，溶解度____，稳定性____，液体药物可____，可提高药物的____并降低药物的_____。

2. 环糊精衍生物主要有____和____两大类。

3. 骨架型缓释材料有_____、_____和_____。

4. 亲水凝胶骨架材料是目前应用最多的一种缓释材料类型，主要材料有：_____、_____、_____和_____。

5. 当 PVP 浓度大于 10% 时，其黏度随浓度增加而____，黏度高低与分子量成____。

6. 制备药用明胶有两种方法：一种用_____，另一种用_____。

二、单选题

1. 以下可用作亲水性凝胶骨架缓释片材料的是（　　）。
   A. 海藻酸钠　　　　B. 聚氯乙烯　　　　C. 脂肪　　　　D. 硅橡胶

2. 可用作溶蚀性骨架片的骨架材料是（　　）。
   A. 聚乙烯　　　　B. 乙基纤维素　　　　C. 硬脂酸　　　　D. 聚丙烯

3. 可用作不溶性骨架片的骨架材料是（　　）。
   A. 果胶　　　　B. 海藻酸钠　　　　C. 聚乙烯醇　　　　D. 聚氧乙烯

4. 以下几种环糊精溶解度最小的是（　　）。
   A. α-CYD　　　　B. β-CYD　　　　C. 羟丙基-β-CYD　　　D. γ-CYD

5. 不能作为增加药物溶出速率的载体是 （　　　）。

    A. HPMCP   B. Poloxamer 188   C. PEG 4000   D. PVP

6. 可作为减慢药物溶出速率的聚合物是 （　　　）。

    A. PVP   B. 尿素   C. EC   D. α – CYD

7. 常用的半合成高分子囊材为 （　　　）。

    A. 明胶   B. CAP   C. 壳聚糖   D. 聚乳酸

8. 不是药物微囊化的特点是 （　　　）。

    A. 掩盖药物的不良气味及口味   B. 提高药物的稳定性

    C. 提高药物的溶出度   D. 减少复方药物的配伍变化

9. A 型明胶的等电点为 pH （　　　）。

    A. 3.8 ~ 6.0   B. 7 ~ 9   C. 4.7 ~ 5.0   D. 5.0 ~ 7.4

三、多选题

1. 环糊精包合物在药剂学中常用于 （　　　）。

    A. 液体药物粉末化   B. 提高药物溶解度

    C. 制备靶向制剂   D. 提高药物稳定性

2. 组成脂质体的主要材料包括 （　　　）。

    A. 磷脂   B. 木糖醇   C. 胆固醇   D. 氯化钠

3. 基因包裹的常用材料 （　　　）。

    A. PEG 类   B. 阳离子聚合物   C. 脂质体   D. 甘露醇

4. 以下哪些是聚维酮的作用 （　　　）。

    A. 包衣材料   B. 载体材料   C. 膜控材料   D. 黏合剂

5. 以下哪些是明胶的作用 （　　　）。

    A. 包衣材料   B. 载体材料   C. 黏合剂   D. 保湿剂

四、处方分析题（请指出各成分在处方中的作用）

1. 双氯芬酸钠缓释片

    【处方】双氯芬酸钠   150g（　　　）   氢化植物油   10g（　　　）

              乙基纤维素   40g（　　　）   共压制   2000 片

2. 硝酸甘油缓释片

    【处方】硝酸甘油   0.26g（　　　）   10% 乙醇溶液   2.95ml（　　　）

              鲸蜡醇   6.60g（　　　）   硬脂酸   6.00g（　　　）

              PVP   3.1g（　　　）   微晶纤维素   5.88g（　　　）

              微粉硅胶   0.54g（　　　）   乳糖   4.98g（　　　）

              滑石粉   2.49g（　　　）   硬脂酸镁   0.15g（　　　）

书网融合……

           知识回顾   微课1   微课2   微课3   习题

下篇
包装材料

学习引导

　　药品的包装是否与普通商品包装具有相同的作用？对于生产企业来说如何通过包装提升药品产品的品质？

　　本章主要介绍了药品包装的概念、种类、作用，以及有关法规。

学习目标

1. **掌握**　药品包装的概念、选择原则。
2. **熟悉**　药品包装的种类、作用和相关法律法规。
3. **了解**　药品包装的发展。

第一节　药品包装的概念与分类方式

PPT

一、药品包装的概念

　　药品是一种特殊的商品，它的质量直接关系到人们的身体健康，而能够对药品质量产生影响的不仅是制备过程，还包括药品的包装。这是因为在储运过程中药品容易受到高温、潮湿、光照、微生物污染等外界环境的影响，而产生的氧化、光解、水解等现象，导致药物有效成分含量下降，此外包装材料还会吸附药物有效成分，释放可能影响药物稳定性的物质。为了提高药物稳定性，保证药品的疗效，降低不良反应，延长药物有效期，方便人们使用，药物制剂生产结束后要选择适宜的包装材料与形式，因此包装也被称为药品的"第二生命"。

　　广义的药品包装是指为药品在运输、贮存、管理和使用过程中提供保护、分类、说明和辅助给药而选用的适宜材料、技术和所进行的操作的总称。一般情况下，我们所说的包装指的是侠义的药品包装，即包装药品所用的材料、容器和形式。

　　合格的药品包装除了应该具备密封、轻便、稳定、美观、规格适宜、标识规范、合理、清晰这些基本特点外，还需要满足药品再贮存、流通和使用中的各种要求。而实现这些功能的基础即是药品的包装材料，简称药包材，它是指药品包装过程中所使用的相关材料、容器和辅助物等，包括玻璃、金属、塑料、橡胶、陶瓷、纸和复合材料等。优良的药包材应该具有较好的药品相容性、阻隔性，一定的机械强度和可加工性，并且价廉、环保。

二、包装的分类方式

（一）按包装层次分类

1. 内包装　内包装是指与药品直接相接触的包装，亦是将药品装入包装材料的过程。内包装应既能够保证药品在生产、运输、贮存及使用过程中的质量，又便于临床使用。药品的内包装应根据药物的理化性质及所选用材料的性质，对药品内包装材料进行稳定性试验，考察所选材料与药品的相容性。

2. 外包装　外包装是指内包装以外的包装，也是将包有药品的内包装外加包装层的过程。外包装主要用于美化药品外观，提供药品信息。外包装应根据内包装的包装形式、材料特性，选用不易破损、防潮、防虫鼠的包装，以保证药品在运输、贮存和使用过程中的安全性和有效性。

（二）按材质分类

按照材质不同，药品包装可分为塑料类、金属类、玻璃类、橡胶类、陶瓷类和其他类（如布类、纸、干燥剂）等，也可由两种或两种以上材料复合而组成（如复合膜、铝塑组合盖等）。

（三）按包装材料外观分类

根据材料外观，药品包装可分为容器（如输液瓶、液体制剂棕色玻璃包装瓶、固体制剂药用高密度聚乙烯）、硬片或袋（如药品包装用 PVC 固体硬片、复合膜、袋）、塞（如可直接与注射剂接触的药用氯化丁基橡胶塞）、盖（如口服液瓶、西林瓶的易撕拉铝盖）、辅助用途（如输液接口、气雾剂喷口）等五类。

（四）按剂量分类

根据药品用途和给药方法进行剂量划分，按照常规用药剂量单元进行分割后独立包装的过程及其产品称为单剂量包装。如将胶囊剂每粒间隔开包装于铝塑板，颗粒剂按照单次用药剂量装入小袋，青霉素注射剂每 80 万单位罐装于西林瓶等，此类包装也称为分剂量包装，具有剂量灵活，无包装开启再封闭所造成的污染隐患等优点。多剂量包装是指未按照用药剂量单元进行分割的包装及其过程。如瓶包装的片剂、糖浆剂、滴眼剂，以及绝大多数半固体制剂，开启最小包装单位后可多次使用。

第二节　现代药品包装具有的作用

PPT

 实例分析

　　实例　药品包装只是一种药品的承装形式和说明吗？

　　问题　同学们在药品的包装上都获得了哪些信息？药品的包装可具有什么样的功能？

答案解析

一、保护作用

1. 对药品的保护作用

（1）机械保护作用　药品的包装可以防止其在贮运、装卸过程中由于受到冲击、震动、挤压等造成物理损坏。片剂、胶囊剂的瓶包装中，常使用消毒棉花塞满剩余空间，可起到减少制剂震动的作用；常见的纸箱、泡沫、瓦楞纸等包装具有较好的缓冲外力冲击的功能；金属盒等则具有较强抗挤压能力。此外，缓冲效果较好的常用材料还有发泡聚乙烯、泡沫聚丙烯等。

（2）成分保护作用　包装可以将制剂中的药物成分与外界环境隔离，消除或减少在储运和使用过程中外界环境对药品质量的影响，避免药品发生光解、氧化、挥发等物理或化学变化，最终保证药品的疗效。

2. 对患者和家人的保护作用

（1）对患者的保护　作为用药的主要人群，老龄人口的数量、比例都在不断增加。老龄患者容易出现记忆力衰退等情况，对于该类人群最需要注意的是药品的错服、漏服、多服现象的发生。如果药品包装采用各类具有提醒功能的文字、声音等进行标识或提醒，则可大大减少上述情况的发生，提高患者用药安全性和有效性。

（2）对家人的保护　对家人的保护主要体现在对儿童的保护。误服药物已成为影响儿童安全的主要隐患之一，全国每年有 3 万余儿童因误服药物引起中毒，其中约有 2000 多人死亡。儿童安全包装是利用视觉警示和机械障碍设计防止儿童开启的包装，对儿童随意开启药品包装具有较好的防范效果。

视觉警示设计是利用包装的不同颜色或标签来标示危险和提高注意力，使儿童不敢或不愿主动接触药品。比如红色与黄色、黑色与黄色组合的图案具有显著标示危险的效果。

机械障碍设计是从人体工学的角度出发，利用幼儿手掌小，力量远小于成人，且小肌肉群协调能力不足，不能完成较复杂动作等特点，或利用认知性障碍，设计特殊结构以达到防止幼儿随意开启药品包装的目的。常用的儿童机械防护结构有压旋盖、挤旋盖、暗码盖、拉拔盖、迷宫盖等安全瓶盖设计和泡罩防护设计。图 9-1 为装有暗码盖的药品包装盒。

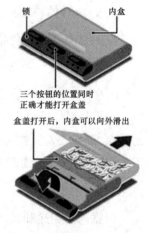

三个按钮的位置同时
正确才能打开盒盖

盒盖打开后，内盒可以向外滑出

图 9-1　装有暗码盖的
儿童安全包装

二、标识作用

药品包装是消费者识别和了解药品的重要途径。药品包装的差异化设计，可便于患者和操作人员识别药物制剂，在一定程度上减少药品在分类、运输、贮存和临床使用过程中的差错。对于毒剧药品、易燃易爆药品，通过特殊而鲜明的标志，在醒目位置注明，可警告和提醒接触药品的患者和操作人员。对于外用制剂，在包装和标签上标示"外用"和使用方法，以防止错误使用。为满足特殊人群需求，有些药品包装还采用触觉、听觉等识别设计，如利用包装材料的特殊触觉和纹理，或者安装触摸发声装置。

三、便于储运和使用

合理的包装设计可以满足企业生产机械化和自动化的需要，便于生产、搬运和储运，降低能耗和材料成本，提高劳动生产效率。同时，还应满足消费者在使用过程中便于开启、保存方便的需要，如多计量粉雾剂、单剂量口服液包装等。

单计量包装形式应用于医院药房中药饮片处方的配备，不仅剂量准确、污染机会减少，而且加快了配方速度，缩短了患者等候的时间。预灌封注射剂、输液的使用也可大大缩减临床配制所需时间，并可降低污染等风险。

四、体现人文关怀

药品包装的人文关怀主要是通过针对不同用药人群的差异化、人性化包装设计实现的。对于使用者来说，不仅可以得到情感上的关怀和使用中的方便，更重要的是，好的药品包装设计可以在保证药物疗效的同时，提高患者用药的安全性、准确性，避免错服、漏服、多服和儿童意外伤害等现象的发生。

1. 针对老年患者的包装　老龄患者的生理、心理都与普通患者显著不同。在感官方面，药品包装上的字体较大、颜色对比鲜明，可方便患者辨识，配合触觉等辅助识别手段，尤其是对急救药品而言，利用外形等进行视觉补偿，有助于老年人患者迅速识别药品，避免危险的发生。例如，用于治疗心绞痛等疾病的药品将包装设计成葫芦状等特殊外形，使患者即使不通过视觉辨识也可迅速在口袋中、床头上或者枕边找到。

2. 针对视觉识别障碍患者的包装　为了使盲人和视力严重减退的患者顺利识别药物，获得药品的基本信息，药品包装的色彩大多选择采用三基色，并在包装表面压印盲文。在成本允许的情况下，设计差异化内包装，甚至添加声讯提醒功能，则可更加方便患者做出准确判断，大大提高这类患者自主用药的安全性，减少药物错用的概率。

3. 针对其他疾病患者的包装　根据疾病症状的不同，药品对包装性能的需求也有所不同。比如，帕金森综合征患者可能具有不同程度的运动障碍、震颤和肌肉僵直等症状，采用表面粗糙且形状容易抓取、紧握的包装瓶，可以防止药品从患者手中滑落，便于开启和再封闭。如果再配合使用可以定量取药的内转轮，则可更加方便患者取药。对于哮喘病或其他需要肺部给药疾病的患者来说，及时、准确地提示剩余药量是保证药物治疗效果和患者安全的重要因素，是人文关怀的重要体现。

4. 提高医护人员工作效率的包装　在实施急救和手术等操作的过程中，药品与器具使用方便是医护人员避免差错、提高效率、争分夺秒确保病患安全的保障。例如，用手指按压便可单手开启的消毒液包装。此外，新兴的预灌封注射剂和预混合输液包装等，不仅可以减少药液配制的烦琐程序，缩短的患者等待时间，降低医护人员劳动强度，更重要的是这种新型给药体系，可最大限度地降低药液被污染的可能性。

对于中药而言，医院中药房应用的单剂量饮片包装，剂量准确、污染机会少，在降低药品调剂人员工作强度的同时，加快了配制速度，也缩短了患者等候的时间。

五、促进销售

包装对药品销售也具有一定的促进作用。突出科学性、新颖性的药品包装，会增加患者的信任程度，个性化的设计也会便于消费者识别和记忆。在包装款式方面，主要针对老年患者的药品包装大多尽力显现其权威性，风格上注重沉稳。如麝香保心丸、六味地黄丸、牛黄安宫丸、七十味珍珠丸等经典传统制剂，其包装无不体现着民族特色，给人以厚重和可信赖感，还在一定程度上增强了老年患者战胜疾病的信心。而针对年轻患者的药品包装则通常更加注重时代感，突出科技元素设计。

六、过期、变质警示作用

药品的有效期与其贮存环境直接相关，对于疫苗、活菌制剂等药品来说，一些特殊包装可以对其储运过程中的环境起到监控和指示作用。如通过采用能够感知氧气和二氧化碳浓度变化的新型材料，可以指示药品是否被微生物污染，滋生细菌；或采用对温度敏感并能够发生颜色变化的化学物质制成标签，如果药品保持在低温状态，该化学物质的聚合反应就会很缓慢，一旦温度升高，聚合反应就会加速，标签就会由无色变成有色，从而警示使用者药品已经变质。

即学即练 9 – 1

既是一种制剂形态又是一种包装形式的是（　　）。

答案解析　　A. 包衣　　　　B. 胶囊　　　　C. 明胶　　　　D. 口服液

第三节　我国药品包装的法律法规与包装材料的标准

PPT

包装材料的质量直接影响着药品的有效性和安全性，对于胶囊剂、气雾剂等依附包装而存在的制剂而言，直接接触药品的包装材料和容器就是药品的重要组成部分之一，伴随着药品生产、流通以及使用的全过程。

一、我国药品包装的主要法律法规

为了加强对药品包装的管理，保证药品质量，我国于 1981 年颁布了《药品包装管理办法（试行）》，并于 1987 年第一次修订。1996 年颁布了《直接接触药品的包装材料、容器生产质量管理规范（试行）》，2001 年修订的《中华人民共和国药品管理法》和 2002 年颁布的《中华人们共和国药品管理法实施条例》中明确了我国对直接接触药品的包装材料和容器的管理是单独实行审批，与药品的审批平行进行。2004 年 6 月颁布的《直接接触药品的包装材料和容器管理办法》要求药包材必须执行国家标准，2010 年 9 月发布的《药用原辅材料备案管理规定（征求意见稿）》提出与世界接轨，《中华人民共和国药典》2015 年版首次以通则的形式将《药包材通用要求指导原则》收录其中。一系列的法律法规，以及相继发布的《化学药品注射剂与塑料包装材料相容性研究技术指导原则（试行）》和《化学药品注射剂与药用玻璃包装容器相容性研究技术指导原则（试行）》等，不断规范了我国药包材的研发、生产、管理与选用等环节，形成了我国较为完善的药品包装管理体系，提高了药包材的质量和药品包装水平。

 知识链接

《中华人民共和国药品管理法》中关于药品包装的相关规定

第五十三条　药品包装必须适合药品质量的要求，方便储存、运输和医疗使用。发运中药材必须有包装。在每件包装上，必须注明品名、产地、日期、调出单位，并附有质量合格的标志。

第五十四条　药品包装必须按照规定印有或者贴有标签并附有说明书。标签或者说明书上必须注明药品的通用名称、成分、规格、生产企业、批准文号、产品批号、生产日期、有效期、适应证或者功能主治、用法、用量、禁忌、不良反应和注意事项。麻醉药品、精神药品、医疗用毒性药品、放射性药品、外用药品和非处方药的标签，必须印有规定的标志。

二、药包材标准

1. 药包材的质量要求

（1）安全无毒　生产药包材的原料应经过物理、化学性能和生物安全评估，具有一定的机械强度、化学性质稳定、对人体无生物学毒害。

（2）相容性好　药包材与药品之间没有导致药品有效期、稳定性发生改变，或者产生安全性风险的相互作用。

（3）保护作用可靠　直接接触药品的药包材应具有可靠的阻隔效果，能够满足所包装药品对光线、空气、水分等的阻隔要求，同时还应具有一定的强度、韧性和弹性等，抵抗外力对制剂的影响，进而保证药物的物理、化学稳定性。

（4）价廉易得，不污染环境　药包材作为商品的一部分，包装材料的来源应广泛，价格低廉，且易于回收或处理，不对环境造成污染。

2. 药包材的质量标准

自 2002 年，国家陆续颁布实施了 139 项直接接触药品的药包材标准（YBB）。2015 年，原食品药品监管总局根据《中华人民共和国药品管理法》及《中华人民共和国药品管理法实施条例》的相关规定，对上述 139 项 YBB 进行了修订、合并和提高，最终形成 130 项药包材国家标准，在国家药品监督管理局（www. nmpa. gov. cn／）或中国食品药品检定研究院（www. nifdc. org. cn／nifdc／）网站公开，并于2015 年 12 月 1 日起实施。标准中将产品检验分为全项检验和部分检验，要求在产品注册、产品出现重大质量事故后重新生成、监督抽验、产品停产后重新恢复生成的情况下，需按标准要求进行全项检验。通常检查项目包括以下内容。

（1）外观　取药包材适量，在自然光线明亮处，正视目测，观察其色泽、形状、表面特征，有些还需要看文字、开口、平底等，应符合相应标准要求。如：药用陶瓷瓶表面应光洁、无裂纹、无破损、无麻点及瘤状突起；瓶壁厚薄应均匀、内外有釉；文字清晰端正；口应平整光滑；瓶放在平面上应基本端正平稳；瓶壁内外应洁净，不得有异物。

（2）鉴别　是对药包材材料的确认检验。根据药包材材料不同，采用标准中相应方法对所设置的项目进行检查，须符合标准要求。如药用聚酯瓶通过密度测定以及红外光谱法比对产品对照图谱，确定产品材料的一致性；药用低硼硅玻璃管要求测定三氧化二硼含量不得小于 5%，药用中硼硅玻璃管要求不得小于 8%，药用高硼硅玻璃管要求不得小于 12%。

（3）检查项目

①化学性能　检查项目主要有相应物质，澄清度，易氧化物，不挥发物，重金属钡、铅等检测项目。如聚氯乙烯硬片需进行氯乙烯单体限量检查，要求不得超过百万分之一。

②使用性能　包括容器的密封性、水蒸气透过量、氧气透过量、穿刺力、穿刺部位不渗透性、悬挂力等。

（4）安全性检查

①微生物限度　根据所包装药物制剂的要求检查各种微生物的量，测定结果应符合要求。

②安全性　根据药物制剂特点，测定相应考察项目，如注射剂类药包材要检验细胞毒性、皮肤致敏、皮内刺激、急性全身毒性和溶血性等；滴眼剂需考察异常毒性、眼刺激试验等。

第四节　药品包装的选择与发展趋势

PPT

一、药品包装的选择

1. 包装材料　药品包装的选择与设计应首先满足安全性的需要，直接接触药品的包装材料与容器，必须是在国内已经申请注册的，并满足由国家药品监督管理局组织制定和颁布实施的国家标准的相关要求，而且与药物不能相互影响或发生物质迁移。尤其是对于用药后可直接接触人体组织或进入血液系统的吸入气雾剂或喷雾剂、注射液或注射用混悬液、眼用溶液或混悬液、鼻吸入气雾剂或喷雾剂，以及大多含有可促进包装材料成分溶出的功能性辅料（如助溶剂、防腐剂、抗氧剂等）的液体制剂等高风险品种，药物与包装材料发生相互作用的可能性较大，因此选用包装材料与容器不但要求其本身质量合格，还需要进行药品包装材料与药物相容性研究，以证实包装材料与制剂具有良好的相容性。

2. 包装成本与环境保护　在能够保证药品质量的前提下，药品可以选用价格低廉的包装系统，尤其是对于常用药物、国家基准药物等，应避免过度包装。此外，不切实际的大剂量包装，会造成药品和包装材料不必要的浪费，影响资源的充分利用。有些药品包装使用后可能具有疾病的传染性，不宜回收利用，直接转化为固体废弃物，若不注意选择包装材料种类和用量，不仅会增加包装成本，也会增加此类包装废弃物对环境的污染。

药品包装所用材料应价廉易得、绿色环保、便于回收利用，使用的包装系统应适应生产的机械化、专业化和自动化需要，符合药品社会化要求。

3. 图文色彩　药品包装图文色彩应具有自己独特的设计理念，可以强调企业创新精神和品牌，而中药制剂包装设计则可以凸显药品的深厚文化底蕴和民族特色。但是，在药品包装设计时也要注意，不能为了达到宣传效果，而忽视了清晰标示药品的基本信息。

药品的包装设计还应体现人文关怀，充分考虑消费者对色彩的心理感受和可能引起的生理反应，针对不同疾病、不同患者采用恰当的颜色。

4. 不同人群的生理特征　针对不同人群设计差异化包装。不同年龄、不同身体状况的患者，其消费心理、消费水平、认知能力等都有所不同。对于儿童而言，药品包装应注意其安全性和防止儿童随意开启的特点；对于年轻人和中年人，外观上可适当考虑功能性、方便性等现代元素，并应以感性设计为主；对于老年人，感知、行动、思维等生理功能可能出现障碍和病变，易在用药过程中出现漏服、错服、多服和难于开启等现象，因此需要考虑无障碍包装设计；对于盲人和视力严重减退患者，药品包装应尽量采用三基色，并于表面压印盲文，并配合使用特殊肌理、触感或气味材料，以便患者做出准确判断。

5. 防伪技术　药品的防伪不仅是生产企业保障自身利益的需要，更是患者身体健康和生命安全的需要。现代防伪包装技术主要有油墨防伪、激光标贴防伪、激光膜防伪、定位烫印、纹理防伪、标签防伪、紫外荧光防伪、版纹防伪等技术手段。

药品的防伪可以选择可靠的单一方法，也可选择采用多种技术复合防伪。如葵花药业股份有限公司的胃康灵胶囊包装盒采用了七种防伪措施。

6. 便于贮藏和运输　在贮藏和运输方面，药品外包装应注意尺寸大小，材质是否抗压、抗震，是否便于包装摆放，是否能避免运输中由于晃动、碰撞导致的内部药品破坏；对性质不稳定的药品，包装设计上应注意防潮、通风或避光等功能；药品外包装还应设计符合人体工程学的拉手，并避免规格过大、过重，以便在装卸时能安全快捷地吊放和搬运，加强劳动保护和提高工作效率。

二、药品包装的发展趋势

1. 系列化包装　系列化药品包装模式是指同一厂家生产的药品采用统一的画面格局，色调，文字、图案的构图位置，艺术处理方法等进行药品包装，以给人协调统一的感觉，形成独特的风格，树立品牌形象，增强宣传效果，也便于消费者识别品牌。

2. 高阻隔包装　高阻隔包装是利用阻隔性能优良的材料阻止空气、水分、气味、光线等进入的药品包装，用以保证药品的有效性等。在欧洲、日本等，高阻隔材料用于药品包装已经非常普遍，我国在20世纪80年代引入了聚偏二氯乙烯（PVDC）等高阻隔包装，但由于成本较高等原因，直至目前发展仍然缓慢。需要大力发展高阻隔性能的包装材料，以满足我国药品包装的需求。

3. "绿色"包装　药品"绿色"包装是指采用对生态环境和人体健康无害、包装材料能够循环再生使用的包装。随着人们环保意识的增强，拒绝白色污染，大力发展"绿色"包装已经成为世界的共同需要。提升高分子材料的综合性，开发可降解、对环境无污染、与药品相容性好、易回收的环保型的药品包装新材料是摆在材料科学家面前的重要科研课题。

4. 环境调节包装　环境调节包装是指能够使包装内的气体状态发生变化，从而较长时间地保证被包装产品质量的包装，如使用干燥剂（吸氧剂）包装、空气置换包装，或采用高分子材料制造包装容器或涂于容器内壁，能够迅速吸收由于包装开启而进入的水分、氧气等。

环境调节包装所用的干燥剂、吸氧剂等根据药品的特性来选用，一般有氯化钙、硅胶等，这些物质不会与药品发生反应而使药品失效或改性，可以更好地保护药品，延长药品的保质期。

5. 抗菌自清洁包装　药品生产不可能绝对无菌，而且多剂量包装的药品，如小蜜丸、片剂等，在使用过程中包装需要在较长时间内多次开启，可能被微生物污染。因此，通过在塑料等材料中复合纳米二氧化钛、纳米银等抗菌剂，可获得具有抗菌自洁净功能的包装材料。尽管该类包装材料还处在研究阶段，但其意义深远，受到了研究人员的广泛关注。

6. "智能材料"包装　智能材料是指可感知、发现环境变化，并具有响应能力的新材料，是目前国内外包装材料研究与开发的热点。将生物技术、信息技术、电子技术、纳米技术等先进技术应用于药品包装，可望开发出具有自检测、防伪、自适应、定时提醒、自修复等多种功能的智能药品包装，可延长药品有效期、方便患者用药。

目标检测

答案解析

一、填空题

按材质分类，药品包装材料可分为＿＿＿、＿＿＿、＿＿＿、＿＿＿等类别。

二、单选题

1. 关于包装影响药品质量的描述，错误的是（　　）。

　　A. 药品包装可以阻隔光线、氧气、水，保证药物质量

　　B. 氧气分子很小，包装无法隔绝，因此药品氧化是不能通过包装延缓的

　　C. 包装材料可能会与药品发生反应

　　D. 包装材料可抗压、防撞，起到保护药品不受到机械破坏

2. 目前我国药包材标准是何时开始执行的（　　）。

　　A. 2005 年 12 月 1 日　　　　　　　　B. 2015 年 4 月 1 日

　　C. 2015 年 12 月 1 日　　　　　　　　D. 2016 年 1 月 1 日

三、多项选择题

1. 药品包装质量要求包括（　　）。

　　A. 安全无毒　　　B. 相容性好　　　C. 保护作用可靠　　　D. 价廉易得，不污染环境

2. 下列涉及药品包装的法律法规有（　　）。

　　A.《药品包装管理办法》　　　　　　B.《中华人民共和国药品管理法》

　　C.《直接接触药品的包装材料和容器管理办法》D.《中华人们共和国药品管理法实施条例》

3. 通过适当包装设计可提高使用的方便性体现在（　　）。

　　A. 可单手开启的手术用品　　　　　　B. 预灌封注射剂

　　C. 预混合输液包装　　　　　　　　　D. 药房小剂量包装

四、简答题

1. 你知道有哪些药品的防伪技术？

2. 根据疾病症状、患者群体特征，药品包装如何体现人文关怀？

书网融合……

知识回顾　　　微课　　　习题

学习引导

　　2013 年 2 月安徽省原食品药品监督管理局发布关于碳酸氢钠注射液有关问题的函，明确指出"XX 药业集团 XX 股份有限公司的药品生产许可证编号为豫 20100024，其生产的碳酸氢钠注射液的批准文号为国药准字 H41021050"，虽在有效期内，但晃动一下该药品，可看见零星玻璃碎屑如碳酸饮料的气泡一样在瓶内旋转。因此"涉嫌生产不符合规定的碳酸氢钠注射液"。是什么原因导致该现象的发生，而造成注射剂产品不合格？注射剂、口服液、食品所用的玻璃瓶质量都是一样的吗？

　　本章主要介绍各类药品包装材料种类、性能、特点及应用等。

📖 **学习目标**

1. **掌握**　玻璃、塑料、金属、橡胶、复合膜和陶瓷的特点。
2. **熟悉**　常用药包材种类及性能。
3. **了解**　药包材的主要检查项目及在包装领域的应用。

PPT

第一节　玻　璃 🔲 微课 1

　　玻璃在我们的生活中无处不在，并且发挥着巨大而无可替代的作用。玻璃容器的消耗量约占包装材料总量的 10% 左右，它是一种无规则结构的非晶态固体，具有其他材料无可比拟的良好化学稳定性、耐热性、机械强度等性能，另外，还具有价廉、美观且易于制成不同大小及各种形状容器的优点。因此，药用玻璃是药品最常用的包装容器，广泛应用于化学试剂工业、医药工业、食品饮料和酿酒工业中，在医药包装玻璃容器行业中医药用玻璃容器是属于技术指标最高、安全卫生要求最严的产品，所以，它也是药物制剂的最佳容器。

一、玻璃包装材料的特点

　　根据药品包装材料选择的美学性原则和无污染原则，药用玻璃透明、美观，而且价格低廉、可回收，不像 PVC 材料后期处理非常困难，有极为严重的环保问题。玻璃药包材的特点如下。

　　1. 物理机械性能　玻璃的透明性好，阻隔性强，是良好的密封容器材料，加入 Cr_2O_2 能制成绿色玻璃，加入 NiO 能制成棕色玻璃，可以使药避光保存。

2. 热稳定性　玻璃有一定的耐热性，但不耐温度急剧变化。作为容器玻璃，在成分中加入硅、硼、铅、镁、锌等的氧化物，可提高其耐热性，以适应玻璃容器的高温杀菌和消毒处理。容器玻璃的厚度不均匀，或存在结石、气泡、微小裂纹等缺陷，均会影响其热稳定性。

3. 光学性能　玻璃的光学性能体现为透明性和折光性。当使用不透明的玻璃或琥珀玻璃时，光的破坏作用大大降低。玻璃的厚度与种类均影响其滤光性。

4. 阻隔性　对于所有气体、溶液或溶剂，玻璃是完全不渗透的，因而经常把玻璃作为气体的理想包装材料。

5. 化学稳定性　玻璃具有良好的化学稳定性，耐化学腐蚀性强。只有氢氟酸能腐蚀玻璃，因此，玻璃容器能够盛装酸性、碱性食品以及药品。

6. 容器成型　玻璃能用多种方法成型，成型技术成熟。

7. 材料来源及回收回用技术　原料丰富，价格低廉，可回收利用。

8. 缺点　质重、质脆、能耗大、印刷困难，质量差的玻璃可析出游离碱和产生脱片现象，影响药品的质量。

二、玻璃包装材料的主要检查项目

(一) 鉴别

目前，玻璃药包材以热膨胀系数和氧化硼的含量来界定玻璃的材质类型，因此玻璃材质的鉴别之一是线热膨胀系数，随着玻璃的纯度增大，热膨胀系数减小，同时耐温度急剧变化能力也降低，玻璃形成氧化物为二氧化硅（SiO_2）和氧化硼（B_2O_3），因此主要鉴别成分指标是 B_2O_3 的含量。氧化硼也可以单独形成玻璃，它以硼氧三角体（BO_3）和硼氧四面体（BO_4）为结构单元，在硼硅酸盐玻璃中与硅氧四面体共同组成结构网络。氧化硼的主要作用：能降低玻璃的热膨胀系数；提高玻璃的化学稳定性和热稳定性；改善玻璃的光泽，提高玻璃的机械强度；助熔作用，加速玻璃的澄清，降低玻璃的结晶能力。在一定范围内，其含量越高，玻璃的性能越好。

(二) 理化性质

理化性能包括化学性质和物理性质，是玻璃药包材的重要质量指标，玻璃内部离子结合紧密，可抗气体、水、酸、碱的侵蚀，不容易与食品、药品发生作用，具有良好的包装安全性，最适宜婴幼儿食品、药品的包装。但熔炼不好的玻璃制品可能发生来自原料的有毒物质的溶出。玻璃的物理性能（硬度、密度、黏度、机械强度等）应符合相应的要求。

(三) 外观及规格尺寸

外观会影响玻璃药包材的美观，有可能会影响药品的质量，其检验项目主要有裂纹、剥落、伤疵、变形、模子线、错位、表面粗糙、瓶壁厚薄均匀性、气泡、波纹等。作为药包材，玻璃的规格尺寸是其成型工艺的主要质量要求之一，良好稳定的规格尺寸是药品包装自动化配套生产的基础，影响药品的罐装、密封及储存等，检验的项目主要有容器的质量、容量、应力及各部位的尺寸精度。

(四) 有害物质含量

药用玻璃生产的原料中常以三氧化二砷、三氧化二锑和硝酸盐（硝酸钠、硝酸钾、硝酸钡）等作澄清剂。澄清剂是在高温下，本身分解放出气体，促进玻璃中气泡排出的物质。对上述有害元素溶出量进行限量控制，可提高玻璃药包材的质量水平，确保被包药品安全有效。也是与国际接轨的重要检测项目。

在有害物质限量方面，国际上对玻璃中 As、Sb、Pb、Cd 的析出量均有规定。

三、常用玻璃包装材料

（一）玻璃的化学组成及分类

二氧化硅是玻璃的主要成分，是玻璃的骨架，并使玻璃具有透明度、机械强度、化学稳定性和热稳定性等一系列优良性能。其缺点是熔点高、熔液黏度大，造成熔化困难、热耗大，故生产玻璃时还需加入其他金属氧化物以改善这方面的状态。玻璃中还有少量金属氧化物，包括氧化钠、氧化钙、氧化铝、氧化硼、氧化钡、氧化铬和氧化镍等。

玻璃原料中加入少量氧化铝，能够降低玻璃的析晶倾向，提高化学稳定性和机械强度，改善热稳定性；加入适量氧化钙，能降低玻璃液的高温黏度，促进玻璃液的熔化和澄清；氧化镁的作用与氧化钙类似，但没有氧化钙增加玻璃析晶倾向的缺点，因此可用适量氧化镁代替氧化钙。但过量则会出现透辉石结晶，提高退火温度，降低玻璃对水的稳定性；氧化钠、氧化钾为良好的助溶剂，能降低玻璃液的黏度，促进玻璃液的熔化和澄清，还能大大降低玻璃的析晶倾向，缺点则是会降低玻璃的化学稳定性和机械强度。

根据所用原料及化学成分不同，玻璃可分为钠钙玻璃、铅玻璃、硼硅酸盐玻璃等。钠钙玻璃中 Na_2O、CaO 含量较高。因其最容易加工成型、成本低廉，而成为瓶罐玻璃容器最常用的材料。我国积极与国际标准接轨，参照 ISO 标准及美国、德国、日本等国家的工业标准和药典，并结合我国药用玻璃瓶工业的实际，从玻璃类型和玻璃材质两方面建立了全新标准。《美国药典》把药用玻璃（注射剂）分为四种型号：Ⅰ类是硼硅酸玻璃，特点是化学耐久性强、线热膨胀系数小（国际中性玻璃、3.3 硼硅玻璃）；Ⅱ类是经过处理的苏打石灰（钠钙）玻璃，特点是易于低温加工，模型成型容易，由于热膨胀系数大，温度急剧变化时可能发生破损，耐水性差，为了改善其耐久性而实施了表面处理；Ⅲ类是苏打石灰（钠钙）玻璃；Ⅳ类一般用途的苏打石灰（钠钙）玻璃。国际标准 ISO 12775 - 1997 将玻璃按成分分类及其试验方法的准则分为三种药用玻璃：3.3 硼硅玻璃、国际中性玻璃、钠钙玻璃。我国药用玻璃（主要按氧化硼的含量和膨胀系数）分为四类（YBB00342003 - 2015），见表 10 - 1。

表 10 - 1　我国药用玻璃分类

化学组成及性能	玻璃分类			
	高硼硅玻璃（3.3 玻璃）	中性硼硅玻璃	低硼硅玻璃	钠钙玻璃
B_2O_3	12 ~ 13	8 ~ 12	≥5.0，<8.0	<5
SiO_2	约 81	约 75	约 71	约 70
$Na_2O + K_2O$	约 4	4 ~ 8	约 11.5	12 ~ 16
MgO + CaO + BaO + (SrO)	—	约 5	约 5.5	约 12
Al_2O_3	2 ~ 3	2 ~ 7	3 ~ 6	0 ~ 3.5
平均线热膨胀系数（20~300℃，×10⁻⁶K⁻¹）	3.2 ~ 3.4	4 ~ 5	6.2 ~ 7.5	7.6 ~ 9.0
121℃颗粒法耐水的性能	1 级	1 级	1 级	2 级
98℃颗粒法耐水的性能	HGB 1 级	HGB 1 级	HGB 1 级或 HGB 2 级	HGB 2 级或 HGB 3 级

续表

化学组成及性能	玻璃分类			
	高硼硅玻璃（3.3 硼硅玻璃）	中性硼硅玻璃	低硼硅玻璃	钠钙玻璃
耐酸性能（重量法）	1 级	1 级	1 级	1 级或 2 级
耐碱性能	2 级	2 级	2 级	2 级
主要应用领域	管制注射剂瓶（冻干粉针、粉针、水针等）	安瓿、管制注射剂瓶（冻干粉针、粉针、水针等）	管制注射剂瓶及其他管制瓶	管制注射剂瓶、模制抗生素瓶、输液瓶、其他模制瓶

以上是对我国（YBB 标准）和国际水平的药用玻璃标准的简介，在一定程度上，我国的药用玻璃瓶已同国际接轨，药品生产企业在选用药用玻璃瓶时，可以根据药物的特性（如需耐酸、耐碱、耐冷冻、耐玻璃对药物的吸附等），选用不同类型的药用玻璃瓶，以满足药品的稳定、安全、有效性要求，提高药品的质量。所以，制药公司不但要选择合格的药用玻璃瓶，而且更要选择合适的药用玻璃瓶。

（二）常用的四类玻璃药包材

1. 高硼硅玻璃 高硼硅玻璃又称 3.3 硼硅玻璃，是以氧化钠（Na_2O）、氧化硼（B_2O_3）、二氧化硅（SiO_2）为基本成分的一种玻璃。该玻璃成分中硼硅含量较高，分别为硼 12.5% ~ 13.5%，硅 78% ~ 80%，故称此类玻璃为高硼硅玻璃。它耐酸耐碱耐水，抗腐蚀性能优越，拥有良好的热稳定性、化学稳定性和电学性能，具有抗化学侵蚀性、抗热冲击性、机械性能好、能承受高温等特性。但这类玻璃软化点比较高，要求封口时的火焰温度较高，用于盛装水针剂的安瓿时封口比较困难，故目前国际上也没有这类产品。该产品主要用于制作盛装冻干剂用的管制瓶，因为它的耐热冲击性能优于中性玻璃。

2. 国际中性玻璃 国际中性玻璃即通常所称的 I 类玻璃，也有人称其为 5.0 玻璃或甲级料。这种玻璃的线热膨胀系数为 $(4 ~ 5) \times 10^{-6} \cdot K^{-1}$（20 ~ 300℃），其主要化学组成为氧化硼（含量 12% ~ 13%）、二氧化硅（含量约 75%）、氧化铝等。产品性能为 121℃颗粒法耐水性均可达到 1 级，这类玻璃以其良好的材质、性能，特别是优异的化学稳定性和热稳定性，在药品包装领域得到广泛应用。国际中性玻璃以其优异的化学性能广泛应用于各类注射剂、血液制品、疫苗等药品的包装，是国际上大量采用的药用玻璃材料，也是我国药用玻璃要尽快与之接轨的主要玻璃材料。

3. 低硼硅玻璃 低硼硅玻璃中氧化硼的含量为 ≥5.0 而 <8.0（质量分数，%），平均线热膨胀系数 $(6.2 ~ 7.5) \times 10^{-6} \cdot K^{-1}$（20 ~ 300℃）。产品性能为 121℃颗粒法耐水的性能 1 级，内表面耐水性 1 级，为我国特有的药用玻璃产品。我国以前不能大规模生产国际中性玻璃，所以在国际中性玻璃配方的基础上降低氧化硼、二氧化硅的含量和增加氧化钾、氧化钠的含量，生产低硼硅玻璃。低硼硅玻璃在国际上不通用，因我国已经生产多年，理化性能基本能达到要求，新的药用玻璃标准对这类玻璃予以保留，但重点发展国际中性玻璃。

4. 钠钙玻璃 钠钙玻璃是最常见的一种玻璃。主要成分为 SiO_2、CaO 和 Na_2O。线热膨胀系数 $(7.6 ~ 9.0) \times 10^{-6} \cdot K^{-1}$（20 ~ 300℃）。钠钙玻璃通常含有较多的杂质成分，如铁杂质，故普通玻璃常带有浅绿色。与硅硼玻璃相比，钠钙玻璃容易熔制和加工、价廉，多用于制造对耐热性、化学稳定性要求不高的玻璃制品。

医药用玻璃除了常见的无色透明制品外，还有棕色和蓝色。蓝色着色剂有氧化钴，棕色着色剂有氧化铁、氧化锰及硫化合物。棕色玻璃能阻挡 470nm 的光通过，但是含有的铁可能催化某些药物的氧化。金属的加入可改善玻璃性质，含钡玻璃的耐碱性能好，含锆玻璃系含少量氧化锆的中性玻璃，具有更高的化学稳定性，耐酸、耐碱性能均良好，不易受药液的侵蚀。

即学即练 10 – 1

高硼硅玻璃与钠钙玻璃相比，正确的是（　　　）。

A. 前者热膨胀系数大　　　　　B. 后者抗化学侵蚀性强
C. 前者铁含量低　　　　　　　D. 后者硅含量低

答案解析

四、玻璃包装材料的应用

（一）包装容器

大多数无菌注射剂，例如血液制剂、疫苗等高档药品必须选择硼硅玻璃材质的玻璃容器，各类强酸、强碱的水针制剂，特别是强碱的水针剂也应选用硼硅玻璃材质的玻璃容器。部分口服制剂，例如抗病毒口服液等也采用玻璃容器。玻璃包装容器对应的密封塞、盖等，分别在橡胶、金属及塑料药包材中介绍。

玻璃瓶按不同的成型工艺可分为模制瓶和管制瓶。模制瓶是以各种不同形状的玻璃模具成型制造的产品，包括模制抗生素瓶、玻璃输液瓶、口服液瓶等；管制瓶是先制管，后拉制成瓶，安瓿和管制玻璃药瓶是用于医药品包装的玻璃容器。制造这类瓶子的玻璃必须具备很好的化学稳定性，选用硼硅玻璃。

常用的包装容器有如下产品。

1. 安瓿　安瓿的式样有颈安瓿与粉末安瓿，其容积通常为 1ml、2ml、5ml、10ml、20ml 等几种规格，此外还有曲颈安瓿。国家标准规定水针剂使用的安瓿一律为曲颈易折安瓿。为避免折断安瓿瓶颈时造成玻璃屑、微粒进入安瓿污染药液，国家已强行推行曲颈易折安瓿。

易折安瓿有两种，色环易折安瓿和点刻痕易折安瓿。色环易折安瓿是指用线性膨胀系数高于安瓿玻璃两倍的、低熔点粉末在安瓿颈部熔固成环状，其冷去后由于两种玻璃的膨胀系数不同，用力一折即可平整折断的一种安瓿。点刻痕易折安瓿是在曲颈部位刻有一细微刻痕，在刻痕中心标有直径 2mm 的色点，折断时，施力于刻痕中间的背面，折断后，断面应平整。

目前安瓿多为无色，有利于检查药液的澄明度。对需要遮光的药物，可采用琥珀色玻璃安瓿。琥珀色安瓿含氧化铁，可滤除紫外线，适用于光敏药物，但痕量的氧化铁有可能被浸取而进入产品中，如果产品中所含的成分能被铁离子催化，则不能使用琥珀色玻璃容器。

粉末安瓿系供分装注射用粉末或结晶性药物之用。故瓶的颈口粗或带喇叭状，便于药物装入。该瓶的瓶身与颈同粗，在颈与身的连接处吹有沟槽，用时锯开，灌入溶剂溶解后注射。此种安瓿使用不便，近年来开发了一种可同时盛装粉末与溶剂的注射容器，容器分为两室，下隔室装无菌药物粉末，上隔室盛溶剂，中间用特制的隔膜分开，用时将顶部的塞子压下，隔膜打开，溶剂流入下隔室，将药物溶解后使用。此种注射用容器特别适用于一些在溶液中不稳定的药物。

2. 输液瓶　玻璃输液瓶具有光洁透明、易消毒、耐侵蚀、耐高温、密封性好等特点，是用于大输液的主要包装材料。按玻璃材质分为两种，一种是含氧化硼 10% 左右的硼硅玻璃，简称Ⅰ型玻璃，它具有优良的化学稳定性。另一种是经过表面中性化处理的钠钙玻璃，简称Ⅱ型玻璃，它的表面经过中性处理后形成一层很薄的富硅层，能达到Ⅰ型玻璃的效果，但Ⅱ型玻璃仅仅在内表面进行脱碱处理，形成极薄的富硅层，如反复使用，由于洗瓶及灌装消毒过程中的损伤，极薄的富硅层会遭到破坏而导致性能下降，因此，国家标准 GB2639－1990《玻璃输液瓶》中明确规定，Ⅱ型玻璃仅适用于一次性使用的输液瓶。Ⅰ型、Ⅱ型字标记于瓶子底部。

目前，随着塑料输液容器用量逐年增长，玻璃输液瓶的用量呈下降趋势。但是因为国际上贵重、高档药物输液仍采用玻璃包装，所以轻量薄壁Ⅱ型输液瓶仍将具备一定的竞争优势，特别是强碱性水针剂也应选用Ⅰ型硼硅玻璃材质的玻璃容器。

3. 模制和管制注射剂瓶 玻璃注射剂瓶也叫玻璃注射液瓶、玻璃抗生素瓶等，也被用于冻干产品，也称作冻干玻璃瓶、粉针瓶。按工艺分为模制注射剂瓶和管制注射剂瓶。模制瓶价格稍微偏低，但是瓶壁瓶底厚薄不匀，美观性较差。管制瓶价格偏高，但是管制瓶美观，透明度好，稳定性也好。管制注射剂瓶多用于盛装一次性使用的粉针注射剂。模制注射剂瓶常用于盛装抗生素（如青霉素）粉剂药物，但是从目前发展趋势来看，模制瓶用量大于管制瓶。

4. 普通玻璃药瓶 玻璃药瓶主要用于盛装片剂、胶囊剂及口服液等口服制剂，分为白色和棕色，大口瓶和小口瓶。现在片剂和胶囊剂包装大部分已经被塑料瓶和铝塑包装代替，玻璃药瓶主要为棕色小口的口服液瓶。

（二）药用玻璃瓶标准的应用

各类产品、不同材质的标准形成纵横交织的标准化体系，为各类药品选择科学、合理、适宜的玻璃容器提供了充分的依据和条件。不同剂型、不同性质和不同档次的各类药品对药用玻璃瓶的选择应用应遵循下述原则。

1. 良好适宜的化学稳定性原则 用于盛装各类药品的玻璃容器同药品之间应具备良好的相容性，即保证在药品的生产、贮存及使用中不会因玻璃容器化学性能的不稳定与某些物质发生化学反应而导致药品发生变异或失效。例如，血液制剂、疫苗等高档药品必须选择硼硅玻璃材质的玻璃容器，各类强酸、强碱的水针制剂，特别是强碱的水针剂也应选用硼硅玻璃材质的玻璃容器。

对一般的粉针剂、口服剂及大输液等药品，使用低硼硅玻璃或经过中性化处理的钠钙玻璃还是能满足其化学稳定性要求的。药品对于玻璃的侵蚀程度，一般是液体大于固体，碱性大于酸性。强碱的水针剂对药用玻璃瓶的化学性能要求更高。

2. 良好适宜的抗温度急变性 不同剂型的药品在生产中都要进行高温烘干、消毒灭菌或低温冻干等工艺过程，这就要求玻璃容器具备良好适宜的抵抗温度剧变而不炸裂的能力。玻璃的抗温度急变性主要和热膨胀系数有关，热膨胀系数越低，其抵抗温度变化的能力就越强。例如，许多高档的疫苗制剂、生物制剂及冻干制剂一般应选用 3.3 硼硅玻璃或 5.0 硼硅玻璃。低硼硅玻璃经受较大温度差剧变时，往往易产生炸裂、瓶子掉底等现象。近年来，我国的 3.3 硼硅玻璃有很大发展，这种玻璃特别适用于冻干制剂，因为它的抗温度急变性能优于 5.0 硼硅玻璃。

3. 良好适宜的机械强度 不同剂型的药品在生产过程中及运输装卸中都需要经受一定的机械冲击，药用玻璃瓶容器的机械强度除了和瓶型、几何尺寸、热加工等有关外，玻璃材质对其机械强度也有一定的影响，硼硅玻璃的机械强度优于钠钙玻璃。

4. 适宜的规格及耐热性 各类不同剂型的药品在生产中，都要求具备连续生产性、稳定性以及包装材料之间的互配性。如注射剂瓶、输液瓶、口服液瓶等，应与胶塞、铝盖配套，才能适应各类剂型药品的清洗、烘干、罐装等生产线的高速和连续运转。玻璃还应该具有很高的耐热性，能经受杀菌、消毒等高温处理。

5. 适宜的遮光性　为防止有害光线对内容物的损害。通常采用着色的办法来解决（琥珀色、红色、绿色等）。因此对需要避光保存的制剂，应该选用带有颜色、具有良好避光性能的药用玻璃。

6. 良好的外观及透明度　对于注射剂、输液剂等需要检查澄明度的药品，应要求药用玻璃具备良好的光滑度和澄明度。另外，在选择药用玻璃包装时还应该从经济性，与药品分装设备及其他包装材料的配套性能等方面给予综合评价。

第二节　纸　类 　微课2

PPT

国家标准 GB4687 – 84 中规定，纸是悬浮液中将植物纤维、矿物纤维、动物纤维、化学纤维或这些纤维的混合物沉积到适当的成形设备上，经过干燥制成的平整、均匀的薄页。在现代包装工业体系中，纸类包装材料及容器占有非常重要的地位。某些发达国家纸类包装材料占包装材料总量的 40% ~ 50%，我国的占比为 40% 左右。从发展趋势来看，纸类包装材料的用量会越来越大。

一、纸类包装材料的特点

纸类包装具有原料丰富、成本低廉、品种多样、易大批量生产，加工性能好、便于复合加工，且印刷性能优良，具有一定机械性能、质量较轻、缓冲性好，卫生安全性好，用后废弃物可回收利用，无污染等优点。但是纸类包装材料的透过性大、防潮防湿性能差，易燃，力学性能不高，且传统造纸工艺对环境的污染较大，应积极改进造纸工艺，保护环境。

> **知识链接**
>
> 第一代纸：造纸原料主要是植物纤维，如木材、苇、竹、草、麻等。
>
> 第二代纸（合成纸）：原料扩大到非植物纤维。
>
> 第三代纸：特殊性能和用途的功能纸，如具有光电磁性、生物活性、生理机能的新纸种。

二、纸类包装材料的主要检查项目

我国没有相应的直接接触药品的纸类药包材质量标准，目前参照美国纸浆与造纸技术协会测试标准、进出口食品行业标准等，纸类主要检查项目如下。

1. 外观　外观检验是纸类的重要检测项目之一，纸张的外观缺陷不仅影响纸张的外观，而且影响纸张的使用。根据不同用途，用各种外观纸病加以度量。纸病是指凡不包括在纸张技术要求内的纸张缺欠。外观纸病：可以用感官鉴别的纸病。比如孔眼、折子、皱纹、斑点、裂口、硬质块、有无光泽等。纸类包装材料根据等级不同对纸病分别规定不允许存在或加以限制。

2. 机械性能　纸和纸板应具有一定的强度、挺度和机械适应性。另外，纸还应具有一定的折叠性、弹性、撕裂性等，以适合制作成包装容器或用于裹包。强度大小主要决定于纸的制作材料、品质、加工工艺、表面状况和环境温湿度条件等。

由于纸质纤维具有较大的吸水性，当环境湿度增大时，纸的抗拉强度和撕裂强度会下降，从而影响纸和纸板的强度。

3. 阻隔性能　纸和纸板属于多孔性纤维材料，对水分、气体、光线、油脂等具有一定程度的渗透性，且其阻隔性受环境温湿度的影响较大。单一纸类包装材料不能用于包装对水分、气体或油脂阻隔性要求高的物品，但可以通过适当的表面加工处理来满足其阻隔性能的要求。纸和纸板的阻隔性较差对某些商品的包装是有用处的，如水果包装、袋泡茶包装等。

4. 印刷性能　纸吸收和黏结油墨的能力较强，所以具有良好的印刷性能，因此在包装上常用作印刷表面。

5. 加工性能　加工性能良好，易实现裁剪、折叠，并可采用多种封合方式。纸类包装容器的加工容易实现机械化和自动化，且为纸类包装容器设计各种功能性结构如开窗、提手、间壁等创造了条件。

另外，通过适当的表面加工处理，可为纸和纸板提供必要的防潮性、防虫性、阻隔性、热封性、强度及物理性能等，扩大其使用范围。

6. 卫生安全性能　单纯的纸是卫生、无毒、无害的，且在自然条件下能够被微生物降解，对环境无污染。但是，在纸的加工过程中，尤其是化学法制浆，通常会残留一定的化学物质，如硫酸盐法制浆过程残留的碱液及盐类，因此，必须根据包装内容物来正确合理选择各种纸和纸板。

三、常用纸类包装材料

纸类包装材料按定量和厚度可分为纸和纸板两类。纸和纸板单位面积的质量称为纸的定量（g/m^2）。定量在 $225g/m^2$ 以下或厚度小于 $0.1mm$ 的称为纸；定量在 $225g/m^2$ 以上或厚度大于 $0.1mm$ 的称为纸板。但这一划分标准不是很严格，如有些折叠盒纸板、瓦楞原纸的定量虽小于 $225g/m^2$，通常也称为纸板；有些定量大于 $225g/m^2$ 的纸，如白卡纸、绘图纸等通常也称为纸。根据用途，纸板大体分为包装用纸板、工业技术用纸板、建筑用纸板、印刷与装饰用纸板等几种。

（一）药品包装用纸

1. 普通食品包装纸　食品包装纸是一种不经涂蜡，直接用于入口食品包装用的食品包装用纸，在食品零售市场广泛使用，国内部分制药企业用于散剂和颗粒剂的内包装。食品包装用纸绝对禁止采用回收的废纸作为原料，并且纸内不允许加荧光增白剂等助剂。食品包装纸直接与食品接触，必须严格遵守其理化指标及微生物指标。

2. 蜡纸　蜡纸是采用漂白硫酸盐木浆，经长时间的高黏度打浆及特殊压光处理而制成的双面光纸，再涂布食品级石蜡或硬脂酸等而成。蜡纸具有防潮、防止气味渗透等特性，可作防潮纸。蜡纸是一种柔软的薄型纸，质地紧密坚韧，具有半透明、防油、防水、防潮等性能，具有一定的机械强度。可用于土豆片、糕点等脱水食品的包装，也可作为乳制品、糖果等油脂性食品包装。国内部分制药企业用于大蜜丸等的内包装。

3. 玻璃纸　玻璃纸又称赛璐玢，是一种天然再生纤维素透明薄膜。是用高级漂白亚硫酸木浆经过一系列化学处理制成黏胶液，再成型为透明薄膜而成。是一种透明性很好的高级包装纸，可见光透过率达100%，质地柔软，厚薄均匀，有优良的光泽性、印刷性、阻透性、耐油性、耐热性，且不带静电。多用于中、高档商品美化包装，主要用于糖果、糕点、化妆品、药品等商品美化包装，也可用于纸盒开窗包装。但它的防潮性差，撕裂强度较小，干燥后发脆，不能热封。玻璃纸上涂布硝酸纤维素酯、聚氯乙烯、聚偏二氯乙烯等，可制成防潮玻璃纸，可以改善其性能。

4. 其他药品包装用纸　纸的种类繁多，药品包装中用于标签、说明书、装潢用纸，还有铜版纸、胶版纸、书写纸、不干胶纸等。纸类包装材料还可以与铝箔、塑料等制成复合包装材料，如铝箔防潮纸、多层复合防潮纸等。

（二）药品包装用纸板

1. 箱板纸 箱板纸是用于制造运输包装纸箱的主要材料，按其生产方法和用途，分为挂面箱纸板和普通箱纸板。挂面箱纸板的表层通常使用本色硫酸盐木浆为原料，衬层、芯层和底层用化学机械浆及废纸浆为原料。普通箱纸板以化学草浆或废纸浆为原料，以本色居多，具有纸质坚挺、韧性好、较耐压、抗拉、耐撕裂、耐戳穿等特点，常用于与瓦楞芯纸裱合制成瓦楞纸板。

2. 白纸板 白纸板是一种白色挂面纸板，较高级有单面和双面两种，由面层、芯层、底层组成。单面：面层通常是用漂白的化学木浆制成，表面平整、洁白、光亮；芯层和底层常用半化学木浆、精选废纸浆、化学草浆等低级原料。双面：只有芯层原料较差。主要用于销售包装；经彩色印刷后可制成各种类型的纸盒、纸箱，以及吊牌、衬板、吸塑包装的底板。

3. 黄纸板 黄纸板又称草纸板，俗称马粪纸，是一种低档包装纸板。原料主要来自稻草、麦草浆，所以纸板呈草黄色，不漂白，不施胶，不加填料。黄纸板的特点：质脆、耐磨性差，但挺度大。黄纸板的用途：主要用作衬垫、隔板或将印刷好的胶版纸等裱糊在其表面，制成各种中小型纸盒。

4. 瓦楞原纸 瓦楞原纸是一种低定量的薄纸板。目前生产中，常采用废纸作为原料，也有用部分木浆粗渣或半化学木浆的，具有耐压、抗拉、耐破、耐折叠的特点。瓦楞原纸经轧制成瓦楞纸后，用黏结剂与箱纸板黏合而成瓦楞纸板，可供制造纸盒、纸箱，还可作衬垫用。瓦楞纸在瓦楞纸板中起到了支撑和骨架的作用。按质量分为 A、B、C、D 四个等级。瓦楞原纸的水分应控制在 8% ~ 12%，如果水分超过 15%，加工时会出现纸身软、挺力差、压不起楞、不吃胶、不黏合等现象，如果水分低于 8%，纸质发脆，压楞时会出现破裂现象。

5. 瓦楞纸板 瓦楞纸板是由瓦楞原纸轧制成屋顶瓦片状波纹，然后将瓦楞纸与两面箱纸板黏合制成。瓦楞波纹宛如一个个连接的小型拱门，相互并列支撑形成类似三角的结构体，既坚固又富弹性，能承受一定重量的压力。

瓦楞形状由两圆弧直线相连接所决定，瓦楞波纹的形状直接关系到瓦楞纸板的抗压强度及缓冲性能。

瓦楞形状一般可分为"U"形、"V"形和"UV"形三种。"U"形瓦楞的圆弧半径较大，缓冲性能好，富有弹性；黏合剂的施涂面大，容易黏合，但抗压力弱些。"V"形瓦楞的圆弧半径较小，缓冲性能差，抗压力强，特别是在加压初期抗压性较好，但超过最高点后即迅速破坏。黏合剂的施涂面小，不易黏合，但成本低。"UV"形是介于"V"形和"U"形之间的一种楞形，其圆弧半径大于"V"形，小于"U"形，因而兼有二者的优点，是目前广泛使用的楞形。

（三）包装用纸新材料

1. 转移金卡纸（真空喷铝转移卡纸） 色泽度可与玻璃卡纸相媲美，具有亚光色和亮光色，品质高、更易被回收利用，是国际流行的环保包装材料。①生产所用原辅材料无味、无毒，符合美国食品和药品管理局标准。用于烟、酒、茶叶、食品等产品的精美包装。②光洁度好，平滑度高，色泽鲜艳，外观亮丽，视觉冲击力强，能很好地提升产品包装档次。③具有优良的阻隔性，防潮、抗氧化效果显著。④印刷性能和机械加工性能极佳，适应于凹版、凸版、胶版、柔版、丝网印刷，也可压纹、模切，甚至压凹凸。⑤降解回收性好，容易处理和再生利用，符合环保要求，是出口产品的理想包装材料。

2. 具有脱水功能的包装纸（PS）　不用加热或加添加剂，具有脱水功能。只能透过水的半透膜为表面材料，内侧则放置高渗透压物质和高分子吸水剂。能吸收食品表面及内部的水分，可低温下吸水等。

3. 防火阻燃纸　防火阻燃纸的机制是当其遇火燃烧时会放出水汽和二氧化碳等气体，从而达到熄灭火焰的作用。添加硼砂、硼酸、水玻璃等物质，在高温下熔融时，可在燃烧处形成玻璃状保护层，从而隔离纸面与火焰，阻止火焰在纸面燃烧、蔓延。最方便、最有效的办法是在黏合剂中添加防火剂。选择防火剂，必须遵循如下原则：①不影响现用黏合剂的物理性能；②所选防火剂应价廉、易得。技术上可行，经济效益、社会效益良好，并具有一定的社会意义。

4. 全息转移纸　全息转移纸是将全息信息采用模压工艺预先模压在特定的膜上，并进行真空镀膜，然后再将镀层转移到纸张表面。接受了镀层的纸张作为信息的载体，其面层可进行常规印刷或直接制成各种包装品。耐磨性和耐折性良好，印刷效果好，有显著的防伪功能，利用其可实现公众防伪技术与专业防伪技术的结合，构成坚固的防伪工事，使造假者难以逾越。可回收再利用，是一种绿色防伪包装材料。

5. 在水中保持刚性的纸板　由湿强度高的树脂和防水纤维素胶掺和而成。能够浸在水中 10 天以上仍保持其刚性，比同样条件下蜡浸过的瓦楞纸板坚硬度大 3 倍，堆积强度大 2 倍。容易利用热熔系统进行自动包装，可用于装运鲜货。此外，还有许多新型纸质包装材料，如抗腐蚀性纸、全纸纸桶包装容器、轻量化纸板、特殊功能的复合纸板等。随着社会的进步和包装技术的发展，纸在食品药品包装领域的应用会更加广泛。

📱 **知识链接**

传统的药品包装材料主要是金属和玻璃。据市场情况组织最近公布的对药品包装市场的研究表明，今后将向纸板箱和水泡眼包装转变。例如：在欧洲市场的药品包装材料市场的年销售额 32.46 美元中，容器和纸板包装各占 25%，水泡眼包装占 22%，就包装材料而言，纸和纸板箱销售额占 37%，塑料占 28%，金属占 20%，玻璃仅占 9%。

今后几年，大体积的药品包装逐步减小，而根据患者需要设计的小包装则相应增加，且每个小包装都会有独立的外包装，并附有标签和宣传品。

四、纸类包装材料的应用

1. 纸袋　纸袋是用纸或纸的复合材料，采用黏合或缝合方式成型的一种袋式包装容器。纸袋按形状可分为以下几类：信封式纸袋、自立式纸袋、便携式纸袋、M 形折式纸袋、阀门纸袋。作为药包材主要用于散剂、颗粒剂，原料固体药物的分装。在医院和社会零售药店中也广泛用于各种固体制剂的临时分装。

2. 纸盒　纸盒是由纸板裁切、折痕压线后经弯折成形、装订或粘贴而制成的中小型销售包装容器。多为中包装、销售包装。有折叠纸盒和固定纸盒。折叠纸盒是采用纸板裁切压痕后折叠成盒。纸板厚度 0.3~1.1mm，可选用白纸板、挂面纸板、双面异色纸板及其他涂布纸板等耐折纸箱板。固定纸盒又称粘贴纸盒，用手工粘贴制作，其结构形状、尺寸空间等在制盒时已经确定，其强度和刚性较折叠纸盒高，且货架陈列方便，但生产效率低、成本高、占据空间大。材料采用挺度较高的非耐折纸板。内衬选用白纸或白细瓦楞纸、塑胶、海绵等。贴面材料包括铜版纸、蜡光纸、彩色纸、仿革纸、布、绢、革和金属箔等。

3. 瓦楞纸箱　瓦楞纸箱由瓦楞纸板制作而成，是使用最为广泛的纸质包装容器。纸板结构60%～70%的体积中空，具有良好的缓冲减震性能。与相同定量的层合纸板相比，瓦楞纸板厚度大2倍，大大增强了纸板的横向抗压强度，大量应用于运输包装。

4. 其他应用　印刷标签、说明书等大部分也是用纸，药品封口用纸，药瓶填充用纸等在药品生产中也广泛应用。药品原料药采用的包装容器多数用纸桶外包装：强度高，有弹性，抗氧化污染，与钢桶相比，具有防静电、质量轻、易回收、加工周期短、造价低等优点。一类纸桶是全纸纸桶（纸浆桶）其外观有圆形和方形，它们均采用高强度纸板，在专用的纸桶成型机上加工而成，采用的纸板原料多数是纸纤维和木质纤维，因此易于回收和重复使用。如果在需要紧急处理的情况下，还可以人工烧毁，不产生有毒气体，所以全纸纸桶从其原料、生产工艺的全过程到废弃物均可称为"绿色包装"，是今后纸桶发展的方向。另一类纸桶是桶身采用木质纤维的纸板，而上盖和底板则采用全纸或五合板构成，并用铁箍加固，相同体积下，被加固的纸桶的承受重量大，应用范围广泛，生产工艺也成型，并有包装容器纸桶的国家标准。

第三节　金　属

PPT

金属材料是人类发现和使用最早的传统材料之一，在我国和一些发展中国家，金属材料至今仍然占据着材料工业的主导地位。金属材料是四大包装材料之一，其种类主要有钢材、铝材，成型材料是薄板和金属箔。随着现代金属容器成型技术和金属镀层技术的发展，绿色金属包装材料的开发应用已经成为发展趋势。

一、金属包装材料的特点

金属材料在包装材料中虽然用量不大，但由于其有极优良的综合性能，且资源丰富，所以金属在包装领域仍然保持着极强的生命力。特别是在复合包装材料领域找到了用武之地，成为复合材料中主要的阻隔材料层，如以铝箔为基材的复合材料和镀金属复合薄膜的成功应用就是很好的证明。总的来说，金属包装材料具有机械性能优良、强度高；有独特的光泽，便于印刷、装饰，使商品外观美观华丽；具有极优良的综合防护性能；资源丰富，加工性能好，工艺成熟，生产连动化、自动化程度高的优点。但是金属耐腐蚀性差，易生锈；金属及焊料中的铅、砷等易溶出，污染药品；采用酚醛树脂作为内壁涂料时，若加工工艺不当，会影响药品的质量。

二、金属包装材料的主要检查项目

不同的包装材料与不同的包材形式有不同的质量要求和检测项目，主要检测项目有外观、理化性质（阻隔、密封、机械、规定物质检测等）和生物性质（微生物限度、异常毒性等），具体项目可参阅相关的药包材标准。

三、常用金属包装材料

1. 锡　锡是银白色金属，很柔软，用刀片即可切开。锡的化学性质很稳定，在常温下不易被氧气氧化，所以它经常保持银闪闪的光泽。锡无毒，可牢固包附在很多金属的表面，可用于食品和药品包装，如部分软膏剂的包装。

锡在常温下富有展性。特别是在100℃时，它的展性非常好，可以展成极薄的锡箔，如香烟、糖果的包装。但是，锡的延性却很差，不能拉成细丝。所以如今药品包装极少用纯锡，多采用镀锡方式应用。

2. 马口铁 马口铁又称镀锡板，是两面镀有锡的低碳薄钢板。锡主要起防止腐蚀与生锈的作用。它将钢的强度和成型性与锡的耐蚀性、锡焊性和美观的外表结合于一种材料之中，具有耐腐蚀、无毒、强度高、延展性好的特性。金属包装主要以马口铁片为原料，因为马口铁片质地柔软又富弹性，便于塑造成不同的形状。内面衬蜡可盛装水溶性基质制剂，涂酚醛树脂可装酸性制品，涂环氧树脂可装碱性制品。一般用马口铁包装的商品以高档市场为目标，世界马口铁包装的主要消费市场在欧美。

知识链接

马口铁最早产于波希米亚（今捷克和斯洛伐克境内）。该地自古就盛产金属，工艺先进，且懂得利用水力从事机器制造，从14世纪起就开始生产马口铁。在很长一段时期内，这里一直是世界上马口铁的主要产地。当时马口铁主要用来制造餐具和饮具。

17世纪，英、法、瑞典都曾希望建立自己的马口铁工业，但由于需要大笔资金，所以迟迟未得到发展。直到1811年，布莱恩·唐金和约翰·霍尔开办马口铁罐头食品企业之后，马口铁制造才大规模发展起来。全世界每年产锡量的1/3以上用来制造马口铁，其中大部分用于罐头食品业。

3. 铝 铝材来源广，具有金属所特有的优良性能：重量轻，无毒无味，可塑性好，延展性、冲拔性能优良；在空气和水中化学性质稳定，耐腐蚀性强，不生锈；良好的遮光性和气密性，能起到很好的避光防潮作用；表面光洁，色泽美观；导热性强，易于消毒处理；易于回收处理，不会对环境产生污染，符合环保理念。因而在国内外众多药品包装材料中占有重要的位置。

四、金属包装材料的应用

（一）铝箔

铝箔是用纯度99.5%以上的纯铝制成，厚度在0.005mm～0.2mm之间。质轻有光泽、反射能力强，可作防热绝缘包装；阻隔性好，不透气体和水汽；易于加工，容易将其加工成各种形状；便于印刷、上胶、上漆、着色、压印、印花等；对温度适应性强，高温或低温时形状稳定；遮光性、保香性优良。铝箔的最大缺点是不耐酸和强碱，不能焊接，耐撕裂强度较低。

（二）包装容器

1. 铝管 药用铝管分为软质铝管和硬质铝管，一般由99%的纯铝制成，以便挤压卷曲，外表面可进行印刷装潢，内壁涂有有机树脂涂料，如环氧树脂、酚醛树脂、乙烯基树脂等，既可进一步提高耐蚀性，又能防止铝管在蜷曲时破裂。

软质铝管也称为"软管"，是经过软化处理，用于包装霜剂、油膏剂、眼药膏等剂型的容器，而硬质铝罐则是未经软化处理的、用于包装如泡腾片、药片、胶囊、喷雾剂等剂型的容器。这两类容器均用纯铝制成（铝含量不得低于99.5%）。国内迅速发展的软质铝管具有薄顶封膜和尾处的密封涂层，可确保药品在贮存期内不与空气接触且不会有任何泄漏和干涸现象，内壁涂层能有效隔离药物与金属铝的直接接触，为药品在有效期内的药效和安全性提供可靠保证；多色种印刷技术（国内一般 4～8 色）使外表更显美观。近年来还开发了带塑料保洁头的铝管和带保洁头的尖嘴眼药膏管，可避免因螺纹口摩擦而生产铝材发黑的现象，能有效提高药品的清洁度和用药的安全性。

硬质铝管则是未经软化处理的"硬管"或"铝罐"，在国外大量应用。国内原先在硬罐制作和应用方面基本是空白，一般由玻璃或塑料代替，但近年来由于中外合资制药企业的发展，已有用进口设备生产的铝质药片管和喷雾剂管开始大批量使用，从而提高了药品的安全性和美观性，也提升了药品的档次，已有批量产品打进了国外市场。

2. 铝瓶 药用铝瓶在制药行业中广泛用于无菌原料粉产品的包装，也适应国内液体内容物改进包装的导向，属绿色环保产品。常用的有 3L 和 5L 两种规格。其特点：质量轻（最突出的特性），耐腐蚀性，无毒，无吸附性，不易破碎，能尽量减少细菌生长，具有良好的导电性和导热性，易于加工成型。瓶身、内盖、外盖的都镀有厚度不得低于 $6\mu m$ 氧化膜。铝瓶瓶身的抗压强度 5L 应大于 700N，3L 的应大于 250N。

（三）瓶盖

药用瓶盖主要适用于医药、保健品、食品等行业，它主要用于玻璃瓶的封口包装，也有少量塑料瓶的封口包装使用金属瓶盖。由于瓶口有螺纹口和非螺纹口之分，决定了瓶盖有不同的封口方式，也形成了瓶盖与瓶口部分有不同的结构，一般为轧口瓶盖和螺旋瓶盖，螺旋瓶盖又分扭断式螺旋瓶盖和普通螺旋瓶盖，这两种瓶盖适应不同形状的瓶口，在封口时还有不同的封口设备与之相适应。对这些金属瓶盖的总体要求是密封性能要好，开启方便，清洁卫生，外形新颖美观，有特殊行业要求的还需有耐清洗、耐高温等要求。

按产品用途分：有抗生素（包括冻干粉针）玻璃管制瓶和模制瓶、口服液玻璃瓶、输液玻璃瓶及塑料瓶用铝盖、铝塑组合盖；黄圆瓶用防盗铝盖（口服混悬剂用）；固体、胶囊制剂瓶用马口铁螺旋盖等。

按产品结构形式分：开花铝盖、易插型铝盖、拉环式铝盖、普通型翻边式或断点式铝塑组合盖（亦称半开式铝塑组合盖），撕拉型铝盖和铝塑组合盖（亦称全开式铝盖、铝塑组合盖），两件或三件组合型铝盖、铝塑组合盖，扭断式防盗螺旋铝盖，马口铁螺旋盖等。

按材料分：纯铝铝盖、铝合金铝盖、铝塑组合盖、马口铁盖等。

按产品规格分：抗生素瓶用、口服液瓶用、输液瓶用等是马口铁螺旋盖。

按药用瓶使用方法分：注射用、口服用、外用瓶瓶盖等。口服用又可分为吸管插入形式、撕拉形式和螺旋形式等。吸管插入形式又分易插型铝盖和易插型铝塑组合盖两种，而撕拉型又可分为上撕拉型和侧撕拉型两种。

此外，瓶盖常用的还有塑料盖，详见塑料药包材。

PPT

第四节 塑 料

塑料是一种人工合成的高分子材料，以合成树脂为主要原料，并加入适当助剂，在一定温度、压力条件下制成具有一定形状的材料。塑料药用包装以体轻、不易破碎、易加工成型、价廉等优点竞争玻璃、金属等材料的包装市场，例如软膏管、输液袋、片剂和胶囊剂瓶盒等均得到广泛使用，塑料已经成为一种主要的药品包装材料。

一、塑料包装材料的特点

塑料药包材的优点：质轻，力学性能好，有适当的机械强度；有适宜的阻隔性与渗透性，防水，防潮；化学稳定性较好，具有良好的耐腐蚀性；光学性能优良，透明性好；良好的加工性能和装饰性，便于成型、加工。但是其耐热性较差，多数塑料难以承受150℃以上的高温；存在一定卫生问题，主要来自于原料和添加剂，如PVC、PVDC；多数塑料易带静电；有环境保护问题，废弃物不易分解或处理，易造成对环境的污染，应加强塑料的回收利用和可降解塑料的研究。

 知识链接

环境可降解塑料

美国材料试验协会的定义：在特定的环境条件下，其化学结构发生了明显的变化，并用标准的测试方法能测定其物质性能变化的塑料。

化学上（分子水平）的定义：其废弃物的化学结构发生了明显的变化，最终完全降解成二氧化碳和水。

特性上（材料水平）的定义：其废弃物在较短时间内，机械力学性能下降，应用功能大部分或完全丧失。

形态上的定义：其废弃物在较短时间内破裂、崩碎、粉化成为对环境无害或易被环境消化的物质。

二、塑料包装材料的主要检查项目

塑料药包材料在检查其外观、尺寸、重量、容量、形状的基础上，应测试其物理性能，如机械强度（包括拉伸、断裂、破裂度、冲击、压缩及硬度等试验，塑料薄膜还应进行热合强度及复合膜强度试验），热性质（塑料软化点），吸湿性，透气、透水、透光试验以及生物性质（微生物限度、异常毒性等）等。

塑料容器外观应具有均匀一致的色泽，不得有明显的色差，表面光洁、平整，不允许有变形和明显的擦痕，不允许有砂眼、油污、气泡。材料不同，用途不同，要求不同，如聚酯瓶系列需进行乙醛项检测，液体制剂包装容器需考察抗跌性，固体制剂包装容器需考察振荡试验，着色瓶需考察脱色试验，塑料输液容器应透明，需考察不溶性微粒、悬挂强度等。塑料药包材品种繁多、应用广泛，具体包材需参阅相关的药包材标准。

三、常用塑料包装材料

塑料的主要成分是树脂和添加剂。塑料树脂是由许多重复单元或链接组成的大分子聚合物，树脂决定塑料类型、性能和用途，为改善塑料的性质，可加入各类添加剂等。通常按树脂的类型对塑料药包材进行分类，如：聚乙烯（PE）、聚丙烯（PP）、聚氯乙烯（PVC）、聚酯（PET）等。按热性能塑料可分为热塑性塑料及热固性塑料。热塑性塑料为链状线型结构，成型后可被熔化、再成型；热固性塑料为立体网状结构，成型后不可通过压力和加热使之再成型。大多数塑料药包材属于热塑性塑料。

1. 聚乙烯（PE） PE 是目前世界上产量最大、应用最广的塑料。通常按聚乙烯密度可分为低密度聚乙烯（LDPE）、中密度聚乙烯（MDPE）、高密度聚乙烯（HDPE），以及根据结构特征而命名的线形低密度聚乙烯（LLDPE）。

聚乙烯具有无毒、卫生、价廉的特点，具有半透明状和不同程度的柔韧性；具有中等强度和良好的耐化学性能；它能防潮、防水但不阻气（氧气、二氧化碳、水蒸气）；具有很好的耐寒性，可作为药物和医疗器具等的包装材料。聚乙烯具有非常好的成型加工性，可以进行挤出、吹塑、中空吹塑和注塑成型加工，制成管、膜、瓶等中空容器、板材等，如口服固体药用高密度聚乙烯塑料瓶、口服液体药用高密度聚乙烯塑料瓶以及大部分塑料瓶盖等。

低密度聚乙烯主要制造包装薄膜、片材等，高密度聚乙烯主要用作包装容器，用 LLDPE 制造的包装膜具有透明、耐撕裂和特别耐穿刺等优点。为了防止聚乙烯的氧化降解以及防止制品因静电作用而吸附尘埃，在聚乙烯加工时常添有微量抗氧剂，如丁基化羟基甲苯或长链脂肪酸胺类抗静电剂。聚乙烯不适于干热灭菌和热压灭菌；但适于用 γ 射线及环氧乙烷灭菌。

2. 聚丙烯（PP） 按其结构的不同，可分为等规聚丙烯、间规聚丙烯、无规聚丙烯三类。目前工业生产的聚丙烯大多是等规聚丙烯。其透气率、透湿率均低于聚乙烯，吸水性也很小（<0.02%），质轻价廉、无毒无味，是一种较好的药用包装材料。聚丙烯制品耐受各类化学药品，包括强酸、强碱及大多数有机物。聚丙烯制品能耐受115℃热压灭菌和环氧乙烷灭菌，不适于干热灭菌，辐射灭菌时微有分解。机械强度较高，不易产生应力破裂。

聚丙烯的主要缺点是耐低温性能较差，在 −20℃ 以下即变脆，必须与聚乙烯或其他材料掺和使用才能有效提高制品的抗冲击力。此外，与聚乙烯类似，聚丙烯在光、热、氧的作用下容易老化，积累静电荷等，加工时常添加抗氧剂、紫外光吸收剂、抗静电剂等以改善性能。聚丙烯广泛用作容器和薄膜包装材料，如聚丙烯输液瓶、滴眼剂药用聚丙烯瓶、口服固体药用聚丙烯瓶、口服液体药用聚丙烯瓶、瓶盖、多层共挤输液用膜（袋）、药品包装用复合膜等。但若容器壁较厚时，聚丙烯制品呈乳白色，不透明。

3. 聚氯乙烯（PVC） PVC 在全世界塑料总产量中仅次于聚乙烯。PVC 树脂本身无毒，但残余单体氯乙烯以及加工助剂（特别是稳定剂）都有一定毒性。所以树脂中氯乙烯单体残余量应控制在百万分之五以下，包装制品中的单体残余量控制在百万分之一以下，并且严格使用无毒稳定剂。我国生产的PVC 无毒透明硬片、无毒热塑薄膜早已相继通过卫生鉴定。

PVC 通常加有大量的增塑剂并用于生产包装膜，与 PE 膜相比，其特点表现为：①透明度、光泽性均优良；②阻湿性不如 PE 膜，且随着增塑剂量的增加而变差，在潮湿的条件下易受细菌侵蚀；③强度优于 PE 膜，且由于增塑剂量的多少而表现出不同程度的柔软性；④气体阻隔性大，且随着增塑剂量的增大而提高；⑤ PVC 膜表面印刷需要先行表面处理，但黏合剂黏合时不经表面处理效果也较好；⑥薄膜刚性随温度而呈现较大变化，高温变软易黏结成块，低温变硬而易冲击脆化。

4. 聚苯乙烯（PS） PS 是一种线型无规立构聚合物，主链上苯环的无规空间位阻使聚合物不能结晶，但具有较大的刚性，在室温下显现出坚硬、伸长率低、抗冲击强度差的特点。作为药用包装材料，PS 多年来用以盛装固体药剂，具有成本低、加工性能好、吸水性低、易于着色等优点。

由于 PS 能被许多化学药品侵蚀，造成开裂、破碎，一般不用于液体药剂的包装，特别是不适合用于包装含油脂、醇、酸等有机溶剂的药品。为了改进 PS 的性能，可以采用多种方法。例如，分子量低于 5 万的 PS 强度较差，若提高其分子量达到 10 万则强度明显增加，耐冲击性增强，而分子量超过 10

万时，强度性能则不再有明显改变。通过降低聚合物残余单体量，聚苯乙烯的软化点得以提高。含单体 5% 和不含单体的 PS，软化点分别为 70℃ 和 100℃。将 PS 与橡胶或丙烯化合物共混可以增强其抗冲击强度和减少脆性，但透明度和硬度可能下降。

5. 聚对苯二甲酸乙二醇酯（PET） PET 在室温下具有优良的机械性能和耐磨性，其抗张强度和抗弯曲强度较大，但热机械性能与抗冲击性能相对较差。PET 耐酸（除浓硫酸外）、耐碱以及耐受多种有机溶剂，吸水性低，电性能较好。

PET 本身无毒、透明，在加工成制品时不需添加增塑剂和其他附加剂，故安全性很高，在药品及食品包装方面，PET 主要用于制作薄膜，中空容器等，后者特别适合包装含二氧化碳的饮料等。PET 的缺点是对缺口敏感，撕裂强度低，较难粘接。在长期放置过程中，其平衡吸收率可达 0.6% 左右，含水量较高的树脂在高温加工时会出现降解，一般应控制含水量在 0.2% 以下。

6. 聚碳酸酯（PC） PC 是由双酚 A 和光气或碳酸二酚酯在催化剂存在下经缩聚反应而得。PC 性能优良，熔融温度很高（220~230℃），玻璃化转变温度高达 140℃，在 300℃ 长时间不分解，但不适于干热灭菌，可用热压灭菌（115℃）、辐照灭菌和环氧乙烷灭菌。不会因受潮而变形，具有很高的抗冲击强度和拉伸强度，透光率可达 90%，因此可用其制成完全透明的容器，并保持相当大的坚硬度。

即学即练 10 -2

PVC 适合何种剂型的包装（　　）。

答案解析　A. 口服片剂　　　B. 口服液　　　C. 小容量注射剂　　　D. 气雾剂

PC 仅具有中等强度的化学抵抗力，耐稀酸、氧化剂、盐类、油类，但易受碱、胺、酮或一些醇类的作用。隔湿性较好。PC 价格昂贵，可供特殊容器用，由于它的撞击强度是一般塑料的 5 倍，可制成薄壁瓶用，不同塑料的性能比较见表 10 -2。

表 10 -2　几种塑料的性能等比较

种类	性能特点	成型方法
HDPE	加工简单容易，成本低，耐化学腐蚀性好，低温抗冲击强度好，水蒸气的阻隔性好，气体透过率高，不适合高温充填和消毒，气体的阻隔性差	挤－吹法 注－吹法
LDPE	具有挠性，耐冲击，水蒸气的阻隔性好，加工性好，价格低，但阻气性差，高温下会开裂	挤－吹法 吹－吹法
PVC	抗冲击强度高，氧气的透过率低，水蒸气的透过率中等，透明度好，制品变形的温度低，不宜在高温条件下使用，加工性较差	挤－吹法 吹－吹法 挤－拉－吹法
PP	重量轻，熔点高，可消毒处理，耐化学性好，耐冲击，透明，水蒸气透过率低，而渗透率高，阻气性差，具有低温脆性	注－吹法 注－拉－吹法
PET	抗拉强度高，耐冲击，透明，水蒸气、氧气、二氧化碳的透过率低，乙醇透过率低，耐油性好，但需要有专用设备加工，不能加工成盛装有机物质的容器，且价格较高。	注－吹法 注－拉－吹法

四、塑料包装材料的应用

（一）塑料薄膜

塑料薄膜包括单层薄膜、复合薄膜和薄片，这类材料做成的包装也称软包装，主要用于包装食品、药品等，在包装领域的应用最为广泛。它们有一个共同点，就是对塑料薄膜都要进行彩色印刷，而作为药品包装还要进行多层复合或真空镀铝等工艺操作。因此，要求塑料薄膜表面自由能要高、湿张力要大，以有利于印刷油墨、黏合剂或镀铝层与塑料薄膜的牢固黏合。常用的塑料薄膜有 PE、PVC、PS、PET、PP 及尼龙等。目前，单层薄膜的用量最大，约占薄膜的 2/3，其余的则为复合薄膜及薄片。厚度为 0.15~0.4mm 的透明塑料薄片，经热成型制成吸塑包装，又称泡罩包装，在包装药片、药丸、食品或其他小商品方面已普遍应用。常用的薄片有药用 PVC 硬片，PVC 硬片易于成型，透明性好，但对水蒸气阻隔性较差，因此又有 PP、PET 硬片以及 PVC/PVDC、PVC/PE/PVDC 等药用复合硬片。

（二）塑料容器

塑料容器包括塑料袋、塑料瓶、塑料软管等。常用材料有 PVC、PE、PP、PET 等。其中 PE、PP 和 PET 所占比例最大，PVC 的用量在减少。

近年来，塑料制的包装容器，在药品包装中越来越普及。例如聚碳酸酯的瓶子作为眼用制剂的容器已被广泛采用。医药品的塑料包装，今后将根据包装的合理化、省力化、流通渠道的变化、新的包装机械的使用等的动向，将得到进一步的发展。

1. 塑料瓶 塑料瓶是通过各种加工方法制成的塑料包装中空容器。它质轻价廉，易形成规模生产，能够做成各种各样规格大小、透明的、不透明的及各种着色的瓶子。精密注吹机高速高压，很好的稳定性，生产的容器在尺寸波动和重量波动方面达到较高的稳定性。设备在运行过程中，首先封瓶口进行注塑成型，保证瓶口精度，然后再吹塑瓶体，因此能防止容器内的气体挥发和外部气体向瓶内渗透，保证瓶口与瓶盖的空间具有很好的密封性能。

塑料瓶的印刷性能很好，可以采用热转印、喷墨、印刷等方法把说明书、标识、条形码直接印制在塑料瓶表面。由于塑料瓶所具有的各种优异性能，因此成为药品最主要的包装容器。

采用塑料瓶包装的药品主要是口服制剂中的药片、丸剂、胶囊剂与散剂以及液体中的溶液、乳浊液等。用作药品包装的塑料瓶主要采用聚氯乙烯、聚乙烯、聚丙烯、聚苯乙烯等材料制造。

2. 大输液包装 从临床应用以来，输液产品包装容器经历了 3 代变化。第 1 代容器为全开放式输液容器，即广口玻璃瓶，现已完全淘汰；第 2 代为半开放式输液容器，即玻璃瓶、塑料瓶（PP/PE）；第 3 代为封闭式输液容器，即全封闭塑料软袋，按发展顺序又可分为 PVC 输液袋和非 PVC 多层共挤复合膜输液袋。PVC 包材作为过渡品种短暂存在，自 2000 年 9 月起，我国基本停止了 PVC 输液袋的注册。目前在我国输液市场上存在的包材主要有玻瓶、塑料瓶、非 PVC 软袋和直立式软袋四种形式。

目前，输液袋包装进入"非 PVC 时代"。非 PVC 多层膜软袋的发展经历了两个阶段。最初阶段是 20 世纪 80~90 年代的聚烯烃复合膜。因生产过程中在各层膜之间使用了黏合剂，不利于膜材和药液的稳定。第二个阶段是近年发展迅速多层共挤膜，由多层聚烯烃材料同时熔融交联共挤制得，不使用黏合剂和增塑剂。共挤膜袋具有高阻湿、高阻氧性，透水透气性仅为 PVC 材料的 1%~10%；耐热性能好，121℃消毒仍能保持完好状态；具有很好的药物相容性，适合绝大多数药物的包装；密封性、机械强度、环保指标明显优于 PVC 软袋。多层共挤非 PVC 软袋输液是当今输液体系中最理想的输液包装形式，被称为"二十一世纪环保型包装材料"。

3. 塑料软管 塑料软管是由挤出型管体或由多层复合材料卷制成管体，再注射成型管头而成。软管经上盖、灌装、封合尾部即成为软管包装。

塑料软管按其结构特点可分为单基塑料软管和复合塑料软管两类。

单基塑料软管是指用一种塑料经挤出成型等制成的软管。常用的塑料有 PE、PP、PVC、尼龙

（NY）、聚醋酸乙烯酯（PVAC）等。单基塑料软管一般具有质轻、柔韧、弹性好、化学性质稳定、耐腐蚀、无毒、外观好、适于印刷装潢等特点。其缺点是阻止气体、气味透过性较差；因其弹性大，在挤出内装物时有较大的回吸性，给多次使用带来不便。单基塑料软管主要用于医药品、化工产品、日用品、化妆品以及食品等半流体状物品的包装。

4. 单层药袋 药袋是颗粒剂最常用的包装形式。一般选用高密度聚乙烯、聚丙烯、聚氯乙烯等防潮性能好，拉伸强度高的材料。虽然普通药袋有时也用于片剂的包装，但片剂本身应有较大硬度，如糖衣片，否则易因挤压而造成裂片和碎片。

（三）塑料瓶盖

塑料瓶盖从结构和材质上有很多区别，从材质上讲一般为 PP 类和 PE 类。PP 料类：多用于气体饮料瓶盖垫片及瓶盖使用，这种材料密度低，耐热不变形，表面强度高，无毒无害，化学稳定性好；缺点是韧性差，低温条件下易脆化，由于抗氧化性差，也不耐磨。这种材质的瓶盖多用于果酒、碳酸饮料瓶盖包装。PE 料类：多用于热灌装瓶盖及无菌冷灌装瓶盖，这种材质无毒，有较好的韧性和耐冲击性，也易于成膜，耐高低温，环境应力开裂性能较好；缺点是成型收缩大，变形厉害。

主要品种：普通螺纹盖，它通过瓶盖内螺纹与瓶颈上螺纹相啮合达到密封的目的；防盗保险盖（扭断式），它在普通螺纹盖的盖底周边增加一圈裙边，并以多点连接，当扭转瓶盖时波形翻边棘齿锁紧于瓶口下端的箍轮上；按压式瓶盖，盖子需要下压后才能拧开，由内盖和外盖组成，里面的小瓶盖是真正的盖子，外面的盖子利用下沿扣住了里面的盖子，再用上面的齿轮与小盖的齿轮咬合。

（四）其他应用

此外，塑料药包材还可用于：①接口，如多层共挤膜输液袋用接管、输液袋用聚丙烯接口；②密封材料，包括密封剂和瓶盖衬、垫片等，是一类具有黏合性和密封性的液体稠状糊或弹性体，以聚氨酯或乙烯－醋酸乙烯酯树脂为主要成分，用作桶、瓶、罐的封口材料；③橡胶或无毒软聚氯乙烯片材，可作瓶盖、罐盖的密封垫片；④带状材料，包括打包带、撕裂膜、胶带、绳索等，如聚丙烯捆扎带、聚酯捆扎带；⑤防震缓冲包装材料，用聚苯乙烯、低密度聚乙烯、聚氨酯和聚氯乙烯制成的泡沫塑料，具有良好的隔热和防震性，主要用作包装箱内衬；⑥中空容器，所谓中空容器是指采用注射吹塑或挤出吹塑方法在一定形状模具上制得的瓶、管、罐、桶、盒等包装形式，多用于药片、胶囊、软膏、液体药剂的分装。常用的聚合物材料有高密度聚乙烯、低密度聚乙烯、聚丙烯、聚氯乙烯、聚苯乙烯等。

（五）塑料药包材的使用注意

塑料药包材的卫生安全性非常重要，在选用之前应首先了解所包装的药品对材料卫生性的要求。因为为了改善单一塑料的性能、改善加工成型条件以及降低成本，在塑料制品生产中经常添加多种辅助材料（高分子助剂）。这些助剂的种类和用量，视塑料品种及加工工艺的需要予以选择，原则上应使之用量恰当、相互协同作用。

作为药用包装助剂的特殊要求还应安全、无毒，逸散性小，不与药物发生作用，最好无臭、无味等。常用的高分子助剂有增塑剂、稳定剂、润滑剂、抗氧剂、抗静电剂等，但并非在每一具体制品中需要加入所有种类助剂。另外，有的助剂能同时发挥多种作用。如油类就应注意不要选用含有脂溶性物质的包装材料，特别是不要选用增塑剂含量高的塑料品种；而乙醇含量高的药物，则应注意其聚合物残留单体的含量，防止残留单体被乙醇抽提入药中。

塑料的广泛应用产生大量的废旧塑料，造成资源浪费和环境污染。所谓"白色污染"，是人们对塑料垃圾污染环境的一种形象称谓。按规定归类回收废塑料并使之资源化是解决"白色污染"的根本途径。

第五节 复合包装材料

PPT

复合包装材料是指把纸张、塑料薄膜或金属箔等两种或两种以上材料复合在一起以适应用途要求的包装材料。为使各单一材料优点互补，呈现出色的综合性能，材料的复合化是必然趋势。复合膜能使包装内含物具有保湿、保香、美观、保鲜、避光、防渗透、延长货架期等特点，因而得到迅猛发展和广泛应用，本节重点介绍复合膜。

一、复合膜的特点

复合膜就是用两种以上不同性质的材料复合形成的、能充分发挥各组分材料优点的新型高性能包装材料。它能集合各层薄膜的优点，克服它们的缺点，复合后获得较为理想的包装效果，能满足多种产品的要求。复合膜的主要特点：通过组合不同性能的材料，基本上能够符合药品包装的要求；具有防尘、防污、阻隔、印刷等功能；具有耐撕裂、耐冲击、耐磨损、有一定的拉伸强度等优良的机械性能；能够满足药品自动包装的要求；使用方便；促进销售；性价比高。其缺点是回收比较难，容易造成环境污染。

二、复合膜的结构与组成

药用复合膜一般由基材、胶黏剂、阻隔材料、热封材料、印刷墨层与保护层涂料组成。常用的结构：表层/胶黏剂层/阻隔层/胶黏剂层/热封层。表层：常用的表层材料有 PET、BOPP、PT、纸等书刊印刷材料，表层材料应当具有优良的印刷装潢性，较强的耐热性，一定的耐摩擦、耐穿刺等性能，对中间层起保护作用。阻隔层：常用材料有铝箔（Al）、镀铝膜、PVDC、BOPA 等，这些材料的避光性较好，耐摩擦，能很好地阻止内外气体或液体的渗透。热封层：常用材料有 PE、PP、EVA 等，具有化学惰性、无毒性、良好的热封性、机械强度和耐热性。胶黏剂层：胶黏剂涂布于两层材料之间，借助表面黏结力及本身的强度，使相邻两种材料黏结在一起。印刷方式和涂布保护性涂料：凹印是复合膜的主要印刷方式，目前柔性版印刷薄膜的发展也很快。保护性涂料一般是指在印刷完成后的表面涂布一层无色透明的上光油，干燥后起到保护印品及增加印品光泽度的作用。

常见复合膜材料组合形式：纸（KPT）/PE（EVA），PET（BOPP、PA）/EVA（PE）（/PE），PET/镀铝 CPP，PET/镀铝 PET/PE，纸（PT）/AL/PE、纸/PE/EAA/AL/PE，PET（PA）/AL/PE，PET/EVA/AL/EVA/PE。复合膜的复合层数可以是两层、三层、四层、五层，甚至更多。复合膜的基本要求是：无毒、无异味，不污染包装内装物；要有良好的气密性、热封性、防潮性、防紫外线性、耐热耐寒性、耐化学药品性等；复合包装材料外层应当具有良好的耐热性，并且不易划伤、磨毛，印刷性能、光学性要好；复合包装中层材料要有很好的阻隔性、防光性，机械强度也要高；复合包装材料内层应当具有良好的热封性，并且要有无味、无毒、耐油、耐水、耐化学品等性能。

知识链接

我国药包材品种繁多，应用广泛，随着科技的发展及生产力水平的提高，药包材的质量标准随之调高。不同的药包材有不同的质量标准，具体品种的质量要求与检查项目应查阅国家药品监督管理局发布的药包材标准。网址：https：//www.nmpa.gov.cn/index.html

三、复合工艺

复合包装材料的生产成型工艺与复合材料的组成有直接的关系。

1. 热熔复合工艺　将热熔黏合剂加热熔融，通过热熔涂布器使热熔黏合剂均匀地涂布在一种基材薄膜的表面，并趁热与另一种基材进行压贴，冷却后由于热熔黏合剂的黏合作用形成复合材料的工艺叫热熔复合工艺。热熔复合的特点：①采用不同的热熔黏合剂可以复合各种不同的基材，从而组成各种多层次材料的复合软塑包装材料，基材选择面广；②热熔黏合剂是100%的固体，无溶剂残留问题，无环境污染问题；③热熔复合工艺设备简单，投资少，工艺技术要求低；④生产速度高，最高生产速度可达300~400m/min；⑤生产成本低，不需要挥发溶剂所需的热能，不需溶剂，省资源；⑥需要在较高的温度下复合，复合用基材的耐热性要好，否则无法复合。

2. 湿法复合工艺　湿法复合工艺是黏合剂涂布在复合基材表面后，立即复合，再进行加热固化，从而形成复合材料。复合时，黏合剂中含有溶剂或水，利用复合基材的多孔性，如纸、木材、开孔性泡沫塑料等，使溶剂和水被孔隙吸收透过而挥发。湿法复合只能用于多孔性或能吸收溶剂或水的基材复合，不适合塑料薄膜与塑料薄膜的复合。但是当塑料同多孔性材料复合时，可以使用湿法复合工艺。

湿法复合用黏合剂大多是水溶性黏合剂，例如：聚醋酸乙烯乳液、酚醛黏合剂、淀粉黏合剂、酪朊树脂、丁腈乳液、聚丙烯酸酯乳液、硅酸钠水溶胶等。

3. 干法复合工艺　即利用黏合剂把两种或两种以上的片材黏合在一起，从而形成多层结构的复合材料的工艺，在复合之前，黏合剂（单液或双液型）涂布在一种基材面上要预先加热蒸发掉溶剂然后进行干燥，所以叫干法复合。干法复合加热的另一个意义是使两个组分发生化学交联反应，提高黏合剂的黏结力和黏结强度。干法复合工艺的特点如下。①可供选择的基材面广，可以是塑料/塑料，也可以是塑料/金属箔，塑料同织物、无纺布、纸等的复合，甚至可以是不含有塑料的织物同金属箔等的复合。②复合牢度高，塑料同塑料的复合牢度可达1N/15mm，可以用于生产使用条件相当苛刻的高温蒸煮袋等高档软塑包装材料。③复合速度比较快，一般的生产速度可达150~180m/min。最大可达250m/min。④干法复合制品可以表面印刷，也可以反印刷。反印刷时，油墨夹在两层薄膜中间，不会脱色，卫生性好，而且油墨印刷后的光泽性好。⑤干法复合有残留黏结剂、溶剂和未反应的有毒单体的问题。干法复合工艺采用的黏合剂主要是聚氨酯黏合剂，其组分是组合型聚醚或聚酯，而固化剂是异氰酸酯，异氰酸酯有较大的毒性。为此，使用聚氨酯黏合剂进行干法复合的包装材料，在欧洲、北美被禁止用来包装食品和药品，但在有些国家可以使用，规定复合膜上总的有毒成分残留量$< 15mg/m^2$。⑥生产的复合膜成本比较贵，尤其是高温蒸煮袋使用价格昂贵的耐高温蒸煮油墨和高温蒸煮黏合剂。⑦有较严重的环境污染问题，溶剂挥发量大，工人的劳动条件差。为此，做好排除车间中有毒气体的工作很重要，既可改善工人劳动条件，又可以防火防爆。

四、复合膜的主要检查项目

医药包装用复合膜所黏附的细菌、真菌数必须在控制范围内，而大肠埃希菌、金黄色葡萄球菌及铜绿假单胞菌不得检出。符合《直接接触药品的包装材料、容器生产质量管理规范》的要求。复合膜一般是边填充药物边封口，质量影响因素包括复合膜内层材料及厚度、表面质量、热封温度、热封压力、热封时间（热封速度）等。热封温度一般不高于 190℃，不低于 120℃，常用 150 ~ 170℃，压力为0.2MPa，热封时间 1 秒或稍少些。

五、常用复合包装材料

按工艺可分为共挤膜、涂覆膜、镀覆膜、层压膜等。按用途可分为：袋洗膜、条形包装膜及标盖膜等。复合膜医药包装按阻隔性能优劣可分为 I ~ V 类，顺序递增。选择复合膜要综合考虑透明性、美观性、取药便利性、经济性。

多层复合，基材 PET、聚苯醚（PPO）、NY 会影响撕裂性，复合前的磨光能改善撕裂性，基材可能产生的防潮性及阻氧性降低的问题可通过干法复合以及共挤复合来弥补。按照功能可将药用包装复合膜分为以下 6 种。

1. 普通复合膜 普通复合膜的典型结构为 PET/DL/Al/DL/PE 或 PET/AD/PE/Al/DL/PE（注：DL为干式复合缩写，AD 为胶黏剂），产品具有良好的气体、水分阻隔性和印刷适应性，有利于提高产品的档次。生产工艺可使用干法复合法或先挤后干复合法。

2. 药用条状易撕包装材料 药用条状易撕包装材料的典型结构为 PT/AD/PE/Al/AD/PE，具有良好的易撕性，方便消费者取用产品，还有良好的气体、水分阻隔性，保证内容物有较长的保质期；良好的降解性，有利于环保，适用于泡腾剂、涂料、胶囊等包装。

3. 纸铝塑复合膜 典型结构为纸/PE/Al/AD/PE，有良好的印刷性，有利于提高产品的档次，具有较好的挺度，保证产品良好的成型性，对气体或水分具有良好的阻隔性，可以保证内容物有较长的保质期；有良好的降解性，有利于环保。

4. 高温蒸煮膜 高温蒸煮膜的典型结构为透明结构 BOPA/CPP 或 PET/CPP 和不透明结构 PET/Al/CPP 或 ET/Al/NY/CPPO，基本能杀死包装内所有细菌，可常温放置，无须冷藏；有良好的水分、气体阻隔性，耐高温蒸煮，高温蒸煮膜可以在里面用水性聚氨酯型油墨进行印刷，具有良好的印刷性能。

5. 多层共挤复合膜 多层共挤复合膜的典型结构为外层/阻隔层/内层。外层一般为有较好机械强度和印刷性能的材料，如 PET、PP 等；阻隔层具有较好的对气体、水蒸气等阻隔性，如 EVOH、PA、PVDC、PET 等通过阻隔层来防止水分、气体的进入，阻止药品有效成分流失和药品分解；内层具有耐药性好、耐化学性高、热封性能较好的特点，如聚烯烃类。多层共挤膜具有优异的阻隔性能及良好的防伪性能。

6. 复合成型材料 复合成型材料的典型结构为 NY/Al/PVC 和 NY/Al/PP，解决了药品避光与吸潮分解的难题，可以有效地避免气体、香料和其他物质对药品成分的破坏，保证药品在使用期限内品质不发生任何改变，适用于丸剂、片剂、粉剂、栓剂、胶囊及外敷等药品的包装，且易于开启，适用于任何气候地区的药品包装，如 PVC 具有很高的阻隔性，能对药品进行全方位的保护。

六、复合包装材料的应用

药品包装复合膜因其结构层数、组成材料及厚度的可变动性较大，其阻隔差异较大。复合膜已经广泛应用于固体药品中的片剂、胶囊剂、栓剂、冲剂、丸剂以及液体药品、膏状药品的机械化包装，具有较好的印刷性能、耐药性、耐焦性、机械强度、延伸性和韧性，使用方便，取药便利。

1. 复合膜制袋　多层复合药袋的基本材料是以纸、铝箔、尼龙、聚酯、拉伸聚丙烯等高熔点热塑性材料或非塑性材料为外层，以未拉伸聚丙烯、聚乙烯等低熔点热塑性材料为内层。目前复合膜制袋代替纸袋、塑料袋在药品包装中广泛应用于颗粒剂、散剂或片剂、胶囊剂等固体药物以及膏剂的包装。

2. SP 复合膜包装　SP 复合膜包装又称条形包装膜，具有一定的抗拉强度及延伸率，适合于散剂、颗粒剂以及各种形状和尺寸的药品包装，并且包装后紧贴内装药品，不易产生破裂和皱纹。目前较普遍使用的是铝塑复合膜如 PT/Al/PE、PET/Al/PE，即铝箔与塑料薄膜以黏合剂层压复合或挤出复合而成，若需要透明的包装膜，则采用 PVDC 作高阻隔层材料。PVDC 作高阻隔层材料其最大特点就是对气体、水蒸气有优异的阻隔性。

3. 双铝包装（铝-铝包装）　双铝包装与以上 SP 复合膜包装相似，即药品两侧都涂覆铝箔，双铝包装成本高，每板片数少，泡眼大，美观，隔绝水分、空气、光照效果好，使药品保质期延长。但是因成本较高，所以比较适用于附加值较高或化学稳定性差的药品。

4. 泡罩包装　泡罩包装常用塑料有聚氯乙烯、聚乙烯、聚苯乙烯、聚丙烯和聚偏二氯乙烯等。目前，泡罩包装是用于片剂、胶囊剂和安瓿的一种复合包装形式，俗称"水泡眼"包装。

5. 聚烯烃多层共挤输液袋　最常用的非 PVC 输液袋——聚烯烃多层共挤输液袋已成为当今输液体系中最理想的输液包装形式。

6. 复合软管　目前，复合软管已经获得了广泛应用，用于食品包装，如炼乳、巧克力沙司的包装；用于药品包装，如烧伤膏、外用皮炎膏的包装；用于化妆品包装，如牙膏、洗面奶、面膜膏、染发膏的包装。复合软管主要分为铝塑复合软管和全塑复合软管。铝塑复合软管具有高阻隔性、良好的抗拉强度，气体阻隔性好，印刷图案清晰美观，耐化学药品性能优异，又兼顾环保和药用要求。

7. 其他应用　瓶盖用封口膜、复合密封垫片等都涉及复合药包材。

第六节　橡　胶

PPT

一、橡胶包装材料的特点

通常我们所说的天然橡胶，是指从巴西橡胶树上采集的天然胶乳，经过凝固、干燥等加工工序而制成的弹性固状物。橡胶是有机高分子弹性化合物，在很宽的温度范围内（-50℃~150℃）具有高弹性，还具有良好的疲劳强度、电绝缘性、耐化学腐蚀性以及耐热性。但是作为药品包装材料，橡胶也具有一定缺点：在针头穿刺胶塞时会产生橡胶屑或异物；吸附性较强，易吸附主药和防腐剂等，导致药品含量降低、疗效下降；橡胶的浸出物或其他不溶性成分可能迁移至药液中污染药液。

 知识链接

新型橡胶材料的开发

医用级热塑性弹性体的出现，使得胶塞生产像塑料加工那样容易，而且不使用任何硫化剂，胶塞内部无不良残留物。国外已经有厂家开发应用，埃克森公司开发的 Exxpro 弹性体，胶内添加剂极少，非常适用于生产超洁净胶塞。

二、橡胶包装材料的主要检查项目

橡胶药包材的主要应用是作为瓶塞，起密封作用，并在注射剂、输液剂等包装中让针头刺入以便取药和加药。橡胶塞的要求：①生物安全性好，药用瓶塞应无热原、无异常毒性、无溶血反应等，这样才能保证用药的安全性。天然橡胶有部分生物蛋白质残留在胶中，蛋白质既是活性过敏性物质，也易滋生真菌，对生物体产生危害。②气密性和阻水性好，经瓶塞封装后的药物，在贮存过程中气体和水蒸气的渗入极为有害，是造成药物发霉变质的重要原因。③化学稳定性强，药用瓶塞多数直接接触药品，在其接触药品过程中不能造成药物的变化，这就要求瓶塞必须具有很好的化学稳定性。④洁净度高且抽提性低，药用瓶塞应有高的洁净度和低抽提性以保证药品的纯净。瓶塞在与药物接触过程中，橡胶中的杂质及配合剂会迁移到瓶塞表面或被药物抽提出来，污染或破坏药物，降低药效。⑤抗热老化性好，瓶塞在药厂分装药品前要经过蒸汽、环氧乙烷和辐射等灭菌处理，高温灭菌处理有时可能还要反复进行，因此必须具有良好的抗热老化性。⑥分装使用方便，瓶塞应具有便于包装、使用，临床应用时方便简单的特点。

因此，通常的检查项目有材料鉴别、尺寸外观、物理性能（硬度、穿刺力、穿刺落屑、瓶塞容器密合性、自密封性等）、化学性能和生物性能（急性毒性、热原、溶血性），按规定检查应符合要求。

三、常用橡胶包装材料

根据橡胶的来源，橡胶可分为天然橡胶和合成橡胶，制药中应用的橡胶药包材主要是合成橡胶，如丁基橡胶、卤化丁基橡胶、异戊二烯橡胶等。

1. 天然橡胶（NR） 天然橡胶以橡胶烃（聚异戊二烯）为主，是一种非极性物质，它溶于非极性的溶剂和油中。缺点是耐氧和耐臭氧性差；容易老化变质；耐油和耐溶剂性不好；在环己烷、汽油、苯中，硫化前溶解，硫化后溶胀，抵抗酸碱腐蚀能力低；耐热性不高。因此，在药品包装中天然橡胶已被逐步淘汰。

2. 异戊二烯橡胶（IR） 异戊二烯橡胶是由异戊二烯单体聚合而成的一种顺式结构橡胶。化学组成、立体结构与天然橡胶相似，性能也非常接近天然橡胶，故有合成天然橡胶之称。它具有天然橡胶的大部分优点，但是由于该类橡胶的弹性比天然橡胶低、加工性能差、成本较高，特别是其透气透湿性较强，易导致药品变质。

3. 丁基橡胶（IIR） 丁基橡胶是由异丁烯和少量异戊二烯（<3%）在超低温（-95℃）条件下聚合而成的合成橡胶，其特有的化学稳定性、耐臭氧、耐老化性能好，耐热性较好，长期工作温度可在130℃以下，其短时间最高使用温度可达到200℃，完全满足药品高温灭菌的需要；密封性好，保证了药品质量，提高了用药安全性。丁基胶塞在产品标准、生产水平、使用性能、产品质量等方面大大优于天然胶塞。

4. 卤化丁基橡胶（XIIR） 卤化丁基橡胶是在丁基橡胶分子结构中引入了活泼的卤素原子，同时保存了异戊二烯双键，使其不仅具备丁基橡胶的优良性能，也大大地减少了有害物质对药物的污染和不良反应。卤化丁基橡胶可分为氯化丁基橡胶和溴化丁基橡胶两类。卤化丁基橡胶作为直接接触药品的首选封装密封材料，广泛用于药品密封包装。

四、橡胶包装材料的应用

(一) 胶塞

1. 卤化丁基橡胶瓶塞　此种瓶塞是采用卤化丁基橡胶生产的新型药用瓶塞。为保证医药安全，国家医药主管部门规定停止使用普通天然橡胶瓶塞。医用胶塞生产厂商正在扩大丁基橡胶瓶塞生产能力，主要是用卤化丁基橡胶，以适应国内需要。溴化丁基橡胶由于硫化速度快、硫化效率高、硫化程度高、硫化剂用量少、可实现无硫无锌硫化等特点，从而具有了良好的物理性能和化学性能，有良好的吸湿性，在冷冻干燥制品中应用较好。低分子量的凝血酶抑制溶液用溴化丁基橡胶胶塞其稳定性显著提高。同时瓶塞的化学指标可控制在一个较好的范围内，进而有力保证了其与氨基酸、血液制品等大输液产品的相容性。欧美国家的丁基胶塞厂家多数采用溴化丁基橡胶，目前我国也有一些公司全部使用溴化丁基橡胶生产胶塞。

2. 镀膜胶塞和涂膜胶塞　镀膜胶塞或者涂膜胶塞类产品开发的主要目的是为了隔离胶塞与药物的直接接触，避免橡胶对药物成分的影响，从而改善胶塞与药物之间的相容性问题。一般使用的涂覆材料有聚四氟乙烯、聚乙烯、聚丙烯等。产品有聚乙烯涂膜丁基橡胶瓶塞、聚丙烯涂膜丁基橡胶塞、聚二甲基硅氧烷涂膜丁基橡胶塞、聚四氟乙烯覆膜丁基橡胶塞、聚对二甲苯真空镀膜丁基橡胶塞等。这类胶塞确实可以解决样品溶液澄清度超标的问题，但是镀膜或者覆膜胶塞成本较高（价格大约是非覆膜胶塞价格的两倍），因而应用范围还相当有限；国内镀膜胶塞或者覆膜胶塞的生产质量还有待提高，存在产品质量不稳定的现象；镀膜材料与药物的相容性仍需要考察。

(二) 其他应用

胶带、胶管、黏合剂和垫片等对橡胶的需求也在逐渐增加。尤其是卤化丁基橡胶；聚异戊二烯橡胶垫片可用于软膜袋、PP 瓶等封装内塞。

PPT

第七节　陶　瓷

陶瓷的传统概念是指以黏土为主要原料与其他天然矿物经过粉碎混炼、成型、煅烧等过程而制成的各种制品。陶瓷制品是人类制造和使用的最早物品之一，距今已有几千年的历史。基于陶瓷制品独特的优异性能，在各种新材料、新工艺层出不穷的今天，陶瓷包装容器仍在现代产品包装中占有重要的一席之地。

一、陶瓷包装材料的特点

陶瓷是以铝硅酸盐矿物或某些氧化物为主要原料，加入配料，按用途给予造型，表面涂上各种光滑釉，或特定釉和各种装饰，采取特定的化学工艺，用相当的温度和不同的气体（氧化、碳化、氮化等）烧结成一种或多种晶体。陶瓷作为一种传统材料，具有如下特点：①热稳定性好，在 $250 \sim 300{}^{\circ}\text{C}$ 时也不开裂，并耐温度剧变。②高化学稳定性，能耐各种化学物品的侵蚀。③机械强度，高密封性好。④有良好的阻隔能力，遮光，具气密性。⑤釉与陶瓷结合的作用，使陶瓷胎表面致密化，不透水和气，并且有光泽，形成一层润滑的连续相；减少表面缺陷，给人一种晶莹如玉的美感，可提高产品的档次；使表面处于承受若干预加压应力状态，相对提高使用强度；消除表面显微裂纹，形成滑润的表面，容器易洗刷、消毒、灭菌、保持良好的清洁状态。陶瓷在我国古代就作为传统的包装材料得到广泛应用，尤其用于名贵药品、易吸潮变质的药品。陶瓷的缺点是质重、受震动或冲击易破碎，不利于贮存运输。

二、陶瓷包装材料的主要检查项目

陶瓷包装容器的检验项目包括：外观与表面粗糙度，陶瓷包装容器的外观、色彩、表面粗糙的检验，目前仍凭肉眼和触摸来评定；尺寸精度，陶瓷容器存在着干燥收缩与焙烧收缩，且纵向收缩比横向收缩大1.5%～3%，泥料收缩率变化范围很大，一般由陶瓷厂测定或提供数据。表面形状精度，陶瓷容器形面直线的不直与不平可用钢尺检验，弧线型形面则用样板贴切检查；相互位置精度，同轴度、平行度可用百分表检验，具体指标由供需双方商定；铅、镉溶出量，按照YBB00182005-2015《药用陶瓷容器铅、镉浸出量限度》规定检测；釉面耐化学腐蚀性。

三、陶瓷的原料

陶瓷的主要原料可归纳为三大类。

1. 具有可塑性的黏土类原料　黏土类原料是陶瓷的三大主要原料之一，包括高岭土、多水高岭土，烧后是白色的各种类型黏土和作为增塑剂的膨润土等。

2. 具有非可塑性的石英类原料　自然界中的二氧化硅结晶矿物统称为石英，有多种状态和不同纯度。石英属于减黏物质，可降低坯料的黏性，对坯料的可塑性起调节作用。在瓷器中，大小适宜的石英颗粒可以大大提高坯体的强度，还能使瓷器的透光度和强度得到改善。一般在日用陶瓷中，石英类原料占25%左右。

3. 能生成玻璃相的长石等溶剂性原料　长石的主要成分是钾、钠、钙的铝硅酸盐。长石类原料的作用：长石则属于溶剂性原料，高温下熔融后可以溶解一部分石英及高岭土分解产物，形成玻璃状的流体，并流入多孔性材料的孔隙中，起到高温胶结作用，并形成无孔性材料。在日用陶瓷中，长石类原料占25%左右。

四、陶瓷的附加材料

1. 釉　釉是熔融在陶瓷制品表面上的一层很薄而均匀的玻璃质层。陶瓷制品施釉的目的在于改善制品的技术性质及使用性质以及提高制品的装饰质量；以玻璃态薄层施敷的釉层，可提高制品的机械强度，防止渗水和透气；赋予制品平滑光亮的表面，增加制品的美感并保护釉下装饰。

2. 各种特殊原料作为助剂　如助磨剂、助滤剂、解凝剂、增塑剂、增强剂等各种化工原料。

五、陶瓷包装材料的应用

常用的药用瓷瓶有药用口服固体陶瓷瓶，其标准为YBB00162005-2015，一般用于传统药物制剂的包装，具有独特的陶瓷艺术与中药文化相结合的特点。陶瓷包装容器按结构形式可分为缸、坛、罐、瓶。

1. 金属陶瓷　在陶瓷原料中加入金属微粒，如镁、镍、铬、钛等，使制出的陶瓷具有韧而不脆、耐高温、硬度大、耐腐蚀、耐氧化等特点。

2. 泡沫陶瓷　质轻而多孔，其孔隙是通过加入发泡剂而形成的，具有机械强度高、绝缘性好、耐高温的性能。

目标检测

答案解析

一、填空题

1. 常用药品的包装材料有_____、塑料、_____、陶瓷、_____、_____和橡胶等几大类。

2. 药用玻璃材质鉴别主要有_____和_____含量两个指标。

3. 玻璃按成分可分为_____、_____、_____等，其中药用玻璃主要是_____和_____。

4. 国际上注射剂一般都采用_____玻璃。

5. 与玻璃相比，塑料具有_____、不易碎、易于制造、_____和_____等特点。

6. 塑料的主要成分是_____和_____。

7. 药品包装常用塑料本身无毒，其毒性主要来自_____和_____。在合成一些塑料的单体如氯乙烯、苯乙烯、偏二氯乙烯等均有一定的毒性。

8. 复合包装材料是指把_____、_____或_____等两种或两种以上材料复合在一起以适应用途要求的包装材料。

9. _____是决定复合膜性质的主要因素。

二、单选题

1. 常用于运输包装的纸类材料是（　　）。

　　A. 玻璃纸　　　　　B. 铜版纸　　　　　C. 白纸板　　　　　D. 瓦楞纸板

2. 以下关于玻璃药包材的叙述中错误的是（　　）。

　　A. 玻璃化学稳定性高，耐药物腐蚀，与药物相容性能好

　　B. 卫生安全，无毒无异味

　　C. 国际通用的低硼硅玻璃理化性能好

　　D. 经过内表面处理的钠钙玻璃输液瓶仅限一次性使用

3. 比较环保的包装材料是（　　）。

　　A. 纸铝复合膜　　　　B. 玻璃与陶瓷　　　　C. 纸塑复合膜　　　　D. 金属药包材

4. 在药品包装中广泛应用于中医药颗粒剂、散剂或片剂、胶囊剂等固体药物以及膏体的包装是（　　）。

　　A. 复合膜制袋　　　B. 纸袋　　　　　　C. 塑料袋　　　　　　D. 铝塑泡罩

5. 以下哪种材料具有优良延展性、防潮性和漂亮的光泽（　　）。

　　A. 锡　　　　　　　B. 马口铁　　　　　C. 铝　　　　　　　　D. 钢

三、多选题

1. 药用玻璃的选择应遵循的原则是（　　）。

　　A. 良好适宜的化学稳定性　　　　　　　B. 良好的抗温度急变性

　　C. 良好的机械强度　　　　　　　　　　D. 稳定的规格尺寸

2. 常用的塑料药包材有（　　）。

　　A. PP　　　　　　　B. PE　　　　　　　C. PET　　　　　　　D. PVP

3. 我国药用玻璃按材质分类有（   ）。

　　A. 3.3 硅硼玻璃　　B. 5.0 中性玻璃　　　C. 低硅硼玻璃　　　　D. 钠钙玻璃

4. 复合膜的优点有（   ）。

　　A. 可以通过改变基材的种类和层合的数量来调节复合材料的性能，阻隔性好、保护性强

　　B. 可节省材料，降低能耗和成本

　　C. 复合材料易印刷、造型，促进药品销售

　　D. 易回收利用，绿色环保

5. 纸类药包材的优点有（   ）。

　　A. 原料广泛，价格低廉　　　　　　　　　B. 安全卫生

　　C. 以与塑料、铝制成合材料　　　　　　　D. 绿色环保

6. 金属药包材的特点有（   ）。

　　A. 机械性能优良　　B. 阻隔性能好　　　C. 具有延展性　　　D. 耐腐蚀性能好

四、简答题

什么是复合药包材？复合膜有哪些特点？

书网融合……

　　知识回顾　　　　　微课1　　　　　　微课2　　　　　　习题

药品包装材料（简称药包材）对保证药品稳定性起着重要作用，尤其一些剂型，本身就是依附包装而存在的，如气雾剂；药包材选择不当，可能导致药物活性成分的迁移、吸附甚至发生化学反应等，因此使用药包材前需进行相容性试验。那么什么是药物的相容性试验呢？其试验指导原则具体包含哪些方面？

本章主要介绍药包材与药物相容性试验的设计要求、不同药包材与药物相容性试验的指导原则等。

学习目标

1. **掌握** 药品包装材料与药物相容性试验的目的和原则。
2. **熟悉** 常用的几种药品包装材料药物相容性的设计步骤、项目和影响。
3. **了解** 药品包装材料药物相容性试验的检测分析方法。

第一节　药品包装材料与药物相容性试验的目的和原则 微课1

PPT

一、概述

药品包装材料与药物相容性试验主要针对的是直接接触药品的包装系统。包装系统是指容纳和保护药品的所有包装组件的总和，包括直接与药品接触的包装组件和次级包装组件，次级包装组件是药品的额外保护。包装系统一方面为药品提供保护，以保证其安全性、有效性，另一方面还应与药品具有良好的相容性，即不能引入可导致安全性风险的浸出物。药品包装材料与药物相容性试验是指为了考察包装系统与药物之间是否发生迁移或吸附等变化，进而影响药物质量与安全性而进行的试验过程。

《药品包装材料与药物相容性试验指导原则》指导药品研发及生产企业系统、规范地进行药品与包装容器的相容性研究，最终选择与药品具有良好相容性的包装容器，从而避免药用包装容器使用不当而导致的安全性风险。相容性试验应考虑的内容首先是药包材对药品质量的影响，这其中需要考虑到药物和包材之间发生反应、药物活性成分被药包材吸收；其次，药物对药包材的影响也是相容性试验考虑的因素之一，一般通过对包装药品后的药包材性能进行考察，确定其完整性、功能性、质量的变化；最后，需要考察的是包装制剂后药物的质量变化，通常是通过加速试验、长期试验来进行。

是否需要进行相容性研究，应首先判断制剂与包装材料间发生相互作用的可能性，以及对产生安全性风险的影响。例如与口服制剂相比，吸入气雾剂或喷雾剂、注射液或注射用混悬液、眼用溶液或混悬液、鼻吸入气雾剂或喷雾剂等制剂，由于给药后将直接接触人体组织或者进入人体血液，因此被认为是风险程度较高的品种；另外，大多数液体制剂在处方中除活性成分外还含有一些功能性辅料（助溶剂、防腐剂、抗氧剂等），这些功能性辅料的存在，也可能会促进包装材料中成分的溶出，因此与包装材料发生相互作用的可能性较大。按照药品给药途径的风险程度及其与包装材料发生相互作用的可能性，可将药物制剂分为最高风险、高风险和低风险三个等级。最高风险的制剂包括：吸入式气雾剂和溶液、注射剂和混悬液、注射用无菌粉末和粉末剂、吸入粉雾剂。高风险制剂包括：眼用液体和混悬液、透皮软膏剂和贴剂、鼻用气雾剂和喷雾剂。低风险制剂包括：局部用药液和混悬液、局部和喉部用气雾剂、口服溶液和混悬液、局部用和口服粉剂、口服片剂和胶囊。最高风险制剂、高风险制剂必须进行药品与包装材料的相容性研究，以证实包装材料与制剂具有良好的相容性。

 知识链接

过度包装太浪费

目前，医药市场药品生产成本高，药品包装是其原因之一。部分药品包装占生产成本的40%～50%，表现出包装过"肥"现象。过度药品包装在让消费者产生负担的同时，其产生的废弃物也对环境造成了污染。

相关制药企业和技术人员在合理选择药包材与形式，保证药品稳定有效的同时，应充分考虑节约原则，简化药品包装，树立重产品质量而非包装的观念，特别是OTC类和纳入医保的药品，其包装成本更需严格控制。

二、药品包装材料与药物相容性试验的设计要求

（一）需要进行药品包装材料与药物相容性试验的几种情况

在很多情况下，我们需要进行药品包装材料与药物相容性试验，主要包括：药品的包装、药物的来源发生了改变；药物的包装、药物的生产技术条件、生产工艺发生了改变；药品包装的配方、工艺、初级原料变动有可能影响药物的功能；在药物的有效期内，有迹象表明药物的性能发生变化；药物的用途增加或改变；药品包装材料与新药一起申请审批；国家药品监督管理局提出要求；以及经长期使用，发现药品包装材料对特定药物产生不良后果。

（二）选择药品包装材料的几点基本要求

在选择药品包装材料、容器时，应首先考虑其保护功能，然后考虑材料、容器的特点和性能，包装化学、物理学、生物学、形态学等性能。药品包装材料应具有良好的化学稳定性、较低的迁移性，并具有阻氧、阻水、抗冲击性能，无生物意义上的活性，微生物数符合要求，同时应该与其他包装物有良好的配合性，并且适合于自动化包装设备等。根据生产工艺的要求，药品包装材料应具备能够耐受特殊处理的能力，如钴60灭菌等。值得注意的是，药品包装材料还必须对恶劣运输条件、不同贮存环境有良好的抵抗能力。

（三）药品包装材料与药物相容性试验的基本内容

1. 试验条件 进行药品包装材料与药物相容性试验，首先需要开展的是加速试验。该项试验供试品要求 3 批，按市售包装，在超常的条件下，通常是在 40℃ ±2℃ 、75% ±5% 的湿度条件下（对溶液剂、混悬剂、乳剂、注射液可不做相对湿度的要求）放置 6 个月。在试验期间的第 1 个月月末、第 2 个月月末、第 3 个月月末、第 6 个月月末各取样一次，根据所采用的药品及药品包装材料相应的考察项目进行检测，并将数据与 0 月进行对比，分析其变化。以下几种特殊情况，实验设计略有不同：对仅能在 5℃ ±3℃ 条件下保存的药物制剂，可在 25℃ ±2℃ 、60% ±5% 的湿度条件下，进行为期 6 个月的试验。乳剂、混悬剂、软膏剂、滴眼剂、栓剂、气雾剂、泡腾片及泡腾颗粒采用温度 30℃ ±2℃ 、60% ±5% 的湿度条件下，进行 6 个月试验。对拟冷冻贮藏的药物，应对一批样品在 5℃ ±3℃ 或 25℃ ±2℃ 条件下放置适当的时间进行试验。对于包装在半透性容器中的药物制剂，如低密度聚乙烯制备的输液袋、塑料安瓿、眼用制剂容器等，则应在温度 40℃ ±2℃ 、相对湿度 25% ±5% 的条件进行试验。

为了更好地探讨药物固有的稳定性，了解影响其稳定性的因素，可能的降解途径、降解产物或迁移物质及其途径，为药物生产工艺、包装材料的选择、贮存条件与建立降解产物的分析方法提供科学依据，在完成加速试验后，需要在更激烈的条件下进行影响因素试验，其要求是选用 1 个批次的某种药物，3 个批次的药品包装材料、容器，从以下几个方面进行探讨。第一，高温试验，试验过程是将待测品于 40℃ 温度下放置 10 天，于第 5 天和第 10 天取样，根据本试验中使用的药品及药品包装材料，制定相应的考察项目，进行检测；若待测品有明显变化，则宜在 25℃ 条件下同法进行试验。若 40℃ 无明显变化，可不再进行 25℃ 试验。对温度特别敏感的已知药物，可在 4 ~ 8℃ 条件下，同法进行试验。第二，湿度试验，试验过程是将待测品置于恒湿密闭容器中，在 25℃ ±2℃ 、相对湿度 90% ±5% 的条件下，放置 10 天，于第 5 天和第 10 天取样，根据本试验中使用的药品及药品包装材料，制定相应的考察项目，进行检测；湿度试验重点考察待测品的吸湿、潮解的性能，因此准确称量试验前后待测品的重量尤为重要。第三，强光照射试验，其试验过程是将待测品置于适宜的光照装置内，在照度为 4500lx ±500lx 条件下放置 10 天，于第 5 天和第 10 天取样，根据本试验中使用的药品及药品包装材料，制定相应的考察项目，进行检测，强光照射试验重点在于考察待测品的外观变化。

考察包装材料与药物的相容性同样也需要进行长期试验。长期试验是在药品包装后，在模拟药物实际贮存条件下或在 25℃ ±2℃ 、相对湿度 60% ±5% 的条件下进行试验，以考察药品包装材料对药物的保护功能，确保药物在有效期内质量稳定。其中，药品包装材料生产企业可选用 1 个批次的某种药物和 3 个批次符合标准并经检验合格的药品包装材料、容器进行试验。试验时，取供试品 3 批于实际贮存条件或在温度 25℃ ±2℃ 、相对湿度 60% ±5% 的条件下，放置 12 个月。每 3 个月取样一次，即第 0 个月、第 3 个月、第 6 个月、第 9 个月、第 12 个月各取样 1 次。根据所采用的药品及药品包装材料相应的考察项目进行检测。将结果与第 0 个月比较，以考察药品包装材料对药品的保护功能。

对温度特别敏感的药品，长期试验可在温度 5℃ ±3℃ 的条件下放置 12 个月，按上述时间要求进行检测，12 个月以后，仍需按规定继续考察，以证实药品包装材料对药物制剂的保护功效。对拟冷冻贮藏的制剂，长期试验可在温度 -20℃ ±5℃ 的条件下至少放置 12 个月，货架期应根据长期试验放置条件下实际时间的数据而定。对于包装在半透性容器中的药物制剂，则应在温度 25℃ ±2℃ 、相对湿度 40% ±5% ，或 30℃ ±2℃ 、相对湿度 35% ±5% 的条件进行试验，至于上述两种条件选择哪一种由研究者确定。

此外，对药物制剂和药品包装材料还应考察在使用过程中的稳定性。

答案解析

即学即练 11－1

药品包装材料与药物相容性试验的加速试验中通常条件是？

A. 温度（40±2）℃、湿度75%±5%　　　B. 温度（25±2）℃、湿度75%±5%

C. 温度（40±2）℃、湿度60%±5%　　　D. 温度（25±2）℃、湿度60%±5%

2. 考察项目　不同的包装材料在进行相容性研究时应制定不同的考察项目，常见的几种材料，如玻璃材料主要需要考察碱性离子的释放性、不溶性微粒、金属离子向药物制剂的释放、药物与添加剂的被吸附性以及有色玻璃的避光性。橡胶材料主要考察溶出性、吸附性、化学反应性和不溶性微粒。金属材料需要考察被腐蚀性、金属离子向药物制剂的释放性以及金属覆盖层是否有足够的惰性。塑料材料主要考察双向穿透性、溶出性、吸附性和化学反应性。

不同的包装形式在进行相容性研究时也应制定不同的考察项目，如瓶包装形式的考察重点是密封性、避光性、化学反应性和吸附性。袋包装形式重点考察密封性、避光性、化学反应性、吸附性、微粒以及拉伸强度试验。泡罩包装形式的考察重点是密封性、避光性和化学反应性。管包装形式则重点考察密封性、可卷折性、避光性、化学反应性以及反弹力的影响。

3. 相容性试验研究的步骤　相容性试验研究内容既包括包装容器对药品的影响，又包括药品对包装容器的影响，它的试验研究步骤可遵循一定的规律。首先，要确定直接接触药品的包装组件。其次，了解或分析包装组件材料的组成、包装组件与药品的接触方式与接触条件、生产工艺过程。然后，对包装进行模拟试验，预测会产生的问题。接着进行制剂与包装容器系统的相互作用研究，这部分研究内容主要考察容器对药品的影响（可提取物）以及药品对容器的影响（浸出物），并应进行药品常规项目的检查。再次，对试验结果进行分析、安全性评估和研究。最后，对药品与所用包装材料的相容性进行总结，得出包装系统是否适用于药品的结论。按照这样的步骤进行设计，就可以满足大部分相容性实验研究的需求。

（四）浸出物与可提取物的基本介绍

药品和某种包装材料在使用过程中（包括生产、储存、运输和给药的过程），由于相互作用而出现在药品当中的成分称为"浸出物"。用浸提溶剂在一定的条件下对某种包装材料进行提取并且能够被提取出的物质，被称为可提取物。

 知识链接

浸出物与可提取物的区别

如果根据药品的生产、贮存、给药途径，检测到的与医药用品接触系统有关并最终通过给药进入患者体内的物质被定义为浸出物。而医药用品接触系统中可释放的、并非一定通过给药进入患者体内的物质就定义为可提取物。

评估可提取物和浸出物，需要建立浸出物和可提取物的定性和定量信息，并将待测物分为不同的等级，待测物的等级分类包括：未知的、不确定的、很可能的及肯定的。通过待测物的分级鉴定，判断待测物与已知的有害化学结构有无组成相似性。一旦确定待测物不含有害化学结构，排除其"坏"身份，就可以专注于研究一个与鉴别相关、浓度相关、无不良影响的阈值。如果待测物的预估浓度低于阈值，

那么就不需要对未知物进行鉴别。如果预估浓度高于阈值，那么需要对未知物进行一定程度的鉴别。表 11 - 1 中列出了待测物等级的定义并进行了比较。

表 11 - 1　不同等级的待测物及其信息

鉴别程度	鉴别信息	辅助信息
未知的	无或不充分	无或不充分
不确定的	有比较对照图谱	有相关的分析信息
很可能的	有对照图谱比较，通过经验公式和相关信息可以得到结构	上栏信息加相关分析信息可以确定待测物的组成或结构
肯定的	有对照图谱比较，通过经验公式和相关信息可以得到结构，有标准物质的比对	上栏信息加上标准物质的确认

第二节　药用玻璃包装材料与药物相容性研究原则 ⓔ 微课 2

PPT

一、概述

目前，我国将玻璃分为高硼硅玻璃、中硼硅玻璃、低硼硅玻璃和钠钙玻璃四种。为了改善药用玻璃的性能，常会在玻璃中添加不同的氧化物，如：加入 Na_2O、K_2O、CaO、BaO、ZnO、B_2O_3 和氟化物可降低玻璃的熔化温度和改善玻璃内表面耐受性；加入三氧化二铝可以改进玻璃的力学性能；加入铁、锰、钛等过渡金属氧化物形成着色玻璃以产生遮光效果；加入氧化砷、氧化锑等物质以除去玻璃中的气泡，增加玻璃的澄清度。因此，玻璃中的金属离子或阳离子团均有可能从玻璃中迁移出来。

通常，药用玻璃具有较好的物理、化学稳定性，生物安全性相对较高。在选择玻璃包装容器时，需要考察玻璃容器的保护作用、相容性、安全性，以及与工艺的适用性等。

在相容性方面，需考察制剂对玻璃容器性能的影响以及玻璃容器对制剂质量和安全性的影响。需要注意：玻璃的类型、玻璃的化学组成、玻璃容器的生产工艺、玻璃容器的规格、玻璃成型后的处理方式，还有药品和处方的性质（如药液的 pH、离子强度等）；以及制剂生产过程中的清洗、灭菌等工艺（如洗瓶阶段的干热灭菌工艺、制剂冷冻干燥工艺、终端灭菌工艺等）对玻璃容器的影响。

不同剂型在选择药用玻璃时，需要考虑很多因素：是否有良好适宜的化学稳定性；是否具有良好适宜的抗温度急变性；与不同药物剂型之间的规格匹配性；是否良好适宜的力学强度以及是否有适宜的避光性或良好的透明度以满足不同光敏度药品的需求。一般情况下，管制玻璃容器多适用于包装小容量注射液以及粉末，如安瓿瓶、笔式注射器玻璃套筒和预灌封注射器等；模制玻璃容器多适用于大容量注射剂、小容量注射液和粉末（模制注射剂瓶）的包装，如钠钙玻璃输液瓶、中硼硅玻璃输液瓶等。

 实例分析

实例　药店里的药品往往装在各式各样的药用玻璃包装容器中，这些药用玻璃包装容器有的是有颜色的，有的是透明的。

问题　你知道这是为什么吗？是仅仅为了美观而选择的吗？

答案解析

二、药用玻璃材料的相容性研究原则

（一）药用玻璃材料相容性研究的影响因素

药品与玻璃容器的相互作用是影响药用玻璃材料相容性的一个重要因素，由于某些药物对酸、碱、金属离子等敏感，因此玻璃中迁移的金属离子、镀膜成分会进入药液，可催化药物发生某些降解反应，其中大部分为不溶于水或水溶性极小的高分子聚合物、无毒塑料等，如乙基纤维素、聚乙烯、聚丙烯、聚硅氧烷和聚氧乙烯等。另外，玻璃中迁移的毒性较大的金属离子或阳离子基团进入药液产生了潜在的安全性风险。同时，某些药物在结构上存在着易与玻璃发生吸附的官能团。例如：药物中含有微量功能性辅料（如抗氧剂、络合剂）的，由于玻璃容器表面可能会产生的吸附作用，降低了药物剂量或辅料含量。玻璃网状结构破坏致使其中的成分大量溶出并产生玻璃屑或脱片，从而引发安全性问题。

玻璃容器的化学成分与生产工艺是影响药用玻璃材料相容性的另一个重要因素，玻璃容器中的金属离子或阳离子团的迁移导致了安全隐患。同时，玻璃容器中碱金属和硼酸盐的蒸发及分相，材料组分的迁移进入药液也产生了潜在的安全性风险。这两点影响因素是我们需要关注的重点。

（二）药用玻璃材料相容性研究的步骤

在进行药用玻璃材料相容性研究时，首先，应确定直接接触药品的玻璃材料包装组件。其次，了解或分析玻璃容器的生产工艺、玻璃类型、玻璃成型后的处理方法等，并根据注射剂的理化性质对选择的玻璃容器进行初步评估。接着，对玻璃包装进行模拟试验，预测玻璃容器是否有产生脱片的问题以及其他问题。再次，通过进行药品常规检查项目、迁移试验和吸附试验，以及对玻璃内表面的侵蚀性进行分析，考察玻璃容器对药品的影响以及药品对玻璃容器的影响，完成制剂与包装容器系统的相互作用研究。通过对以上全部试验结果进行分析与安全性评估，得出药品与所用包装材料的相容性结果，做出包装系统是否适用于药品的结论。

（三）药用玻璃材料相容性研究的项目

药用玻璃材料相容性研究的项目包括两个方面，一方面是玻璃容器对药品质量的影响。这里面包括进行药品常规项目的检查如药品 pH、溶液澄清度与颜色、可见异物、不溶性微粒、重金属、有关物质和含量等，重点考察玻璃容器及其添加物质对药物稳定性的影响。同时，还需进行迁移试验，主要考察常见离子的迁移进入药液的程度，如：Si、Na、K、Li、Al、Ba、Ca、Mg、B、Fe、Zn、Mn、Cd、Ti、Co、Cr、Pb、As、Sb 等。对于内表面镀膜的玻璃容器，还应对膜层材料的组分及其降解物的迁移进行考察。此外，吸附试验也是重点考察实验，一般选择加速试验以及长期留样试验的考察时间点，按照药品标准进行检验，也可以根据考察对象（如功能性辅料）适当增加检验项目。

另一方面是药品对玻璃容器内表面的影响：测定药液中的不溶性微粒，考察试验液中 SiO_2 浓度增加量、SiO_2/B_2O_3 或 Si/Al 比值及其变化趋势，采用表面分析技术对玻璃内表面的化学侵蚀进行检测，以及通过对玻璃容器内表面、药液进行检测分析，评估药品对玻璃容器内表面的影响，比如：肉眼观察玻璃表面麻点、裂痕，以及药液中的可见异物。

（四）药用玻璃材料相容性研究结果分析与安全性评估

药用玻璃材料相容性研究结果分析过程主要按照模拟试验、迁移试验、吸附试验、玻璃内表面分析的顺序进行，如下图所示。

模拟试验与常规项目 （预测脱片问题）	→	迁移试验 （浸出物的PDE和AET值）	→	吸附试验 （药品稳定性研究）	→	玻璃内表面分析 [提示玻璃容器产生脱片和 微粒的风险及趋势]

 知识链接 ....

人每日允许暴露量

人每日允许暴露量（permitted daily exposure，PDE）：指某一物质被允许摄入而不产生毒性的日平均最大剂量，某一具体物质的 PDE 值是由不产生反应量、体重调整系数、种属之间差异的系数、个体差异、短期接触急性毒性研究的可变系数等推算出的。

分析评价阈值

分析评价阈值（analytical evaluation threshold，AET）：根据人每日允许最大暴露量或安全性阈值/限定阈值、用药剂量以及制剂包装特点等计算每单个包装容器中特定的可提取物和/或浸出物含量，当一个特定的可提取物和/或浸出物水平达到或超过这个量值时，需要开始对这个可提取物/浸出物进行分析，并需要报告给相关部门以便开始进行安全性评估。

安全性评估主要根据浸出物的 PDE 值、每日最大用药剂量计算每单个包装容器中各浸出物的最大允许浓度，并在此基础上经计算得到分析评价阈值（AET），所采用的分析测试方法应满足 AET 值的测定要求。药品包装材料生产企业在提交注册资料时，应提供浸出物的 PDE、AET 等数值及其计算过程。

当迁移试验显示浸出物含量低于 PDE 时，可认为浸出物的量不会改变药品的安全性，对患者的安全性风险小。当迁移试验显示浸出物的含量高于 PDE 时，则认为包装容器与药品不具有相容性，建议更换包装材料。如果吸附试验结果显示包装容器对药品或辅料存在较强吸附，并对药品质量产生了显著影响，则建议采用适宜的方法消除对产品质量的影响，如更换包装容器。开展以上试验，可采取的分析方法与对应的检测成分见表 11 - 2。

表 11 - 2　主要分析方法

检测方法或仪器	检测项目
目测	麻点、裂痕、可见异物
比色法	试液澄清度、颜色
粒径分析仪	试液中不溶性微粒
酸度计	试液 pH
等离子体光电直读光谱仪（ICP）	无机与金属元素含量测定
扫描电镜（SEC）	玻璃内表面分析

在进行相容性试验时，应充分考虑药品在贮存、运输及使用过程中可能面临的最极端条件。考察时间点应基于对玻璃包装容器性质的认识、包装容器与药品相互影响的趋势而设置，一般应不少于（0、3、6 个月）三个试验点。通常应选择正常条件生产、包装、放置的玻璃包装容器（而不是各包装组件）进行相互作用研究，可参考加速稳定性试验以及长期稳定性试验的试验条件（温度和时间），至少应包括起点和终点，中间点可适当调整。例如，在考察离子浓度的变化情况时，为了使离子浓度 - 时间曲线的斜率变化结果更具可评价性，可适当增加中间取样点。为了尽可能保证溶液与玻璃容器底部和肩部接触，对于注射液，可采用容器正立和倒置的方式分别进行试验。

第三节 塑料与药物相容性研究原则 微课3

PPT

一、概述

塑料在包装行业应用广泛，它是指以高分子量的合成树脂为主要组分，加入适当添加剂，如增塑剂、稳定剂、阻燃剂、润滑剂、着色剂等，经加工成型的塑性材料或固化交联形成的刚性材料。目前应用于药品包装行业的塑料主要有聚乙烯（PE）、聚丙烯（PP）、聚氯乙烯（PVC）、聚酯（PET）、聚苯乙烯（PS）等品种，其中聚乙烯用量最大、聚丙烯次之。

选择药品包装材料或容器包装药品的时候，必须保证最后一次计量用完之前，药物的成分不会有任何变化。因而该项工作不容易，只要稍有差错，便会造成严重的后果。药物和塑料的相互作用可以分为渗透、溶出、吸附、化学反应、塑料或制品的物理性质的改变5个方面。

 实例分析

实例 枸杞子因果实中含大量糖类成分，贮藏温度过高易外溢，导致走油发黏，且不易保持原有色泽，贮藏不当易变暗，因而成为贮藏中"易走油变色"中药的代表。

问题 你认为枸杞子可以随便用塑料袋收藏并长期放置吗？

答案解析

二、药物与塑料的相容性关系

（一）渗透

气体、水蒸气或者液体对塑料包装的渗透性可以对药品的储藏期产生不良的影响。水蒸气和氧气透过塑料壁进入药品，易引发药物的水解和氧化。影响氧和水分透过塑料的主要原因是温度和湿度。一般情况下，当温度升高的时候，渗透性也会增加。但是，由于所用塑料的不同，很可能出现两种聚乙烯材料在不同温度下具有不同的渗透值。当药品中含有挥发性成分时，由于其中一种或几种有效成分通过容器壁损失，导致贮存在塑料容器中的药品发生变化。通常药品味道的改变也就是这个原因。当药品为油包水型的乳剂时，由于油相有渗入塑料的倾向，会对药物制剂的物理性能产生影响，因此也不能贮存在疏水性的塑料瓶中。

（二）溶出

作为稳定剂添加进塑料容器中的少量一种或者几种添加剂往往会改变塑料的某些特性，从而导致这些添加剂溶出进入药品。比如：塑料配方中着色剂溶出进入药品；或者塑料配方常常添加有机溶剂，导致毒性有机溶剂转移到药品中，造成药品污染。这两种情况是最为典型的溶出现象。

（三）吸附

药物成分向包装材料的转移称为吸附。影响吸附的因素主要包括药品的化学结构、溶剂系统、温度、有效成分的浓度、pH、接触时间和接触面积。大部分高效药物均为小剂量给药，吸附所造成的损失往往会显著降低疗效。对于以水为分散介质的制剂，其药物所受的影响尤为严重。最常见的一种吸附情况是低浓度的防腐剂由于吸附于包装材料上，导致溶液中防腐剂含量下降，而失去阻止细菌生长的作用。

（四）变形

由于包装的药物使塑料发生物理、化学的种种变化称为变形。常见的几种变形情况包括：氟化烃对聚乙烯或聚氯乙烯的侵蚀作用；油脂类对聚乙烯的软化作用；药物溶液浸提出包装材料中的稳定剂、抗氧剂、增塑剂；增塑剂对塑料的硬化作用，但这种硬化作用通常是在溶剂挥发后才会出现。

（五）化学反应性

塑料配方中的某些组分，可能会与药物制剂中的一种或几种成分发生化学作用的现象称为化学反应性。因此，有微量化学配伍禁忌的物质，也很有可能导致塑料或药物制剂的外形发生改变。

综上所述，我们会发现一个企业生产的塑料容器令人满意，不一定意味着另一个企业用同类塑料，经吹塑成型制得的产品能同样令人满意。因为在生产过程中，每一家企业使用不同牌号的塑料，加入不同的添加剂，通过不同的加工成型方法，每一步都可能导致产品稳定性变化。因此，在选择了合适的符合药用的塑料瓶工艺后，就不得在生产过程中进行任何改变。

三、塑料相容性实验基本内容

（一）提取试验

在对塑料包装材料取样进行前处理时，可用多个包装容器组件，以增加提取物的浓度，或对提取样品进行富集，以符合分析仪器的灵敏度要求。包装材料与提取溶剂的接触表面积应高于包装材料与药品的实际接触面积，以尽可能增加可提取物的种类和数量，模拟生产、运输、贮存和使用中最差的条件。通常可选择的提取溶剂包括注射用水、0.9%氯化钠注射液、pH 3.5缓冲液、pH 8.0缓冲液、10%或15%乙醇等。对于塑料，常采用将前处理后的包装材料置于密封容器中，用提取溶剂加热进行提取。试验时需要考虑生产工艺中可能的加热因素，如灭菌温度和时间。一般情况下，在选择提取温度时，优先选择灭菌温度或在其基础上适当增加，但不应使包装材料产生变形。

（二）相互作用研究

在进行相互作用研究时，一般应选择按正常条件生产、包装、放置的塑料包装容器，并根据原料药或辅料的理化性质以及制剂的特点，确定相互作用研究的具体内容以及试验强度。相互作用研究考察项目可分为物理、化学、生物等几个方面。塑料包装材料的重点考察项目包括：水蒸气、氧气的渗入；水分、挥发性药物的透出；脂溶性药物、抑菌剂向塑料包装材料的转移；溶剂与塑料的作用；塑料中添加剂、加工时分解产物对药物的影响；塑料对药物的吸附性；塑料本身的化学反应性；以及塑料的密封性。同时，应至少采用3批制剂与1批包装容器进行研究。

相互作用实验内容通常包括迁移试验和吸附试验。在进行提取试验、迁移试验和吸附试验时，某些情况下需要进行空白干扰试验，以排除供试品的本底干扰，避免出现假阳性结果。进行提取试验和迁移试验应采用专属性强、准确、精密、灵敏的分析方法，以保证试验结果的可靠性。

（三）试验结果分析与安全性评价

根据提取试验及迁移试验获得的可提取物、浸出物信息，分析浸出物和可提取物的种类及含量，进行结构鉴定，通过安全性研究分析其安全性风险程度，结合吸附试验结果，分析判断包装系统是否与药品具有相容性。

如果提取试验以及对药物制剂进行的提取试验结果均显示，提取溶液中某可提取物的含量低于人每日允许最大暴露量，则一般认为由该可提取物导致的安全性风险小，在后续的迁移试验可省略对该成分的研究，但仍应该在后续的迁移试验中对该成分可能产生的降解产物或者相关产物进行考察。如果提取溶液中可提取物的含量高于 PDE 时，可以选择进行后续的相互作用研究并对浸出物进行相关的安全性评估，也可以选择更换包装材料重新进行提取试验。如果吸附试验结果显示包装材料对药品或辅料存在较强吸附，并对药品质量产生了显著影响，建议更换包装材料。

目标检测

答案解析

一、填空题

1. 药品包装材料与药物相容性试验主要针对的是_____。

2. 包装系统一方面_____，另一方面还应_____。

3. 药品包装材料与药物相容性试验是指_____。

4. 按照药品给药途径的风险程度及其与包装材料发生相互作用的可能性，可将药物制剂分为_____、_____和_____三个等级。

5. 长期试验是在药品包装后，在模拟药物实际贮存条件下或在__℃、相对湿度__的条件下进行试验，以考察药品包装材料对药物的保护功能，确保药物在有效期内质量稳定。

6. 不同的包装材料在进行相容性研究时应制定不同的考察项目，塑料材料主要考察双向穿透性、溶出性、_____和_____。

7. 药用玻璃材料相容性研究的项目包括两个方面，一方面是玻璃容器对药品质量的影响，另一方面是_____。

二、单选题

1. 在高温试验中，若40℃无明显变化，可不再进行（　　）试验。

　　A. 20℃　　　　　　　　B. 25℃　　　　　　　　C. 30℃　　　　　　　　D. 35℃

2. 如果根据药品的生产、贮存、给药途径，检测到的与医药用品接触系统有关并最终通过给药进入患者体内的物质被定义为（　　）。

　　A. 可提取物　　　　　　B. 不可提取物　　　　　C. 浸出物　　　　　　　D. 不可浸出物

3. 制剂与包装容器系统的相互作用研究中，主要考察容器对药品的影响以及药品对容器的影响，并应进行药品（　　）检查项目的检查。

　　A. 全性能　　　　　　　B. 特殊性能　　　　　　C. 重要性能　　　　　　D. 常规性能

4. 在相容性试验研究步骤中，对包装进行模拟试验，是为了（　　）会产生的问题。

　　A. 确定　　　　　　　　B. 考察　　　　　　　　C. 否定　　　　　　　　D. 预测

5. 在选择了合适的符合药用的塑料瓶工艺后，生产过程中（　　）改变。

　　A. 可以进行任何　　　　B. 不可以进行任何　　　C. 可以进行部分　　　　D. 可以讨论后进行

6. 塑料配方中的某些组分，可能会与药物制剂中的一种或几种成分发生化学作用的现象称为（　　）。

　　A. 生物反应性　　　　　B. 相互反应性　　　　　C. 化学反应性　　　　　D. 物理反应性

7. 有微量化学配伍禁忌的物质，（　　）导致塑料或药物制剂的外形发生改变。

　　A. 无法判断是否　　　　B. 很小可能　　　　　　C. 不可能　　　　　　　D. 很有可能

8. 氟化烃对聚乙烯或聚氯乙烯的（　　）作用。

A. 软化   B. 硬化   C. 溶解   D. 侵蚀

9. 塑料配方中着色剂易发生（　　）问题。

     A. 吸附   B. 染色   C. 溶解   D. 脱色

三、多选题

1. 以下哪些制剂，由于给药后将直接接触人体组织或进入血液系统，被认为是风险程度较高的品种（　　）。

     A. 口服制剂   B. 喷雾剂   C. 注射液   D. 眼用溶液

2. 相容性试验研究步骤包括：了解或分析包装组件材料的组成和（　　）。

     A. 组件与药品的接触方式与接触条件   B. 生产工艺过程

     C. 组件与药品的接触时间与接触地点   D. 包装工艺过程

3. 需要进行药品包装材料与药物相容性试验的情况包括：（　　）。

     A. 药品的包装、药物的来源改变或变更时

     B. 药物的包装、药物的生产技术条件、生产工艺改变时

     C. 药物在过了有效期后，有现象表明药物的性能发生变化时

     D. 药物的用途增加或改变时

4. 在进行相容性试验时，比色法一般用于检测（　　）。

     A. 试液澄清度   B. 试液酸碱度   C. 颜色   D. 溶解度

5. 在进行相容性试验时，ICP（等离子体光电直读光谱仪）一般用于检测（　　）。

     A. 有机元素含量   B. 无机元素含量   C. 金属元素含量   D. 非金属元素含量

6. 在进行相容性试验时，应需充分考虑药品在（　　）过程中可能面临的最极端条件。

     A. 贮存   B. 运输   C. 使用   D. 生产

7. （　　）对塑料包装的渗透性可以对药品的储藏期产生不良的影响。

     A. 固体   B. 液体   C. 水蒸气   D. 气体

8. 药物溶液可以浸提出包装材料中的（　　）。

     A. 抗氧剂   B. 稳定剂   C. 着色剂   D. 增塑剂

9. 影响吸附的因素主要包括：（　　）。

     A. 温度   B. 药品的化学结构   C. 溶剂系统   D. 有效成分的浓度

10. 对于塑料，常采用将前处理后的包装材料置于密封容器中，用提取溶剂加热进行提取。试验时需要考虑生产工艺中可能的加热因素，如（　　）。

     A. 灭菌温度   B. 灭菌方式   C. 溶剂系统   D. 灭菌时间

四、简答题

1. 药品包装材料与药物相容性试验的原则是什么？

2. 请简述药用玻璃材料相容性研究的步骤。

书网融合……

         知识回顾   微课1   微课2   微课3   习题

参考文献

[1] 关志宇，罗晓健. 人性化药品包装的选择与应用 [J]. 中成药，2014，36（8）：1729－1733.

[2] 邵宏伟，孟淑环. 补骨脂贮藏期有效成分及包装稳定性考察 [J]. 中国中药杂志，2005，30（14）：1127－1128.

[3] 国家药典委员会. 中华人民共和国药典：四部 . [M]. 2020 年版 . 北京：中国医药科技出版社，2020.

[4] 杨明，宋民宪. 中药辅料全书 [M]. 北京：人民卫生出版社，2014.

[5] 姚日生. 药用高分子材料学 [M]. 北京：化学工业出版社，2018.

[6] Raymond C R，Paul J S，Walter G. Cook，et al. Handbook of pharmaceutical excipients [M]. 7th ed. London：Pharmaceutical press and the American Pharmacists Association，2012.

[7] 关志宇，罗晓健. 人性化药品包装的选择与应用 [J]. 中成药，2014，36（8）：1729－1733.

综合测试（一）

一、填空题

1. 新药用辅料是指_____药用辅料。

2. 我国《_____》中规定，如变更已批准上市药品具有药用要求的辅料，必须向国家药品监督管理局提出补充申请。

3. 我国药用辅料应用历史悠久，早在我国商代采用辅料_____，制备了世界上最早的药物制剂——汤剂。

4. 当增溶剂的用量固定而增溶又达到平衡时，增溶质的饱和浓度称为_____。

5. 聚氧乙烯类非离子表面活性剂，随温度的升高，聚氧乙烯链与水之间的氢键断裂，增溶能力减弱，当达到某一温度时，表面活性剂溶解度急剧下降致析出，溶液出现混浊，这种现象称为_____，这时的温度称为_____。

6. 难溶性药物与加入的第三种物质在溶剂中形成可溶性络合物、复盐或缔合物等，以增加药物在溶剂中的溶解度，这第三种物质称为_____。

7. 苯氧乙醇常用于_____的抑菌剂，浓度为_____。

8. 常用的润湿剂有____、_____、_____、_____等。

9. CCMC－Na 用作崩解剂时，常用浓度可达_____，通常直接压片工艺中的用量为处方量的____。湿法制粒压片时用量为处方量的_____。

10. 脂质体的膜材料主要由_____和_____构成。

11. 可提取物和浸出物的评估，是建立在浸出物和可提取物_____和_____信息的基础上。

12. 模制玻璃容器多适用于_____、_____和_____的包装。

二、单选题

1. 以下哪种说法是错误的（   ）。

   A. 药用辅料可改变药物的给药途径和作用方式

   B. 一些剂量小的药物，为了使其制成适宜的剂型，需加入填充剂或稀释剂等

   C. 药用辅料是药物制剂存在的物质基础，没有药用辅料就没有药物制剂

   D. 药物制剂在生产、贮存过程中，由于多种原因稳定性往往会受到影响，这种不稳定情况仅仅指在理化性质方面受到影响

2. 下列哪种说法是错误的（   ）。

   A. 胰蛋白酶，制成肠溶胶囊或片剂为消化药

   B. 胰蛋白酶，制成注射剂则用于治疗脓胸、肺结核等

   C. 阿司匹林通常制成注射剂使用

   D. 左旋多巴通过首过效应后，大部分被代谢，易制成半胱氨基酸的化合物作稳定剂制成注射剂使用

3. 以下说法正确的是（   ）。

   A. 同一药物，不同辅料，可以使制备的药物制剂发挥的作用不同

B. 同一药物，同一辅料（不同生产厂家），制备的药物制剂，疗效相同

C. 利用适宜的药用辅料不能降低药物不良反应

D. 药用辅料不会影响药物制剂的生物学和微生物学性质

4. 失水山梨醇单月桂酸酯又叫（　　　）。

   A. 吐温 40　　　　　　B. 司盘 20　　　　　　C. 司盘 40　　　　　　D. 吐温 60

5. 下面表面活性剂没有 Kraff 点的是（　　　）。

   A. 十二烷基磺酸钠　　　　　　　　　　　B. 硬脂酸钠

   C. 司盘　　　　　　　　　　　　　　　　D. 十二烷基硫酸钠

6. 下列关于阴离子表面活性剂，叙述错误的是（　　　）。

   A. 一般情况下与阳离子表面活性剂配伍差

   B. 抗硬水性能差

   C. 在疏水链与阴离子基团间引入短的聚氧乙烯链可极大改善其耐盐性能

   D. 在疏水链与阴离子基团间引入短的聚氧乙烯链可改善其在有机溶剂中的溶解性

7. 可用于口服制剂的着色剂是（　　　）。

   A. 伊红　　　　　　B. 品红　　　　　　C. 亚甲蓝　　　　　　D. 焦糖

8. 下列关于表面活性剂毒性大小的排列中正确的是（　　　）。

   A. 非离子型 > 阴离子型 > 阳离子型　　　B. 非离子型 > 阳离子型 > 阴离子型

   C. 阴离子型 > 阳离子型 > 非离子型　　　D. 阳离子型 > 阴离子型 > 非离子型

9. 不适宜用作矫味剂的物质是（　　　）。

   A. 糖精钠　　　　　　B. 单糖浆　　　　　　C. 薄荷水　　　　　　D. 山梨酸

10. 下列不能作为乳化剂的是（　　　）。

   A. 阿拉伯胶　　　　B. 卵磷脂　　　　C. 氢氧化镁　　　　D. 液状石蜡

11. 以下关于水溶性基质，叙述正确的是（　　　）。

   A. 释药速度较慢　　　　　　　　　B. 对于皮肤、黏膜刺激性较大

   C. 保湿效果好　　　　　　　　　　D. 可用于糜烂创面和腔道黏膜

12. 通过测定药液中的（　　　）来评估药品对玻璃容器内表面的影响。

   A. 酸碱度　　　　B. 可溶性微粒　　　　C. 不溶性微粒　　　　D. 澄明度

13. 在药品包装中广泛应用于颗粒剂、散剂、片剂、胶囊剂等固体药物以及膏体的包装是（　　　）。

   A. 复合膜制袋　　B. 纸袋　　　　　C. 塑料袋　　　　D. 铝塑泡罩

14. 药品包装常用塑料本身无毒，其毒性主要来自单体和添加剂。以下没有毒性的单体是（　　　）。

   A. 氯乙烯　　　　B. 苯乙烯　　　　C. 偏二氯乙烯　　　　D. 聚氯乙烯

三、多选题

1. 以下不属于药用辅料影响药物制剂的物理性质的内容是（　　　）。

   A. 助悬剂的加入减慢混悬剂的沉降速度

   B. pH 调节剂减慢盐酸普鲁卡因的水解速度

   C. 硬脂酸镁的加入影响阿司匹林的稳定性

   D. 抑菌剂延长液体药剂的存放时间

2. 国外对药用辅料开发重视主要集中在（　　　）。

A. 研究新辅料的理化性质

B. 结合生产设备及制剂工艺，研究辅料与药物的配伍特性，得到最佳辅料配方

C. 进行辅料间的配伍研究，结合各国生产实际，设计最佳复合辅料

D. 研究适用于制剂开发和生产的新辅料

3. 关于表面活性剂特性的术语有 （   ）。

    A. 浊点   B. HLB   C. RH   D. K

4. 可供静脉注射的乳化剂有 （   ）。

    A. 司盘 80   B. 注射级吐温 80   C. 卵磷脂   D. 泊洛沙姆 188

5. 我国准予使用的食用色素有 （   ）。

    A. 苋菜红   B. 胭脂红   C. 柠檬黄   D. 胭脂蓝

6. 表面活性剂可用作 （   ）。

    A. 稀释剂   B. 增溶剂   C. 乳化剂   D. 润湿剂

7. 既有抑菌作用又有局部止痛作用的辅料是 （   ）。

    A. 三氯叔丁醇   B. 氨基甲酸乙酯   C. 苯甲醇   D. 盐酸普鲁卡因

8. 在糖包衣中，属于隔离层衣料的是 （   ）。

    A. 玉米朊   B. 邻苯二甲酸醋酸纤维素

    C. 虫胶乙醇溶液   D. 虫蜡

9. 下列属于薄膜包衣材料的是 （   ）。

    A. HPMC   B. CMC – Na   C. PEG   D. PVP

10. 以下哪些软膏剂中的基质需加入保湿剂和防腐剂 （   ）。

    A. 水溶性基质   B. 油脂性基质   C. W/O 型乳剂型基质   D. O/W 型乳剂基质

11. 对氢氯烷烃类抛射剂描述正确的是 （   ）。

    A. 不含氯，不破坏大气层

    B. 毒性小，可替代氟氯烷烃

    C. 蒸气压较高，同类别抛射剂不能混合使用

    D. 自身蒸气压下，室温是气体

12. 药用塑料瓶盖大多采用 （   ） 为主要原料。

    A. PP   B. PE   C. PVC   D. PVP

四、处方分析题（请指出各成分在处方中的作用）

1. 氧氟沙星滴眼剂

    【处方】氧氟沙星   3.0g （   ）   氯化钠   8.5g （   ）

           羟苯乙酯   0.3g （   ）   醋酸   适量 （   ）

           氢氧化钠   适量 （   ）   注射用水   加至 1000ml （   ）

2. 阿哌沙班片剂

    【处方】阿哌沙班   25g （   ）   无水乳糖   502.5g （   ）

           微晶纤维素   410g （   ）   CCMC – Na   40g （   ）

           十二烷基硫酸钠   10g （   ）   硬脂酸镁   12.5g （   ）

           共压制   1000 片

综合测试（二）

一、填空题

1. 特殊用辅料是指＿＿＿＿＿＿＿＿＿＿＿＿＿＿＿＿＿＿＿＿＿＿＿＿＿＿＿＿。

2. 2006 年 3 月，原国家食品药品监督管理局印发了《＿＿＿＿＿＿》，即药用辅料行业的 GMP 认证规范，然而最终此规范并未强制执行。

3. ＿＿＿＿＿＿＿＿是一个由辅料生产者和使用者组成的世界性组织，是唯一代表辅料工业生产和使用两端的商贸组织。

4. 亲水亲油平衡值，又称＿＿＿＿＿＿，可用来表示＿＿＿＿＿＿＿＿＿＿＿＿＿。

5. 当表面活性剂在一定浓度范围时，胶束呈球状结构，其表面为亲水基团，亲油基团上与亲水基团相邻的一些次甲基排列整齐形成＿＿＿＿＿＿，而亲油基团则紊乱缠绕形成＿＿＿＿＿＿。

6. 为了得到稳定的乳剂，除水相、油相外，还必须加入第三种物质，这种物质就是＿＿＿＿。

7. 苯甲醇作为镇痛剂的用量为处方量的＿＿＿＿＿。

8. 作膜剂载体用的成膜材料都是高分子聚合物，一般分为两大类：＿＿＿＿＿和＿＿＿＿＿。

9. 制备栓剂所用的基质有＿＿＿＿＿和＿＿＿＿＿基质两大类。

10. PEG 用于制备氨基甲酸乙酯的水凝胶剂时是作为＿＿＿＿＿。

11. 包衣膜阻滞材料主要有＿＿＿＿＿＿、＿＿＿＿＿＿。

12. 为了改善药用玻璃的性能，通常加入＿＿＿＿、＿＿＿＿等物质以除去玻璃中的气泡，增加玻璃的澄清度。

二、单选题

1. 以下哪种说法是错误的（　　　）。
   A. 药用辅料在药物制剂中也可起到治疗作用
   B. 大多数情况下，制剂的最终性质与制剂制备时选用的辅料、辅料与活性成分相互间的作用密切相关
   C. 药物通常难以直接用于患者，使用前应制成适合于患者使用的最佳给药形式，否则难以发挥预期的治疗或预防作用
   D. 药用辅料并非惰性物资，临床上相当一部分的不良反应是由辅料引起的

2. 以下哪一项法规或标准规定药物临床前研究在获得《药物非临床研究质量管理规范》认证的机构进行（　　　）。
   A.《药品生产质量管理规范》　　　B.《药品经营质量管理规范》
   C.《中国药典》　　　　　　　　　D.《药品注册管理办法》

3.《中国药典》（2015 年版），哪一部中记载了药用辅料的相关内容（　　　）。
   A. 一部　　　B. 二部　　　C. 三部　　　D. 四部

4. 以下说法错误的是（　　　）。
   A. 国家要求对新的药用辅料和安全风险系数较高的药用辅料实行许可管理

B. 国家对除了新的药用辅料或安全风险系数较高的药用辅料以外的其他辅料实行备案管理，即生产企业及其产品进行备案

C. 药品制剂生产企业确定药用辅料供应商不用进行审计与获得质量管理部门的批准

D. 药用辅料生产企业必须保证产品质量

5. 关于吐温 80 叙述错误的是（   ）。

A. 是非离子型表面活性剂　　　　　B. 可作 O/W 型乳剂的乳化剂

C. 在碱性溶液中易发生水解　　　　D. 溶血性较强

6. 关于表面活性剂分子结构的叙述，正确的为（   ）。

A. 具有网状结构　　　　　　　　　B. 具有线性大分子结构

C. 具有亲水基团与疏水基团　　　　D. 仅有亲水基团而无疏水基团

7. 表面活性剂的特点为（   ）。

A. 表面活性剂的亲水性越强，HLB 值越大

B. 非离子型表面活性剂具有昙点

C. 表面活性剂作乳化剂时其浓度应大于 CMC

D. 非离子型表面活性剂毒性大于离子型表面活性剂

8. 薄荷油可作为（   ）。

A. 甜味剂　　　　B. 芳香剂　　　　C. 胶浆剂　　　　D. 泡腾剂

9. 咖啡因在苯甲酸钠的存在下溶解度由 1∶50 增至 1∶1.2。苯甲酸钠是起（   ）。

A. 止痛作用　　　B. 助溶作用　　　C. 增溶作用　　　D. 防腐作用

10. 制备甾体激素类难溶药物溶液时，加入的表面活性剂是作为（   ）。

A. 潜溶剂　　　　B. 增溶剂　　　　C. 絮凝剂　　　　D. 助溶剂

11. 以下辅料的溶解热为负值的是（   ）。

A. 乳糖　　　　　B. PVPP　　　　　C. MC　　　　　D. 甘露醇

12. 微晶纤维素不能作下列哪一种应用（   ）。

A. 黏合剂　　　　B. 稀释剂　　　　C. 崩解剂　　　　D. 润湿剂

13. 以下哪种基质和皮肤产生的水合作用最强（   ）。

A. O/W 型基质　　B. W/O 型基质　　C. 水溶性基质　　D. 油脂性基质

14. 药品包装材料与药物相容性试验的目的主要针对（   ）接触药品的包装系统进行阐述。

A. 所有　　　　　B. 直接　　　　　C. 间接　　　　　D. 主要

15. 对玻璃包装进行模拟试验，预测玻璃容器是否会产生（   ）以及其他问题。

A. 脱色　　　　　B. 溶解　　　　　C. 破裂　　　　　D. 脱片

16. 通常，采用（   ）技术对玻璃内表面的化学侵蚀进行检测。

A. 表面分析　　　B. 酸度计　　　　C. 目测　　　　　D. 比色法

17. 以下哪种材料具有优良延展性、防潮性和漂亮的光泽（   ）。

A. 锡　　　　　　B. 马口铁　　　　C. 铝　　　　　　D. 钢

三、多选题

1. 药物制剂正逐步向"三小"发展，"三小"是指（   ）。

A. 毒性小　　　　B. 不良反应小　　C. 体积小　　　　D. 剂量小

2. 药物制剂正逐步向"三化"发展，"三化"是指（　　）。

    A. 自动化　　　　　B. 机械化　　　　　C. 电子化　　　　　D. 现代化

3. 下列属于非离子型表面活性剂的有（　　）。

    A. 卖泽　　　　　B. 聚氧乙烯蓖麻油　　C. 吐温　　　　　D. 司盘

4. 下列可用作 O/W 型乳化剂的有（　　）。

    A. 乳化剂 OP　　　B. 卵磷脂　　　　　C. 吐温 80　　　　D. 司盘 20

5. 下列可作矫味剂的有（　　）。

    A. 甜菊素　　　　B. 丁香酚　　　　　C. 红氧化铁　　　　D. 阿拉伯胶浆

6. 下列属于极性溶剂的是（　　）。

    A. 水　　　　　　B. 丙二醇　　　　　C. 甘油　　　　　D. 液状石蜡

7. 滴眼剂中必须检查的致病菌是（　　）。

    A. 大肠埃希菌　　B. 铜绿假单胞菌　　C. 金黄色葡萄球菌　D. 变形杆菌

8. 可可脂遇到下列哪些物质会软化（　　）。

    A. 水合氯醛　　　B. 樟脑　　　　　　C. 薄荷脑　　　　　D. 麝香草酚

9. 下列属于肠溶衣材料的是（　　）。

    A. CAP　　　　　　　　　　　　　B. HPMCP

    C. 聚丙烯酸树脂Ⅰ、Ⅱ、Ⅲ号　　　D. HPMC

10. 下面哪些软膏剂基质具有吸水作用（　　）。

    A. 松节油　　　　B. 羊毛脂　　　　　C. 聚乙二醇　　　　D. 固状石蜡

11. 对一氧化二氮抛射剂描述正确的是（　　）。

    A. 是一种压缩气体　　　　　　　　B. 可作为吸入式气雾剂的抛射剂

    C. 随着使用，压力逐渐降低　　　　D. 可燃

12. 常用的橡胶药包材有（　　）。

    A. 异戊二烯橡胶　B. 丁基橡胶　　　　C. 氯化丁基橡胶　　D. 溴化丁基橡胶

四、处方分析题（请指出各成分在处方中的作用）

1. 阿司匹林栓剂

    【处方】可可脂　　　　5.63g（　　）　　　羊毛脂　　　1g（　　）

          水合氯醛　　1.2g（　　）　　　阿司匹林　3g（　　）

2. 双氯芬酸钠片

    【处方】双氯芬酸钠　50g（　　）　　　玉米淀粉　20g（　　）

          羧甲淀粉钠　　20g（　　）　　　乳糖　　　10g（　　）

          共压制　　　　2000 片

综合测试（一）答案

一、填空题

1. 在中国境内首次作为药用辅料应用于生产和制剂的

2. 药品注册管理办法

3. 水

4. 最大增溶浓度

5. 起昙或起浊　昙点或浊点

6. 助溶剂

7. 滴眼剂　0.3%～0.6%

8. 水　黄酒　白酒　不同浓度的乙醇

9. 5%　3%　2%

10. 不溶性高分子材料　肠溶性高分子材料

11. 定性　定量

12. 大容量注射剂　小容量注射液　粉末（模制注射剂瓶）

二、单选题

1. D　2. C　3. A　4. B　5. C　6. D　7. D　8. D　9. D　10. D　11. D　12. C　13. A　14. D

三、多选题

1. BCD　2. ABCD　3. AB　4. BCD　5. ABCD　6. BCD　7. AC　8. ABC　9. ABCD　10. AD

11. ABC　12. AB

四、处方分析题

1. 氧氟沙星滴眼剂

    氧氟沙星（主药）　　　　氯化钠（等渗调节剂）　　　　羟苯乙酯（抑菌防腐剂）

    醋酸适量（pH调节剂）　氢氧化钠（pH调节剂）　　　注射用水（溶剂）

2. 阿哌沙班片剂

    阿哌沙班（主药）　　　无水乳糖（稀释剂）　　　　微晶纤维素（稀释剂）

    CCMC－Na（崩解剂）　十二烷基硫酸钠（润湿剂）　硬脂酸镁（润滑剂）

综合测试（二）答案

一、填空题

1. 其来源于动物等内脏、器官、皮毛和骨骼的药用辅料

2. 药用辅料生产质量管理规范

3. 国际药用辅料协会

4. HLB 值　表面活性剂亲水或亲油能力的大小

5. 栅状层　内核

6. 乳化剂

7. 0.5% ~2.0%

8. 天然高分子聚合物成膜材料　合成高分子成膜材料

9. 油脂性　水溶性

10. 控释材料

11. 不溶性高分子材料　肠溶性高分子材料

12. 氧化砷　氧化锑

二、单选题

1. A　2. D　3. D　4. C　5. D　6. C　7. A　8. B　9. D　10. D　11. D　12. B　13. D　14. A　15. C

三、多选题

1. ABD　2. ABD　3. ABCD　4. ACD　5. ABD　6. AC　7. BC　8. ABCD　9. ABC　10. BC　11. ABC

12. ABCD

四、处方分析题

1. 阿司匹林（主药）　　可可脂（基质）　　羊毛脂（基质）　　水合氯醛（软化剂）

2. 双氯芬酸钠（主药）　玉米淀粉（稀释剂）　羧甲淀粉钠（崩解剂）　乳糖（稀释剂）